MESURE

DES
TROIS PREMIERS DEGRÉS
DU MÉRIDIEN
DANS L'HEMISPHERE AUSTRAL,

Tirée des Observations de M.rs de l'Académie Royale des Sciences, Envoyés par le Roi sous l'Équateur:

Par M. DE LA CONDAMINE.

Fuit alter
Descripsit radio medium *qui gentibus Orbem.* Virgil.

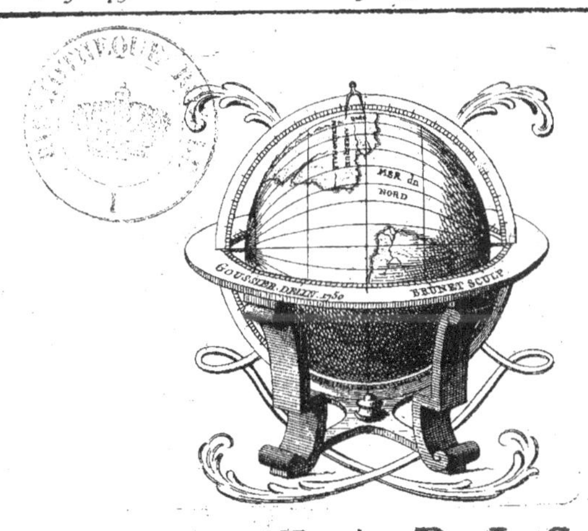

A PARIS,
DE L'IMPRIMERIE ROYALE.

M. DCCLI.

AVERTISSEMENT.

L'IMPRESSION *de ce Livre avoit été commencée au mois de Mai 1749, sous la forme in-8.° Les Tables des Triangles étoient imprimées & toutes les Planches gravées, lorsqu'on recommença quelques mois après à l'Imprimerie Royale, la présente édition in-4.° qui n'a été finie qu'au mois de Mai 1750. Elle devoit paroître alors précédée d'une* Introduction historique *fort succinte. Divers retardemens survenus ont donné le temps à l'Auteur d'étendre cette Introduction, & d'en faire un* Journal du Voyage académique à l'Équateur. *Cet ouvrage est actuellement sous presse; cependant on n'a pas cru devoir différer plus longtemps la publication de ce qui regarde la* Mesure des degrés du Méridien, *en attendant la partie historique qui suivra celle-ci de près.*

Fautes à corriger.

Pages.	Lignes.	*Fautes.*	*Corrections.*
6,	28,	austral	boréal
ibid.	29,	C	K
9,	21,	dont	de la longueur duquel
10,	15,	près	plus
14,	4,	ceux-ci	ces deux Académiciens
17,	29,	cette	une semblable
18,	20,	avec	Par
40,	5,	voit	voient
40,	23,	en France	ajoûtez dans un ouvrage semblable au nôtre

Pages.	Lignes.	*Fautes.*	*Corrections.*
41,	21,	après nos	après la mesure de nos
42,	22,	cet endroit	cette pointe
44,	9,	toutes les corrections précédentes	les trois premières corrections indiquées
45,	26,	observé	conclu d'un angle observé
47,	11,	&	rayez &
ibid.	12,	je ne pouvois	ne pouvant
51,	1,	de l'angle	du demi-angle
65,	7,	*T O P*	*T O T*
67,	14,	donnent	donnent pour résultat
74,	26 & 27,	au centre de	aux deux centres des
80,	9,	augmentoit ou diminuoit	diminuoit ou augmentoit
82,	3,	terme boréal	(terme boréal)
89,	7,	× ε	× ε &c.
92,	18,	angles, des erreurs	triangles, des erreurs
123,	11,	australe	septentrionale
125,	15,	à la fin	le 20
140,	23,	moindre qu'elle ne parut en 1739	moindre en 1739 qu'en 1741, 1742 & 1743, toute réduction faite
149,	en marge.	Planche II	Planche III
157,	12,	*A C p*	*A C P*
158,	16,	varié	fléchi
169,	7,	distance	distance apparente
175,	21,	au reste, cette	cette
176,	19,	ne diffèrent pas de 3″	diffèrent à peine de 2″
184,	25,	vers le Sud	vers le Sud au 1.ᵉʳ Janvier 1743.
201,	13 & 14,	je n'ai jamais vû	en 1741, je n'ai jamais vû alors ni depuis
205,	3,	étoit trop courte	devoit être accourcie
209,	du haut de la p. en marge,	. . . .	Planche I, fig. 10.
ibid.	27,	*après le mot réticule il faut un renvoi * à la note ci-à côté, qui a été oubliée au bas de la page.*	* On suppose ici que l'image de l'étoile est vûe au centre de la Lunette ; & dans mes dernières observations, elle en étoit si près, que la distance au centre a pû être regardée comme nulle.
234,	18,	21 toises	18 toises.
239,	3,	Mesure astronomique	Mesures
248,	6,	telle	telles
257,	1,	résulte	ne résulte
264,	pénultième.	Tit. III	Lib. III.

TABLE

TABLE DES ARTICLES.

DIVISION de l'Ouvrage.   page 1

PREMIERE PARTIE.

*Mesure géométrique de l'arc du Méridien, ou opérations
sur le terrein, pour fixer la position, & déterminer la
longueur de la Ligne méridienne.*   page 3

ARTICLE I. *Mesure actuelle de la première Base des
Triangles de la Méridienne aux environs de
Quito, dans la plaine d'Yarouqui.*   4

ARTICLE II. *Du Système de Triangles, formé pour mesurer
la Méridienne.*   10

ARTICLE III. *Remarques sur les deux différentes Suites de
Triangles, formées pour la mesure de la Mé-
ridienne. Nombre des Observateurs & des
Instrumens qui y ont été employés.*   12

ARTICLE IV. *De ma Mesure géométrique particulière.*   13

ARTICLE V. *Des différentes corrections faites aux angles
observés.*   16

ARTICLE VI. *Table des Triangles de la Méridienne de
Quito.*   21

ARTICLE VII. *Explication de la Colonne I de la Table:
Ordre & Plan des Triangles.*   40

*

TABLE.

ARTICLE VIII. *Explication de la Colonne II: Noms des lieux où étoient placés les Signaux.* ibid.

ARTICLE IX. *Explication de la Colonne III: Angles de position observés.* 43

ARTICLE X. *Explication de la Colonne IV: E'quation pour la somme des trois angles.* 44

ARTICLE XI. *Explication de la Colonne V: Longueur des côtés opposés aux angles observés.* 45

ARTICLE XII. *Explication de la Colonne VI: Angles verticaux, ou de hauteur & de dépression apparente, réciproquement observés d'un Signal à l'autre.* 46

ART. XIII. *Explication de la Colonne VII: Hauteurs & abaissemens respectifs des Signaux.* 49

ART. XIV. *Hauteurs absolues des Signaux de la Méridienne, & des montagnes principales de la Province de Quito.* 51

ART. XV. *Explication de la Colonne VIII: De la réduction des angles observés en différens plans, à l'horizon.* 57

ART. XVI. *Explication de la Colonne IX: Longueur des côtés horizontaux, réduits au niveau de Carabourou.* 59

ART. XVII. *Explication de la Colonne X: Direction des côtés des Triangles par rapport à la Ligne méridienne.* 62

ART. XVIII. *Explication des Colonnes XI & XII de la Table: Distances entre les Méridiens & les Parallèles des Signaux.* 65

TABLE.

ART. XIX. *Détermination des points des Triangles de la Méridienne, à l'égard de* Quito. 66

ART. XX. *Mesure de la Base de* Tarqui. 71

ART. XXI. *Expériences sur les changemens de longueur d'une Toise de fer, exposée à différens degrés de chaleur.* 75

ART. XXII. *Comparaison de la longueur de la Toise lors de la mesure des deux Bases.* 80

ART. XXIII. *Comparaison de la mesure actuelle de la Base de* Tarqui *à sa longueur calculée.* 85

ART. XXIV. *Si toute erreur d'observation, qui fera trouver trop long le dernier côté conclu des Triangles de la Méridienne, doit aussi nécessairement faire trouver trop longue la Méridienne calculée.* 87

ART. XXV. *De combien une différence d'une toise sur la Base de* Tarqui, *doit changer la longueur de la Méridienne.* 93

ART. XXVI. *Autres manières de trouver l'équation de la longueur de la Méridienne, pour une toise de différence sur la Base.* 95

ART. XXVII. *Détermination de la longueur de l'arc, compris entre les deux Observatoires, au Nord & au Sud de la Méridienne.* 101

TABLE.

SECONDE PARTIE.

Mesure astronomique de l'arc du Méridien, ou *Détermination de la valeur de l'arc céleste, qui répond à la mesure géométrique.* page 105

ARTICLE I. *De l'ancien Secteur apporté de France; des changemens qui y furent faits pour le rendre propre aux nouvelles observations.* 106

ARTICLE II. *Description du Secteur.* 110

ARTICLE III. *De l'Observatoire de* Tarqui. *Détermination de la valeur des parties du Micromètre. Preparatifs communs à toutes nos observations de l'amplitude de l'arc.* 113

ARTICLE IV. *De l'arc tracé sur le Secteur. Manière d'observer la distance d'une étoile au Zénith sans le secours des divisions ordinaires.* 116

ARTICLE V. *Des différentes observations astronomiques, faites dans la Province de* Quito, *pour déterminer l'amplitude de l'arc du Méridien.* 121

ARTICLE VI. *Premières observations à* Tarqui, *extrémité australe de la Méridienne, en Novembre & Décembre 1739, & Janvier 1740.* 128

ARTICLE VII. *Table d'Observations de l'étoile ε d'Orion, faites en commun à* Tarqui *en 1739, réduites au 1er Janvier 1743.* 138

Remarques sur les observations de la Table précédente. 139

TABLE.

ARTICLE VIII. *Examen des différentes caufes qui peuvent nuire à la jufteffe des obfervations.*

Des effets du froid & du chaud fur notre Secteur. 141

ARTICLE IX. *Suite de l'examen des différentes caufes, &c.*

De la flexion de l'Inftrument dans le plan du Limbe. 143

ARTICLE X. *Continuation du même fujet.*

De la flexion du rayon dans le plan perpendiculaire à celui de l'Inftrument ; & du Parallélifme de la Lunette à ce même plan. 148

ARTICLE XI. *Continuation du même fujet.*

De la caufe qui a pû augmenter la diftance apparente de l'étoile au zénith, à Tarqui en 1739. 152

ARTICLE XII. *Premières obfervations, faites à* Cotchefqui, *extrémité feptentrionale de la Méridienne, en Février, Mars & Avril 1740.* 158

ART. XIII. *Table d'Obfervations de l'étoile ε d'*Orion, *faites en commun à* Cotchefqui *en 1740, réduites au 1ᵉʳ Janvier 1743.* 168

Remarques fur les obfervations de la Table précédente. 169

ART. XIV. *Obfervations diverfes de l'étoile ε d'*Orion, *faites à* Quito, *en deux différens endroits, en 1737, 1740, 1741 & 1742, réduites au 1ᵉʳ Janvier 1743.* 171

Remarques fur les obfervations de la Table précédente. ibid.

ART. XV. *Table des Obfervations de l'étoile ε d'*Orion,

TABLE.

*faites à Tarqui en 1741, par M. Bou-
guer, réduites au 1er Janvier 1743.* 178

*Remarques sur les observations de la Table
précédente.* 180

ART. XVI. *Dernières observations, faites à Cotchesqui,
au Nord de la Méridienne, correspondantes
à celles qui ont été faites en même temps à
l'extrémité Sud.*

*Table des distances de l'étoile ε d'Orion au
Zénith de Cotchesqui, observées par M.
Bouguer à la fin de 1742, & réduites
au 1er Janvier 1743.* 183

*Remarques sur les observations de la Table
précédente.* 184

ART. XVII. *Des précautions particulières que je pris dans
les dernières observations que je fis à Tarqui
en 1742 & 1743, en correspondance de
celles que M. Bouguer faisoit dans le même
temps à l'autre extrémité de la Méridienne.*

*Secteur raffermi. Suspension perfectionnée.
Limbe aplani.* 187

ART. XVIII. *Continuation du même sujet.*

*Parallélisme de la Lunette au plan du Sec-
teur. Remarques sur le fil-à-plomb. Mouvement du Secteur dans le plan du Méridien.
Inversions alternatives de l'Instrument.* 191

ART. XIX. *Continuation du même sujet.*

*Parallaxe des fils au foyer de la Lunette,
différente pour divers Observateurs, & variable pour le même en différens temps.* 196

ART. XX. *Continuation du même sujet.*

TABLE.

De la manière d'éviter la Parallaxe des fils au foyer de la Lunette.   207

ART. XXI. *Dernières observations, faites à Tarqui, au Sud de la Méridienne, correspondantes à celles qui ont été faites en même temps à l'extrémité Nord.*   215

Table des distances de l'étoile ε d'Orion au Zénith de Tarqui, que j'ai observées en 1742 & 1743, réduites au 1ᵉʳ Janvier 1743.   215 & 216

Remarques sur les observations de la Table précédente.   217

ART. XXII. *Détermination de l'amplitude de l'arc du Méridien, compris entre les Parallèles de Cotchesqui & de Tarqui, par toutes les observations correspondantes, faites en ces deux lieux en 1742 & 1743, & réduites au premier Janvier 1743.*   221

ART. XXIII. *Autre détermination de l'amplitude de l'arc du Méridien, compris entre les Parallèles de Cotchesqui & de Tarqui, par les seules observations simultanées, sans aucune réduction.*   222

OBSERVATIONS SIMULTANÉES aux deux extrémités de la Méridienne. Amplitude de l'arc céleste, compris entre les deux Zéniths.   225

ART. XXIV. *Détermination de la longueur du degré du Méridien aux environs de l'Équateur.*   227

ART. XXV. *De l'erreur possible dans la détermination précédente de la valeur du degré du Méridien.*   229

TABLE.

Art. XXVI. *De l'inégalité des degrés du Méridien, &
de ce qui en résulte, quant à la figure de la
Terre.* 235

Art. XXVII. *Des différentes mesures du degré du Méridien,
en France. Erreur dans les mesures de
M. Picard.* 239

Art. XXVIII. *Comparaison de la mesure de l'amplitude de
l'arc du Méridien entre Paris & Amiens,
par M. Picard, à celle du même arc, nouvellement mesuré en 1740.* 242

Art. XXIX. *Examen de la Base de M. Picard, & de sa
mesure géodésique de la distance de Paris à
Amiens.* 246

Art. XXX. *Des divers rapports des axes du Sphéroïde
terrestre, tirés de la comparaison des divers
degrés mesurés.* 258

Art. XXXI. *Conclusion.* 262

DIVISION

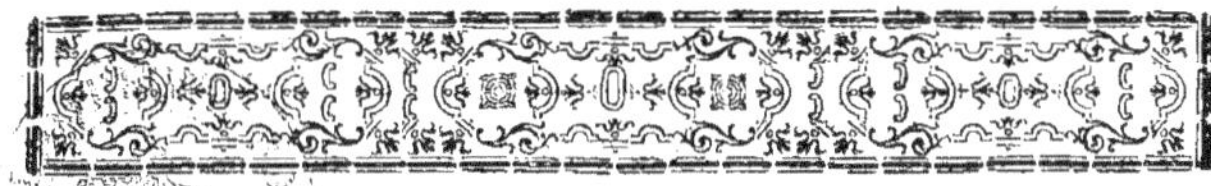

DIVISION DE L'OUVRAGE.

CET Ouvrage eft divifé en deux parties. La première contient la Méfure géométrique de trois degrés du Méridien; ou les opérations faites fur le terrein, pour reconnoître
la longueur de la Ligne Méridienne que nous avons mefurée
dans l'Amérique Méridionale, depuis les environs de *Quito*,
prefque fous l'Equateur, jufqu'au delà de *Cuenca*, dans l'hémifphère auftral.

La feconde partie comprend la Mefure aftronomique de ces
mêmes degrés; c'eft-à-dire, les obfervations faites aux deux
extrémités de l'arc du Méridien, pour déterminer l'amplitude
de cet arc, ou fa valeur en degrés, minutes & fecondes.

C'eft de mon travail particulier, quant aux opérations trigonométriques, que je rends compte dans la première partie.
Le plus grand nombre des obfervations aftronomiques, rapportées dans la feconde, font communes à M. *Bouguer* & à
moi, ou correfpondantes les unes aux autres.

Nous avons mefuré 3 degrés 7 minutes du Méridien, &
fi les difficultés phyfiques & morales ne fe fuffent pas trop
multipliées, nous euffions prolongé la mefure de cet arc tout
le plus loin qu'il nous eût été poffible; perfuadés que c'étoit
le moyen le plus fûr de parvenir à une plus exacte détermination du degré.

Dans une opération de cette nature, on eft expofé à deux
fortes d'erreurs : l'une dans la mefure des Triangles qui fervent

à trouver la longueur de l'arc terreſtre; l'autre dans les obſer-
tions aſtronomiques, néceſſaires pour déterminer l'amplitude
de l'arc céleſte correſpondant.

Quant à l'erreur aſtronomique: on convient qu'elle n'eſt
pas plus à craindre ſur un grand arc que ſur un petit; & puiſque l'erreur totale ſe partage entre tous les degrés de l'arc
meſuré, il eſt clair que plus le nombre en ſera grand, moins
il y aura d'erreur ſur chaque degré. Le plus grand arc eſt
donc à cet égard le plus avantageux.

Quant à l'erreur géodéſique: il eſt vrai qu'elle peut s'ac-
croître par le nombre multiplié des opérations; mais, 1° Il
ſeroit contre toute vrai-ſemblance de ſuppoſer, que les erreurs
dans la meſure des angles ſur le terrein, fuſſent toutes dans le
même ſens, & qu'elles s'accumulaſſent au lieu de ſe compenſer,
du moins en partie. 2° Quand on feroit cette étrange ſuppoſition, ſi l'erreur ne croiſſoit que proportionnellement à la longueur de l'arc, elle ſe diſtribueroit de même ſur le nombre
des degrés meſurés: elle ne feroit donc pas plus à craindre
ſur un plus grand nombre de degrés que ſur un moindre; &
on ne perdroit encore rien alors de l'avantage de la meſure
aſtronomique. Enfin ſi on vouloit ſuppoſer que l'erreur géodéſique crût toûjours du même ſens, & dans une plus grande
raiſon que le nombre des degrés, ce qu'on peut regarder
comme un cas métaphyſique; les conſéquences n'en feroient
encore dangereuſes qu'autant qu'on n'auroit qu'une ſeule Baſe
meſurée actuellement: nous ne ſommes pas dans ce cas, &
la meſure d'une ſeconde Baſe ſur le terrein, à l'autre extrémité
de l'arc, nous met en état d'arrêter le progrès des erreurs qui
pourroient s'être gliſſées dans la meſure de nos angles.

PREMIERE PARTIE.

MESURE GÉOMÉTRIQUE

DE L'ARC DU MÉRIDIEN,

O U

OPÉRATIONS SUR LE TERREIN,

Pour fixer la position & déterminer la longueur de la Ligne Méridienne.

J'AI cru que le meilleur moyen de préfenter au Lecteur avec clarté & précifion le détail d'un grand nombre de différentes opérations, étoit de former une Table qui raffemblant fous un point de vûe le plus d'objets qu'il feroit poffible, montrât leurs divers rapports & leur dépendance mutuelle.

C'eft ce que j'ai tâché d'exécuter dans les douze colonnes de la Table de Triangles que je joins ici. J'y ai renfermé les élémens de la plûpart des opérations que j'ai faites fur le terrein pour la mefure de la Méridienne, & les réfultats des

A ij

conséquences qu'on en peut tirer. On y trouvera les angles de position observés, corrigés, réduits à l'horizon, la longueur calculée des côtés des triangles inclinés, tels que la nature du terrein nous les a offerts, les angles de hauteur & de dépreffion réciproquement obfervés entre les Signaux, leurs hauteurs & leurs abaiffemens refpectifs en toifes, la longueur des côtés réduits à un même plan horizontal, leurs différentes directions par rapport à la Méridienne, enfin les diftances entre les Parallèles & les Méridiens des Signaux.

Cette table fait proprement le fond de la première partie de cet ouvrage; les articles qui la fuivent n'en font que le commentaire : ils contiennent l'explication de chaque colonne, & les fupplémens néceffaires.

Avant que d'entrer dans ce détail, je ne puis me difpenfer de faire quelques réflexions préliminaires & quelques remarques fur notre travail, & fur la manière dont il a été exécuté; je dois commencer par la mefure de la Bafe qui lui fert de fondement.

ARTICLE I.

Mefure actuelle de la première Bafe des Triangles de la Méridienne, aux environs de Quito, *dans la plaine d'*Yarouqui.

JE ne répéterai point ici le détail d'un Mémoire que j'envoyai en 1736 à l'Académie, fur les précautions que nous avions prifes pour la mefure actuelle de notre première Bafe. Je me contenterai de rappeler que M. *Godin*, qui la mefuroit

d'une part, aidé de Don *George Juan (a)*, & M. *Bouguer* &
moi qui la mesurions de l'autre avec Don *Antoine de Ulloa* &
M. *Verguin (b)*, nous nous accordâmes à moins de trois pouces
près sur une longueur de 6273 toises.

Dans un pays de montagnes, tel que la province de *Quito*,
le terrein que nous trouvâmes le plus propre à cette opération
ne laissoit pas d'avoir une pente de 126 toises sur deux lieues,
& cette pente n'étoit pas uniforme. Le parti que nous prîmes,
& le plus convenable en pareil cas, fut de mesurer cette distance
horizontalement, en posant nos perches toûjours de niveau,
& d'observer la différence de hauteur, tant entre les points
intermédiaires & les plus remarquables de la Base, qu'entre
ses deux termes extrêmes.

C'est cette distance mesurée, pour ainsi dire, par échelons ou gradins à différens niveaux, qu'il faut réduire à la
ligne droite. Ce Problème, pris dans toute sa généralité, peut
donner lieu à des recherches du ressort de la haute Géomé-
trie : mais l'élémentaire suffit pour le résoudre avec plus de
précision qu'il n'est nécessaire dans le cas présent. Voici les
fondemens, le procédé & le résultat de mon calcul ; j'en sup-
prime les petits détails, & j'espère qu'on m'en saura gré.

(a) Don *George Juan* & Don *Antoine de Ulloa*, aujourd'hui Capitaines de
vaisseaux en Espagne, avoient été nommés par S. M. Catholique pour
assister aux observations des Académiciens François, & en tenir regiftre ;
le sujet de leur mission est ainsi exprimé dans les ordres & passeports de la
Cour d'Espagne, du 14 Août 1734, pour notre passage en l'Amérique
Espagnole : *Dos sugetos Españoles inteligentes en la Mathematica y Astro-
nomia, para que assistan, con los mencionados Francefes, a todas las Obfer-
vaciones que hizieren, y apunten las que fueren executando.*

(b) Ingénieur de la Marine à *Toulon*.

Mesure de la Base d'*Yarouqui*, moyenne entre les deux mesures actuelles prises horizontalement ; ou Somme des petites mesures horizontales à différens niveaux. . . . . 6272^{toi} 77.

De *Carabourou*, terme septentrional de la Base, hauteur apparente de la mire d'*Oyambaro*, terme austral.   1^d 6′   19″

D'*Oyambaro*, abaissement apparent de la mire du Signal de *Carabourou*, terme boréal. . . . .   1.   11.   53.

Différence des deux angles précédens, égale à la valeur apparente de l'arc terrestre compris entre les deux termes de la Base. . . . .   0.   5.   34.

Arc véritable tiré de la valeur du degré, postérieurement connue, & répondant à la distance de 6272 toises. . . . .   0.   6.   38.

Excès de l'arc véritable sur l'arc apparent, ou somme des réfractions * qui ont altéré les deux angles observés. . . . .   0.   1.   4.

Abaissemens apparens au dessous de l'horizon, des points intermédiaires les plus remarquables de la Base, observés à *Oyambaro*, terme austral.

Du point O

Le point *A* à 500 toises de distance, a paru bas de 2^d 13′   45″
        B   948 . . . .   2.   1.   10.
        C   1998 . . . .   1.   47.   4.
        D   2787 . . . .   1.   32.   21.
        E   4081 . . . . , ...   1.   22.   31.

Hauteurs apparentes d'autres points observés de *Carabourou*, terme austral.

Du point C

Le point *F* à 2093 toises de distance, a paru haut de 0.   47.   22$\frac{1}{2}$
        G   1400 . . . .   0.   35.   47$\frac{1}{2}$

Planche I,
fig. 1.

De ces angles de hauteur & de dépression, j'ai tiré, en

* *Voyez ci-aprés art. XIII.*

corrigeant la réfraction, la différence de niveau entre tous ces points, & la hauteur de chacun au deſſus du plus bas de tous, qui eſt *Carabourou*, terme boréal de la Baſe.

toiſes.
Hauteur du point *O* au deſſus du niveau de *Carabourou*. . . 126,08
$\quad\quad$*A* 106,72
$\quad\quad$*B* 92,96
$\quad\quad$*C* 65,03
$\quad\quad$*D* 53,45
$\quad\quad$*E* 32,87
$\quad\quad$*F* 30,29
$\quad\quad$*G* 15,13

Si la pente du terrein étoit uniforme ſur toute ſa longueur, chacun des échelons horizontaux de la meſure actuelle ſe confondant avec l'arc dont il eſt tangente, leur ſomme pourroit être réputée égale à l'arc ou à la ligne de niveau, priſe à une hauteur moyenne entre les hauteurs des deux termes extrêmes : mais la pente totale du terrein de la Baſe étant inégalement diſtribuée ſur ſa longueur, la ſuppoſition précédente pourroit s'écarter de la vérité : & je ne me la ſuis pas permiſe. Cependant cette ſuppoſition, qui ſeroit trop peu exacte à l'égard de la longueur totale de la Baſe, ne tire pas à conſéquence, quant aux petites portions dans leſquelles je l'ai diviſée ; chacune d'elles étant compriſe entre deux points peu éloignés l'un de l'autre, & dont la différence de niveau eſt connue. Tels ſont les points déſignés dans la liſte précédente ; ils ont été choiſis comme les plus apparens, & les ſeuls où l'on ait pû ſoupçonner à l'œil quelque changement d'inclinaiſon dans le terrein.

C'eſt en partant de cette ſuppoſition & de celle de la hauteur de *Carabourou*, que j'établirai en ſon lieu de 1226 toiſes au deſſus du niveau de la mer, que j'ai réduit à une même hauteur les meſures des intervalles *O A, A B, B C, C D*, &c. par leurs différences de niveau.

La Table ſuivante donne le réſultat du calcul.

	Hauteur moyenne au deſſus du niveau de Carabourou.	Logarithmes* de réduction.	Quantité à ſouſtraire, pour réduire au niv. de Carabourou.
	toiſes.		toiſes.
entre O & A	116,4	155	0,0177
A & B	99,8	133	0,0137
B & C	79,0	105	0,0254
C & D	59,2	79	0,0143
D & E	43,2	$57\frac{1}{2}$	0,0170
E & F	31,6	42	0,0009
F & G	22,7	30	0,0052
G & K	7,6	10	0,0032
		Réduction totale.	0,0974

Il y a donc 7 pouces 1 ligne$\frac{1}{2}$, ou 0 toiſes, 0974 à retrancher de 6272 toiſes 4 pieds 7 pouces 4 lignes$\frac{1}{2}$, ou de 6272^{t},7691, réputées meſure actuelle de la Baſe, pour la réduire à la ligne horizontale, ou à l'arc au niveau de ſon point le plus bas, qui eſt *Carabourou*. Cet arc ſera par conſéquent de 6272^{t},6717; & en ôtant 0^{t},0158, pour le réduire à ſa corde, on aura 6272^{t},6559. Maintenant dans le Triangle *O G K*, connoiſſant *G K* corde de l'arc *G F K*, & les angles *O* & *K* qu'on peut déduire des angles de dépreſſion & de hauteur,

Planche 1, fig. 3.

*J'ajoûte pour la hauteur abſolue de *Carabourou* 1226 toiſes au rayon de la Terre, que je ſuppoſe à l'E'quateur de 3268219 toiſes en prenant un milieu entre les hypothêſes les plus différentes. Le logarithme de ce nombre croît pour 1000 toiſes de 0,0001329. Donc de 0,0000001$\frac{1}{3}$ pour chaque toiſe. Et puiſque les différences des arcs ſont proportionnelles à celles des rayons, on aura la même différence entre le logarithme de chaque arc meſuré à un certain niveau, & celui de l'arc correſpondant au niveau de *Carabourou*. C'eſt ainſi qu'on a réduit à ce niveau les arcs *O A, A B, B C, C D*, &c.

obſervés

obfervés à *Oyambaro* & à *Carabourou*, on conclurra le côté *OK,* ou la ligne droite inclinée qui mefure *O K,* diftance vraie d'un terme à l'autre de la Bafe : cette diftance fera de 6274^t,045, ou de 6274 toifes o pieds 3 pouces 2 lignes $\frac{9}{10}$, c'eft-à-dire, 1^t,373 plus longue que la mefure horizontale au niveau de *Carabourou.*

Si l'on avoit pris la fomme des *girons* de marches, ou portions horizontales de la Bafe, au niveau de leur partie fupérieure, on auroit trouvé la mefure horizontale plus longue de 2 pouces 4 lignes $\frac{5}{7}$; j'en ai fait le calcul : & on l'eût trouvé plus courte de la même quantité, fi l'on avoit fait la fomme en prenant le niveau de la partie inférieure des mêmes marches. Il eft évident que la vraie mefure eft renfermée dans ces étroites limites , & ne peut différer fenfiblement de leur milieu, auquel je me fuis arrêté.

Comme fur une diftance de 6000 toifes il n'eft pas poffible de répondre de quelques pouces de plus ou de moins dans la mefure actuelle, ce feroit prendre une peine inutile que de porter la précifion du calcul fort au delà des bornes prefcrites à notre induftrie. Plufieurs pouces ne font ici d'aucune importance; un pied même, fur une Bafe de 6272 toifes, ne feroit qu'une toife & un tiers de différence fur le degré, dont on s'eftimeroit heureux d'être affuré à 20 toifes près.

J'aurois pû, par cette raifon, donner la mefure de la Bafe en pouces, fans lignes ni fractions; mais j'ai cru devoir employer les mefures actuelles telles que nous les avons trouvées.

Si j'ai couru volontairement le rifque de me tromper d'un pouce fur la longueur de la Bafe, ou de 9 pouces fur un degré, j'ai pû négliger fans fcrupule des quantités encore plus

B

petites, après m'être aſſuré par le calcul qu'elles ne montoient qu'à des fractions de lignes. Telles ſont les erreurs qui s'enſuivent des ſuppoſitions que j'ai faites précédemment, en regardant les deux lignes verticales aux deux extrémités de la Baſe, comme concourant à un même point, & la longueur d'un arc de ſix minutes d'un ſphéroïde peu aplati, comme ne différant pas ſenſiblement de celle d'un arc pareil dans une ſphère du même rayon.

ARTICLE II.

Du Syſtème de Triangles formé pour meſurer la Méridienne.

Cette Baſe de 6000 & près de 300 toiſes, eſt le premier côté d'une longue ſuite de Triangles placés à peu près dans la direction du Méridien: cette Suite commence en deçà de la Ligne équinoctiale, & s'étend près de trois degrés au delà dans l'hémiſphère auſtral.

Notre principale attention dans l'ordonnance & la diſpoſition des Signaux qui dévoient terminer nos Triangles, avoit été de choiſir, autant que le terrein l'avoit pû permettre, les points propres à rendre les Triangles le plus approchans d'être équilatéraux qu'il avoit été poſſible; condition viſiblement la plus avantageuſe pour corriger les erreurs qui peuvent ſe gliſſer dans l'obſervation des angles, tant du fait de l'obſervateur que par le défaut des diviſions des inſtrumens. En effet, dans toute autre eſpéce de triangle que l'équilatéral, il peut y avoir lieu de douter comment doit être répartie entre les trois angles ſuppoſés obſervés avec le même ſoin, la différencé de leur ſomme à 180 degrés; différence que l'on fait être égale à la ſomme des erreurs commiſes dans l'obſervation des trois angles: au lieu qu'il eſt évident que cette ſomme doit être diſtribuée également entre trois angles égaux, & d'autant plus également dans les autres Triangles, qu'ils approchent plus d'être équilatéraux.

Je pourrois ajoûter pluſieurs autres remarques & quelques réflexions ſur le même ſujet; par exemple, ſur les côtés de Triangles fort obliquement oppoſés à l'angle qu'ils ſoûtendent, ſur les grands côtés conclus par de petits, ſur les cas où les angles aigus tirent ou ne tirent pas à conſéquence, &c. Mais ce détail n'eſt guère ſuſceptible d'abrégé; & je reconnois d'ailleurs que je ne puis mieux faire que d'abandonner à M. *Bouguer* une matière qu'il ſe propoſe d'approfondir *, & que perſonne ne poſſède mieux que lui.

Je me contenterai donc de remarquer à l'égard de nos Triangles, 1° Que nous n'avons dans notre ſuite directe de Triangles, qu'un ſeul angle au deſſous de 34 degrés parmi ceux qui ont ſervi à conclurre une diſtance; encore en ce cas avons-nous cherché une confirmation par un Triangle auxiliaire.

2° Que tous les angles ont été meſurés actuellément.

3° Que chaque obſervateur en particulier a meſuré au moins deux angles de chaque Triangle; & que le troiſième angle, déjà conclu néceſſairement par les deux premiers, a cependant encore été vérifié par la meſure actuelle d'un ou de deux autres obſervateurs, pour ne pas laiſſer le moindre ſoupçon d'erreur.

* Voyez le Proſpectus de la *Figure de la Terre, &c.* par *M. Bouguer,* page 3.

ARTICLE III.

Remarques sur les deux différentes suites de Triangles formées pour la mesure de la Méridienne. Nombre des Observateurs & des instrumens qui y ont été employés.

TOUT ce que j'ai dit jusqu'ici de notre système de Triangles, convient également aux deux Suites, dont l'une a été mesurée une fois par M. *Godin,* accompagné de Don *George Juan,* & l'autre a été mesurée deux fois, savoir, par M. *Bouguer* & Don *Antoine de Ulloa,* d'une part, & par moi de l'autre.

Ces deux Suites, composées chacune de trente & quelques Triangles, sans y comprendre ceux de vérification ou de confirmation, ont dix-huit Triangles communs (depuis le Triangle IX jusqu'au XXVI) & elles ne diffèrent l'une de l'autre, que vers leurs extrémités : la Suite que M. *Bouguer* & moi avons mesurée s'étendant plus loin du côté du Sud que celle de M. *Godin,* & celle-ci s'avançant vers le Nord plus que la nôtre. Ce que j'ai dit, que chaque observateur a mesuré en particulier deux angles au moins de chaque Triangle, doit s'entendre des Triangles communs aux deux Suites ; quant à ceux qui appartiennent à l'une exclusivement à l'autre, tous leurs angles ont été mesurés par l'observateur qui a adopté cette Série.

Voy. la carte des Triangles de la Méridienne, Pl. II.

Nous avons donc, je le répète, parce que ceci a besoin d'être éclairci, deux Suites de Triangles, lesquelles ne diffèrent que vers leurs extrémités ; & ces deux Suites fournissent trois Mesures trigonométriques différentes, complètes & indépendantes l'une de l'autre, savoir, la Mesure de M. *Godin* & de Don *George Juan,* celle de M. *Bouguer* & de Don *Antoine de Ulloa,* & celle qui m'est particulière.

Les angles de la première de ces trois Mesures ont été observés alternativement avec le Quart-de-cercle de M^rs les Officiers Espagnols de 24 pouces, & celui de M. *Godin* de 21 pouces de rayon. La liste de ces angles est rapportée, *(p. 159 & suiv.)* dans le Recueil d'observations, publié à *Madrid* en 1748 *. La liste des angles de la seconde mesure, observés par M. *Bouguer* & par Don *Antoine de Ulloa,* avec le Quart-de-cercle de M. *Bouguer* de $2\frac{1}{2}$ pieds de rayon, a été pareillement publiée, à quelques angles près, dans le même Ouvrage, *p. 218 & suiv.* & vient de l'être par M. *Bouguer.* Je n'en ferai point mention, non plus que de la précédente.

La valeur des degrés du Méridien que j'établirai ici, sera uniquement tirée, quant à la partie géodésique, d'une troisième Mesure qui n'a pas encore été publiée : c'est celle qui m'est propre.

ARTICLE IV.

De ma Mesure géométrique particulière.

JE me suis servi pour cette Mesure d'un Quart-de-cercle de trois pieds de rayon, que l'Académie avoit acquis de la succession de feu M. le Chevalier de *Louville,* & avec lequel

---

* Par Don *George Juan* & Don *Antoine de Ulloa,* Capitaines de vaisseaux de S. M. C. &c.

il avoit travaillé à la détermination de l'obliquité de l'Ecliptique en 1721.

Outre M^rs les Officiers Efpagnols, qui fe font fait un plaifir de feconder Mrs *Godin* & *Bouguer,* ceux-ci avoient deux aides intelligens *, aufquels ils auroient pû, au befoin, s'en rapporter pour la mefure de leurs angles. J'étois moins heureufement partagé. Dénué d'un pareil fecours, il m'a fallu redoubler d'attention pour prévenir les méprifes & les erreurs prefque inévitables, dans un fi grand nombre d'opérations ; d'autant plus qu'elles ont été exécutées le plus fouvent dans des poftes fort incommodes & expofés à toutes les injures de l'air. Voici les principales précautions que j'ai prifes.

J'ai cru devoir en rendre compte, ou au moins les indiquer ; uniquement pour faire voir que je n'ai rien omis ni négligé de ce qui pouvoit de ma part tendre à la perfection de l'ouvrage confié à nos foins ; & non pour infinuer que tous mes angles approchent plus du vrai que ceux des autres Obfervateurs, ce que je fuis fort éloigné de prétendre.

1° Il n'y a pas un feul angle de tous ceux que j'ai obfervés, que je n'aye mefuré plufieurs fois, fouvent en différens jours, &, quand cela a été poffible, à des heures où les Signaux fur lefquels on pointoit la lunette, étoient différemment éclairés.

2° En eftimant les minutes & leurs fractions fur la divifion du limbe de mon Quart-de-cercle, je ne me fuis jamais fervi des Tranfverfales, mais toûjours du Micromètre, & de deux manières différentes ; c'eft-à-dire, en tournant la vis alternativement d'un fens & de l'autre, j'ai pris un milieu entre les petites différences, quand il s'en eft trouvé.

* Les fieurs *Hugot* Horloger, & *Grangier,* aujourd'hui Arpenteur royal à *Saint-Domingue.*

3° J'ai rapporté prefque toûjours l'angle que je mefurois à deux différens points de la divifion de l'inftrument, diftans l'un de l'autre de dix minutes. La valeur de cet intervalle étoit connue en parties du Micromètre, & devoit être égale à la fomme des parties à ajoûter à l'une des mefures, & à fouftraire de l'autre ; ce qui fervoit de vérification.

4° La communication réciproque de la mefure de nos angles obfervés avec différens inftrumens, faite fur le lieu même, & fouvent auffi-tôt après l'obfervation, étoit encore un bon moyen pour reconnoître & vérifier fur le champ les équivoques ou erreurs de chiffres.

5° J'ai remarqué que nous nous étions fait une loi de ne conclurre aucun angle, qui n'eût déjà été actuellement me-furé ; & que chacun de nous en particulier a toûjours obfervé au moins deux angles de chaque triangle. J'ajoûte que non feulement dans la mefure particulière dont je rends compte, je me fuis conformé à l'arrangement prefcrit, mais que je n'ai omis de mefurer moi-même aucun angle, quand cela s'eft pû faire, fans perdre de temps : & s'il ne m'a pas été poffible, fans retarder l'ouvrage, de me tranfporter avec mon Quart-de-cercle à tous les Signaux, il eft du moins certain que dans tout le cours de la Méridienne, il n'y a que trois Signaux où je n'aye pas obfervé ; & que de 120 angles dont la fuite, qui nous eft commune à M. *Bouguer* & à moi, eft compofée, y compris ceux des triangles de confirmation, j'en ai mefuré réellement moi-même 110 avec le même Quart-de-cercle, & en prenant les précautions que j'ai indiquées. Les lettres *a* & *b* diftin-gueront dans ma Table les dix angles que j'ai employés dans ma lifte, en les tirant de celle de Mrs *Godin* & *D. George*, quoique

j'eusse pû me contenter de les conclurre de mes seules observations. *a* désigne le Quart-de-cercle de 21 pouces, *b* celui
de 24 pouces, & *c* celui de 30 pouces de rayon.

ARTICLE V.

Des différentes corrections faites aux angles observés.

OBSERVER des angles sur le terrein à quelques minutes près,
est une pratique très-simple & très-facile: elle est suffisante
pour les usages ordinaires. Chercher la précision dans un angle
de position, jusqu'à s'assurer d'une fraction de minute, jusqu'à
discuter quelques secondes de plus ou de moins, est une opération si délicate, qu'il n'y a que ceux qui l'ont tentée qui puissent
en bien sentir toutes les difficultés. Dans tous les arts, comme
dans une longue & pénible carrière, les derniers pas que l'on
fait sont toûjours incomparablement les plus difficiles.

Je suppose l'angle aussi exactement observé qu'il peut l'être;
il y a quelquefois encore quatre & cinq corrections à y faire,
pour en déduire l'angle véritable, ou plûtôt pour en approcher
autant qu'il est possible.

PREMIÈRE CORRECTION.

Défaut de parallélisme dans la Lunette.

La vérification de la position de la lunette fixe du Quart-
de-cercle, pour reconnoître si son axe optique est en effet,
comme on le suppose, parallèle au rayon qui passe par le point o,
où commence la graduation, & la correction qui en résulte,
sont connues & pratiquées de tous les Observateurs.

Je

Je n'ai jamais manqué de répéter cette correction; non seulement chaque fois que le Quart-de-cercle a été transporté, ce qui la rend indispensable, mais encore, presque toûjours, à chaque angle que j'ai observé, ou au moins au commencement & à la fin de chaque opération.

SECONDE CORRECTION.
Erreur des Divisions.

La plus difficile & la plus négligée des corrections, quoique souvent la plus importante, est celle qui regarde la vérification des divisions de l'instrument. Mais que n'en coûte-t-il point pour faire cet examen !

Je ne ferai qu'indiquer les principaux moyens que j'ai mis en usage en différens temps & en différens lieux, pour reconnoître les erreurs de la division de mon Quart-de-cercle, & en faire une Table.

Le tour de l'horizon qui doit valoir 360 degrés, en quelque nombre d'angles qu'il soit partagé, & la somme des trois angles, qui dans tout Triangle observé doit toûjours être égale à 180 degrés, sont les deux moyens les plus simples & les plus ordinairement pratiqués, pour reconnoître si les divisions sont exactes. Je les ai employés utilement. Le premier, dans un pays de montagnes tel que celui où nous étions, exige un calcul long & pénible. A ces deux moyens, j'en ai joint un troisième de même espéce, aussi aisé à imaginer que difficile à bien exécuter ; & c'est celui qui m'a le mieux réussi : mais ce n'est qu'après trois ans de tentatives peu satisfaisantes que j'ai rencontré dans la plaine de *Tarqui*, près de *Cuenca*, un terrein uni tel que l'exigeoit cette opération.

Je parvins, non sans peine, à poser en ligne droite, trois points distans l'un de l'autre d'environ 1500 toises. Je plaçai le centre de mon Quart-de-cercle, disposé horizontalement, ou plustôt l'intersection des deux lunettes, sur le point du milieu; & je divisai le demi-cercle, dont ma ligne droite étoit le diamètre, en deux, en trois, quatre, cinq, six angles égaux, &c. par des mires très-distinctes, posées à la distance de 4 à 500 toises: je vérifiai ainsi les angles de 90, 60, 45, 36, 30, 15, &c. degrés, sous-multiples de 180.

J'ai fait d'autres essais, pour vérifier les divisions de degré en degré: voici celui dont j'ai tiré le plus de parti. A une distance de 500 toises exactement mesurées, & prises pour rayon, je tendis un cordeau à angle droit; je plaçai sur cet alignement des mires, à la longueur calculée des tangentes, de degré en degré. Ensuite dirigeant la lunette immobile du Quart-de-cercle sur la première mire, & pointant l'alhidade successivement sur les suivantes, j'examinois si elle répondoit aux divisions correspondantes du limbe, ou de combien elle s'en écartoit.

Avec toutes ces méthodes rectifiées l'une par l'autre, & par la fréquente comparaison des angles observés avec mon Quart-de-cercle, aux mêmes angles observés avec d'autres instrumens, dont les divisions avoient aussi été examinées, je suis parvenu à dresser une Table des erreurs de mon Quart-de-cercle, de degré en degré.

Aussi-tôt que je l'eus achevée, au mois d'Avril 1740, je la remis à M*rs* *Godin* & *Bouguer*, avec la liste de tous mes Triangles corrigés conformément à cette Table: ce sont les mêmes que je donne aujourd'hui. Il est vrai qu'en repassant toute cette matière, & en répétant mes calculs pour la troisième fois, depuis mon retour en France, j'ai été tenté de faire à certains angles quelques corrections, qui eussent mieux fait convenir le calcul de la mesure conclue avec la mesure actuelle de la seconde Base; mais j'ai mieux aimé renoncer à cette apparence d'exactitude, que d'encourir le soupçon de l'avoir cherchée après coup. Je donnerai donc ici mes angles, tels que je les avois corrigés avant que d'avoir calculé les côtés.

TROISIÈME CORRECTION.

Réduction au centre.

Il est rare qu'on ait la commodité de placer un Quart-de-cercle au centre du Signal d'où l'on observe; & il est impossible d'y en placer deux en même temps. Ainsi de deux Observateurs dans le cas dont il est ici question, il y en a au moins un qui opère à quelque distance du centre. D'ailleurs l'intersection des deux lunettes de l'instrument changeant à chaque angle, il faudroit, quand on a plusieurs angles à observer dans la même station, transporter, pour chaque angle, le pied du Quart-de-cercle. Il est souvent plus court & plus commode de remarquer à quelle distance, de quel côté, & dans quelle direction l'on est, à l'égard du centre du Signal. Avec cela, & la distance des objets observés à peu près connue, on est en état de réduire l'angle observé à celui qui l'eût été du centre même. Cette correction, qui n'est que de quelques secondes quand l'objet est éloigné & qu'on n'est qu'à quelques pieds du centre, exige quelquefois la résolution de deux Triangles.

C ij

QUATRIÈME CORRECTION
Par la fomme des trois angles.

Si les trois angles d'un Triangle ont été bien obfervés, il eft clair, qu'après les corrections précédentes, leur fomme doit être égale à deux angles droits. Si elle en diffère, & qu'il n'y ait aucune raifon de rejeter fur un angle pluftôt que fur un autre la petite différence qui refte, il n'y a guère d'autre parti à prendre, que de la diftribuer également entre les trois angles; fur-tout quand les angles font à peu près égaux, & que la différence ne va qu'à quelques fecondes.

AUTRES CORRECTIONS.

Voilà donc quatre corrections au moins, auxquelles font ordinairement fujets tous les angles obfervés; fans parler des corrections extraordinaires, caufées tantôt par quelqu'accident étranger à l'Obfervateur: comme la chûte ou l'inclinaifon d'un Signal, ou la diverfe manière dont il étoit éclairé lorfqu'il a été obfervé; tantôt par quelque vice particulier à une obferva-tion, caufé par une erreur particulière; foit d'un point non véri-fié des fubdivifions de dix en dix minutes, foit d'un dérange-ment paffager dans l'objectif, lequel peut être produit par la dilatation fubite du tuyau de la lunette, expofé par fa partie fupé-rieure à un coup de foleil ardent & peu durable: enfin par mille autres accidens phyfiques, qui naiffent fous les pas des Obferva-teurs, & qui font leur fupplice quand ils afpirent à une grande précifion.

ARTICLE VI.

Table des Triangles de la Méridienne de Quito.

Cette Table contient, en douze colonnes, la plufpart des conféquences qu'on peut tirer de nos opérations pour la mefure de la Méridienne, & la réponfe à la plufpart des queftions qu'on peut faire fur les différentes parties de ce travail. Voici les titres de chacune des douze colonnes. I. Ordre & Plans des Triangles. II. Noms des lieux où étoient pofés les Signaux. III. Angles de pofition obfervés. IV. E'quation pour la fomme des trois angles. V. Longueur des côtés oppofés aux angles obfervés. VI. Angles de hauteur & de dépreffion apparente obfervés, & Quarts-de-cercle (qui ont fervi aux obfervations). VII. Hauteurs & Abaiffemens refpectifs des Signaux. VIII. Angles de pofition réduits à l'horizon. IX. Longueur des côtés horizontaux, réduits au niveau de *Carabourou.* X. Direction des côtés des Triangles par rapport à la Méridienne. XI. Diftances entre les Parallèles des Signaux. XII. Diftances entre les Méridiens des Signaux.

Voy. la Table des Triangles, p. 22 & fuiv.

Les articles qui fuivront la Table, feront employés à en donner l'explication, colonne par colonne : je joindrai à cette explication le détail de ce qui n'a pû entrer dans la Table même.

TABLE du Calcul des Triangles

I. ORDRE & PLANS des TRIANGLES.	II. NOMS DES LIÉUX où étoient posés les Signaux.	III. ANGLES DE POSITION observés.	IV. Equation pour la somme des 3 Angles	V. LONGUEUR des côtés opposés aux Angles observés.	VI. ANGLES de hauteur & de dépression apparente observés.	Quarts-de-cercle.
I.	Pamba-marca....	P. 38° 36′ 14″	— 3″	Toises. CO. 6274,05	C. — 5° 41′ 20″ calcul. O. — 4. 30. 27. c.	
	Carabourou........ Terme Nord de la Base.	C. 77. 35. 40	— 4	Base inclinée. PO. 9821,00	P. + 5. 33. 6. b. O. + 1. 6. 19. a.b.	
	Oyambaro........ Terme Sud de la Base.	O. 63. 48. 16	— 3	PC. 9022,96	P. + 4. 20. 29. a. C. — 1. 11. 53. a.c.	
		180. 0. 10	— 10			
II.	Pamba-marca.....	P. 69. 46. 37	0	OT. 15663,05	O. — 4. 30. 27. c. T. — 1. 26. 20. c.	
	Oyambaro........	O. 74. 10. 58	0	PT. 16060,29	P. + 4. 20. 29. a. T. + 1. 18. 39. c.	
	Tanlagoa...........	T. 36. 2. 25	0	PO. 9821,00	P. + 1. 11. 13. d. O. + 1. 33. 48. d.	
		180. 0. 0	0			
III.	Pamba-marca.....	P. 38. 36. 34	— 2	TΠ. 12690,77	T. — 1. 26. 20. c. Π. + 0. 9. 53. c.	
	Tanlagoa...........	T. 89. 14. 10	— 2	PΠ. 20335,92	P. + 1. 11. 13. d. Π. + 2. 2. 56. d.	
	Pitchincha...........	Π. 52. 9. 22	— 2	PT. 16060,29	P. — 0. 28. 36. c.d. T. — 2. 16. 8. c.	
		180. 0. 6	— 6			
IV.	Pamba-marca.....	P. 39. 47. 3	0	ΠS. 13251,57	Π. + 0. 9. 53. c. S. — 2. 21. 47. c.	
	Pitchincha........	Π. 61. 6. 24	0	PS. 18131,07	P. — 0. 28. 36. c.d. S. — 3. 38. 56. c.d.	
	Schangailli........	S. 79. 6. 33	0	PΠ. 20335,92	P. + 2. 4. 55½. Π. + 3. 25. 47. c.	
		180. 0. 0	0			
V.	Pitchincha...........	Π. 58. 26. 10	— 4	SC. 18097,10	S. — 3. 38. 56. c.d. C. — 0. 11. 56. c.d.	
	Schangailli...........	S. 82. 57. 50	— 4	ΠC. 21128,15	Π. + 3. 25. 47. c. C. + 2. 24. 31½. c.	
	El Coraçon........	C. 38. 36. 12	— 4	ΠS. 13251,57	Π. — 0. 7. 59. c. S. — 2. 42. 10. c.	
		180. 0. 12	— 12			

de la Méridienne de QUITO.

VII.	VIII.	IX.	X.	XI.	XII.
HAUTEURS & Abaissemens respectifs des Signaux.	ANGLES de position réduits à l'Horizon.	LONGUEUR des côtés horizontaux, réduits au niveau de *Carabourou*.	DIRECTION des côtés des Triangles par rapport à la Méridienne.	DISTANCE entre les Parallèles des Signaux.	DISTANCE entre les Méridiens des Signaux.
Toises.		*Toises.*		*Toises.*	*Toises.*
C. — 883,85 O. — 757,64	P. 38° 44′ 42″	CO. 6272,66 Base horizontale réduite.	19 25′ 4″ du Sud à l'Est *observée. Donc*	5915,86	2085,37
P. + 883,85 O. + 126,11	C. 77. 38. 28	PO. 9790,27	44. 11. 46 du Sud à l'Ouest.	7019,21	6824,96
P. + 757,64 C. — 126,11	O. 63. 36. 50	PC. 8978,38	82. 56. 28 du Sud à l'Ouest.	1103,35	8910,33
O. — 757,64 T. — 367,98	P. 69. 49. 32	OT. 15657,28	30. 2. 22 N. O.	13554,21	7837,98
P. + 757,64 T. + 392,82	O. 74. 14. 8	PT. 16053,26	65. 58. 42 N. O.	6535,00	14662,94
P. + 367,98 O. — 392,82	T. 35. 56. 20	PO. 9790,27	44. 11. 46 S. O.	7019,21	6824,96
T. — 367,98 Π. + 113,82	P. 38. 34. 46	TΠ. 12679,21	23. 17. 57 S. O.	11645,24	5015,04
P. + 367,98 Π. + 478,07	T. 89. 16. 39	PΠ. 20330,69	75. 26. 32 S. O.	5110,24	19677,97
P. — 113,82 T. — 478,07	Π. 52. 8. 35	PT. 16053,26	65. 58. 42 N. O.	6535,00	14662,94
Π. + 113,82 S. — 703,20	P. 39. 42. 53	ΠS. 13224,46	43. 28. 54 S. E.	9595,60	9100,04
P. — 113,82 S. — 818,06	Π. 61. 4. 34	PS. 181.15,02	35. 43. 39 S. O.	14705,84	10577,92
P. + 703,20 Π. + 818,06	S. 79. 12. 33	PΠ. 20330,69	75. 26. 32 S. O.	5110,24	19677,97
S. — 818,06 C. — 12,11	Π. 58. 22. 42	SC. 18076,76	53. 25. 44 S. O. & par observation 53. 25. 33	10770,50	14517,78
Π. + 818,06 C. + 807,02	S. 83. 5. 22	ΠC. 21074,38	14. 53. 48 S. O. & par observation 14. 52. 44	20366,10	5417,73
Π. + 12,11 S. — 807,42	C. 38. 31. 56	ΠS. 13224,46	43. 28. 54 S. E.	9595,60	9100,04

Suite de la TABLE du Calcul des

I. ORDRE & PLANS des TRIANGLES.	II. NOMS DES LIEUX où étoient posés les Signaux.	III. ANGLES DE POSITION observés.	IV. Equation pour la somme des 3 Angles	V. LONGUEUR des côtés opposés aux Angles observés.	VI. ANGLES de hauteur & de dépression apparente observés.	Quart-de-cercle.
VI. (S, C, K)	Schangailli.........	S. 41° 15′ 6″	— 1″	CK. 13207,47 *Toises.*	C. + 2° 24′ 31″½ cal K. + 2. 24. 17. d	
	El Coraçon........	C. 74. 7. 50	— 2	SK. 19267,09	S. — 2. 42. 10. c. K. + 0. 6. 50. c.	
	Koto-pacsi. .... *Signal de Pouca-ouaïcou.*	K. 64. 37. 8	— 1	SC. 18097,10	S. — 2. 42. 54. c C. — 0. 19. 34. c.	
		180. 0. 4	— 4			
VII. (C, K, P)	El Coraçon........	C. 21. 22. 12	— 1	KP. 4942,15	K. + 0. 6. 50. c P. — 1. 45. 19. c.	
	Koto-pacsi.........	K. 81. 46. 44	— 1	CP. 13423,60	C. — 0. 19. 34. c P. — 5. 5. 50. c.	
	Papa-ourcou.....	P. 76. 51. 7	— 1	CK. 13207,47	C. + 1. 31. 58. c K. + 5. 0. 47. c.	
		180. 0. 3	— 3			
VIII. (C, P, M)	El Coraçon........	C. 41. 37. 19	— 3	PM. 12772,30	P. — 1. 45. 19. c. M. — 1. 24. 35. c.	
	Papa-ourcou......	P. 94. 6. 26	— 3	CM. 19180,17	C. + 1. 31. 58. c. M. — 0. 15. 32. c.	
	Milin............	M. 44. 16. 24	— 3	CP. 13423,60	C. + 1. 5. 47. a.c.d P. + 0. 3. 27½ a.d	
		180. 0. 9	— 9			
(C, K, M) *Pour vérifier la dist. CM.*	El Coraçon........	C. 62. 56. 18	+ 3	KM. 17658,69	K. + 0. 6. 50. c. M. — 1. 24. 35. c.	
	Koto-pacsi........	K. 75. 17. 50	+ 3	CM. 19180,31	C. — 0. 19. 34. c M. — 1. 39. 14. c.	
	Milin.............	M. 41. 45. 43	+ 3	CK. 13207,47	C. + 1. 5. 47. a.c. K. + 1. 23. 35. c.d	
		179. 59. 51	+ 9			
IX. (P, M, O)	Papa-ourcou......	P. 60. 31. 30	0	MO. 12979,72	M. — 0. 15. 31. c. O. + 1. 1. 38. c.	
	Milin.............	M. 60. 31. 54	0	PO. 12980,58	P. + 0. 3. 28. a.d O. + 1. 11. 25. c.d	
	Ouangotassin......	O. 58. 56. 36	0	PM. 12772,30	P. — 1. 14. 45. c M. — 1. 23. 45. c.	
		180. 0. 0	0			

Triangles de la Méridienne de Quito. (2)

VII. HAUTEURS Abaissemens respectifs des Signaux.	VIII. ANGLES de position réduits à l'Horizon.	IX. LONGUEUR des côtés horizontaux, réduits au niveau de *Carabourou*.	X. DIRECTION des côtés des Triangles par rapport à la Méridienne.	XI. DISTANCE entre les Parallèles des Signaux.	XII. DISTANCE entre les Méridiens des Signaux.
Toises.		Toises.		Toises.	Toises.
+ 807,42 / + 860,53	S. 41° 17′ 20″	CK. 13203,95	52° 27′ 53″ du Sud à l'Est.	8044,50	10470,45
− 807,42 / + 50,71	C. 74. 6. 23	SK. 19245,40	12. 8. 24 du Sud à l'Ouest.	18815,00	4047,33
− 860,53 / − 50,71	K. 64. 36. 17	SC. 18076,76	53. 25. 44 du Sud à l'Ouest.	10770,50	14517,78
+ 50,71 / − 385,12	C. 21. 17. 28	KP. 4922,82	45. 45. 36 S. O.	3433,82	3526,15
− 50,71 / − 435,47	K. 81. 46. 31	CP. 13415,48	31. 10. 25 S. E.	11478,32	6944,30
+ 385,12 / + 435,47	P. 76. 56. 1	CK. 13203,95	52. 27. 53 S. E.	8044,50	10470,45
− 385,12 / − 419,53	C. 41. 38. 11	PM. 12770,50	54. 43. 34 S. O.	7374,78	10425,85
+ 385,12 / − 35,29	P. 94. 6. 1	CM. 19171,87	10. 27. 46 S. O. & par observ. réd. 10. 26. 49	18853,11	3481,55
+ 419,53 / + 35,29	M. 44. 15. 48	CP. 13415,48	31. 10. 25 S. E.	11478,32	6944,30
+ 50,71 / − 419,53	C. 62. 55. 37	KM. 17648,94	52. 14. 3 S. O.	10808,85	13951,86
− 50,71 / − 469,48	K. 75. 18. 4	CM. 19172,10	10. 27. 44 S. O.	18853,36	3481,41
+ 419,53 / + 469,48	M. 41. 46. 19	CK. 13203,95	52. 27. 53 S. E.	8044,50	10470,45
− 35,29 / + 257,47	P. 60. 30. 50	MO. 12974,21	64. 44. 52 S. E.	5534,85	11734,37
+ 35,29 / + 292,90	M. 60. 31. 34	PO. 12975,77	5. 47. 16 S. E.	12909,63	1308,53
− 257,47 / − 292,90	O. 58. 57. 36	PM. 12770,50	54. 43. 34 S. O.	7374,78	10425,85

Suite de la TABLE du Calcul des

I. ORDRE & PLANS des TRIANGLES.	II. NOMS DES LIÉUX où étoient posés les Signaux.	III. ANGLES DE POSITION observés.	IV. Equation pour la somme des 3 Angles.	V. LONGUEUR des côtés opposés aux Angles observés.	VI. ANGLES de hauteur & de dépression apparente observés.
X. 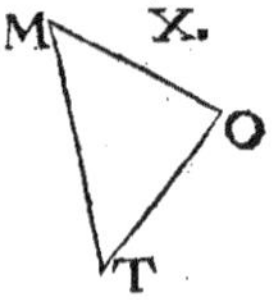	Milin.................	M. 52° 18′ 25″	+ 1″	Toises. OT. 13547,44	O.+ 1° 11′ 25″ c. T.+ 0. 24. 32. a.
	Ouango-taffin....	O. 78. 23. 31	+ 1	MT. 16770,32	M.— 1. 23. 45.. c. T.— 0. 40. 45. c.
	Tchoulapou......	T. 49. 18. 1	+ 1	MO. 12979,72	M.— 0. 40. 40. b. O.+ 0. 27. 15. b.
		179. 59. 57	+ 3		
XI. 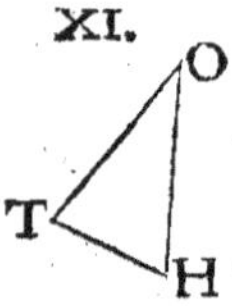	Ouango-taffin....	O. 34. 47. 51	+ 4	TH. 8162,43	T.— 0. 40. 45. c. H.— 2. 15. 5. d
	Tchoulapou......	T. 73. 54. 8	+ 5	OH. 13741,93	O.+ 0. 27. 15. b. H.— 2. 42. 50. b.
	Hivicatsou........	H. 71. 17. 48b	+ 4	OT. 13547,44	O.+ 2. 1. 0. b. T.+ 2. 34. 50. ca
		179 59 47	+ 13		
XII. 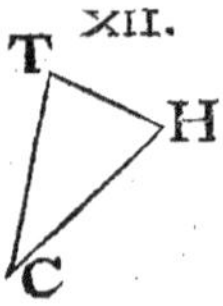	Tchoulapou.......	T. 75. 56. 26	0	HC. 13746,66	H.— 2. 42. 50. b. C.— 0. 39. 53. b
	Hivicatsou...,...	H. 68. 53. 20b	0	TC. 13219,50	T.+ 2 34. 50. ca C.+ 0. 55. 30. b
	Chitchitchoco....	C. 35. 10. 14	0	TH. 8162,43	T.+ 0. 27. 5. c H.— 1. 9. 19. c
		180 0. 0	0		
XIII. 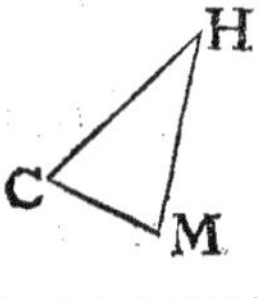	Hivicatsou........	H 34. 29. 33b	— 2	CM. 8122,51	C.+ 0. 55. 30. b M.+ 1. 42. 30. b
	Chitchitchoco...	C. 72. 6. 5	— 2	HM. 13649,13	H.— 1. 9. 19. c M.+ 1. 13.. 5. c
	Moulmoul........	M 73. 24. 28	— 2	HC. 13746,66	H.— 1. 54. 50. c C.— 1. 20 30. c
		180 0. 6	— 6		
XIV. 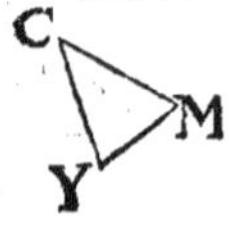	Chitchitchoco...	C. 48. 51. 20	+ 1	MY. 6282,14	M.+ 1. 13. 5. c Y.+ 3. 29. 35. c
	Moulmoul........	M. 54. 19. 20	+ 1	CY. 6776,47	C.— 1. 20. 30. c Y.+ 2. 7. 35. c
	Ygoalata......... ou Goayama.	Y 76. 49. 17	+ 1	CM. 8122,51	C.— 3. 36. 0. c M.— 2. 12. 58. c
		179 59 57	+ 3		

Triangles de la Méridienne de Quito.　(3)

VII. HAUTEURS & Abaiſſemens reſpectifs des Signaux.	VIII. ANGLES de poſition réduits à l'Horizon.	IX. LONGUEUR des côtés horizontaux, réduits au niveau de *Carabourou*.	X. DIRECTION des côtés des Triangles par rapport à la Méridienne.	XI. DISTANCE entre les Parallèles des Signaux.	XII. DISTANCE entre les Méridiens des Signaux.
Toiſes.				Toiſes.	Toiſes.
O. + 192,90 T. + 159,03	M. 52° 18' 26"	OT. 13544,16	36° 50' 52" du Sud à l'Oueſt.	10838,47	8122,31
M. — 192,90 T. — 133,98	O. 78. 24. 16	MT. 16767,00	12. 26. 26 du Sud à l'Eſt	16373,31	3612,06
M. — 159,03 O. + 133,98	T. 49. 17. 18	MO. 12974,21	64. 44. 52 du Sud à l'Eſt.	5534,85	11734,37
T. — 133,98 H. — 511,71	O. 34. 46. 33	TH. 8152,70	69. 17. 24 S. E.	2883,11	7625,90
O. + 133,98 H. — 376,99	T. 73. 51. 44	OH. 13730,55	2. 4. 19 S. O.	13721,57	496,42
O. + 511,71 T. + 376,99	H. 71. 21. 43	OT. 13544,16	36. 50. 52 S. O.	10838,47	8122,31
H. — 376,99 C. — 128,75	T. 75. 57. 21	HC. 13742,45	41. 48. 6 S. O.	10244,40	9160,09
T. + 376,99 C. + 249,54	H. 68. 54. 30	TC. 13216,85	6. 39. 57 S. O.	13127,51	1534,19
T. + 128,75 H. — 249,54	C. 35. 8. 9	TH. 8152,70	69. 17. 24 S. E.	2883,11	7625,90
C. + 249,54 M. + 431,46	H. 34. 29. 34	CM. 8119,16	66. 7. 51 S. E.	3285,40	7424,74
H. — 249,54 M. + 181,42	C. 72. 4. 3	HM. 13640,65	7. 18. 32 S. O.	13529,81	1735,34
H. — 431,46 C. — 181,42	M. 73. 26. 23	HC. 13742,45	41. 48. 6 S. O.	10244,40	9160,09
M. + 181,42 Y. + 419,19	C. 48. 51. 0	MY. 6276,27	59. 38. 51 S. O.	3171,52	5416,00
C. — 181,42 Y. + 238,01	M. 54. 13. 18	CY. 6762,18	17. 16. 51 SE. & par obſerv. réd.	6456,93	2608,74
C. — 419,19 M. — 238,01	Y. 76. 55. 42	CM. 8119,16	17. 17. 59 66. 7. 51 S. E.	3285,40	7424,74

Suite de la TABLE du Calcul des

I. ORDRE & PLANS des TRIANGLES.	II. NOMS DES LIEUX où étoient posés les Signaux.	III. ANGLES DE POSITION observés.	IV. Equation pour la somme des 3 Angles	V. LONGUEUR des côtés opposés aux Angles observés. (Toises.)	VI. ANGLES de hauteur & de dépression apparente observés.	Quarts-de-cercle.
XV. Y M I	Moulmoul………	M. 60° 49′ 35″	+ 3″	YI. 11760,33	Y. + 2° 7′ 35″ I. — 0. 22. 25.	c. c.
	Ygoalata……… *ou Goayama.*	Y. 91. 22. 11	+ 3	MI. 13464,98	M. — 2. 12. 58. I. — 1. 33. 56.	a.c. a.c.
	Ilmal……………	I. 27. 48. 5	+ 3	MY. 6282,14	M. + 0. 10. 9. Y. + 1. 22. 59.	c. c.
		179. 59. 51	+ 9			
1. Y M N	Moulmoul…	M. 69. 54. 40	0	YN. 8916,43	Y. + 2. 7. 35. N. — 1. 55. 50.	c. calc.
	Ygoalata……	Y. 68. 39. 35	0	MN. 8843,08	M. — 2. 12. 58. N. — 3. 27. 5.	a.c. a.c.
	Nabouço……	N. 41. 25. 45	0	MY. 6282,14	M. + 1. 47. 40. Y. + 3. 18. 20.	calc. calc.
		180. 0. 0	0			
2 Y N A	Ygoalata……	Y. 77. 52. 47	+ 2	NA. 12980,27	N. — 3. 27. 5. A. — 2. 21. 16.	a.c. a.c.
	Nabouço……	N. 59. 55. 39	+ 2	YA. 11489,13	Y. + 3. 18. 20. A. + 0. 12. 40.	calc. calc.
	Amoula……	A. 42. 11. 28	+ 2	YN. 8916,43	Y. + 2. 10. 20. N. — 0. 25. 20.	calc. calc.
		179. 59. 54	+ 6			
3 A Y I	Ygoalata……	Y. 55. 16. 28	0	AI. 10787,99	A. — 2. 21. 16. I. — 1. 33. 56.	a.c. a.c.
	Amoula………	A. 63. 38. 22	0	YI. 11760,44	Y. + 2. 10. 20. I. + 0. 43. 10.	calc. calc.
	Ilmal…………	I. 61. 5. 10	0	YA. 11489,13	Y. + 1. 22. 59. A. — 0. 53. 11.	c. c.
		180. 0. 0	0			
XVI. Y D I	Ygoalata…………	Y. 71. 36. 6	+ 3	ID. 16989,88	I. — 1. 33. 56. D. + 0. 38. 3½.	a.c. c.
	Ilmal……………	I. 67. 20. 20	+ 3	YD. 16522,84	Y. + 1. 22. 59. D. + 0. 23. 39.	c. c.
	Dolomboc……… *ou Siça-pongo*	D. 41. 3. 25	+ 3	YI. 11760,33	Y. + 0. 22. 43. I. — 0. 39. 54.	b.c. b.c.
		179. 59. 51	+ 9			

(Entre les colonnes II et III, en travers : « Triangles de vérification pour la distance YI. »)

Triangles de la Méridienne de Quito.   (4)

VII. HAUTEURS & Abaissemens respectifs des Signaux.	VIII. ANGLES de position réduits à l'Horizon.	IX. LONGUEUR des côtés horizontaux, réduits au niveau de *Carabourou.*	X. DIRECTION des côtés des Triangles par rapport à la Méridienne.	XI. DISTANCE entre les Parallèles des Signaux.	XII. DISTANCE entre les Méridiens des Signaux.
Toises. Y. + 238,01 I. — 63,78	M. 60° 47′ 19″	*Toises.* YI. 11754,02	28° 55′ 12″ du Sud à l'Est.	*Toises.* 10288,25	*Toises.* 5684,10
M. — 238,01 I. — 302,52	Y. 91. 25. 57	MI. 13462,44	1. 8. 28 S. E. & par 2 obser. réd.	13459,76	268,10
M. + 63,78 Y. + 302,52	I. 27. 46. 44	MY. 6276,27	1. 9. 27 59. 38. 51 du Sud à l'Ouest.	3171,52	5416,00
Y. + 238,01 N. — 287,45	M. 69. 48. 30	YN. 8899,31	51. 36. 24 S. E.	5526,97	6974,97
M. — 238,01 N. — 525,46	Y. 68. 44. 45	MN. 8837,09	10. 9. 39 S. E.	8698,49	1558,97
M. + 287,45 Y. + 525,46	N. 41. 26. 45	MY. 6276,27	59. 38. 51 S. O.	3171,52	5416,00
N. — 525,46 A. — 453,73	Y. 77. 59. 34	NA. 12978,55	68. 30. 24 S. O.	4755,25	12076,01
Y. + 525,46 A. + 71,73	N. 59. 53. 12	YA. 11478,00	26. 23. 10 S. O.	10282,21	5101,03
Y. + 453,73 N. — 71,73	A. 42. 7. 14	YN. 8899,31	51. 36. 24 S. E.	5526,97	6974,97
A. — 453,73 I. — 302,52	Y. 55. 18. 15	AI. 10784,81	89. 58. 0 S. E.	6,27	10784,81
Y. + 453,73 I. + 151,16	A. 63. 38. 50	YI. 11754,07	28. 55. 5 S. E.	10288,49	5683,78
Y. + 302,52 A. — 151,16	I. 61. 2. 55	YA. 11478,00	26. 23. 10 S. O.	10282,21	5101,03
I. — 302,52 D. — 146,01	Y. 71. 36. 44	ID. 16985,94	83. 44. 15 S. O.	1852,89	16884,57
Y. + 302,52 D. + 157,00	I. 67. 20. 33	YD. 16518,42	42. 41. 32 S. O.	12141,14	11200,46
Y. + 146,01 I. — 157,00	D. 41. 2. 43	YI. 11754,02	28. 55. 12 S. E.	10288,25	5684,10

Suite de la *TABLE* du *Calcul des*

I. ORDRE & PLANS des TRIANGLES.	II. NOMS DES LIÉUX où étoient poſés les Signaux.	III. ANGLES DE POSITION obſervés.	IV. Equation pour la ſomme des 3 Angles	V. LONGUEUR des côtés oppoſés aux Angles obſervés.	VI. ANGLES de hauteur & de dépreſſion apparente obſervés.	Quarts-de-cercle.
16  Y N D	Pour vérif. la diſt. Y. D. Ygoalata............	Y. 94° 15′ 4″	— 2″	*Toiſes.* ND. 19345,00	N.— 3° 27′ 5″ a.c. D.— 0. 38. 3½ c.	
	Nabouço............	N. 58. 23. 7	— 1	YD. 16519,44	Y.+ 3. 18. 20. calc. D.+ 0. 59. 10. calc.	
	Dolomboc......... *ou* Siça-pongo.	D. 27. 21. 53	— 1	YN. 8916,43	Y.+ 0. 22. 43½. b.c. N.— 1. 17. 31½. b.c.	
		180. 0. 4	— 4			
XVII. 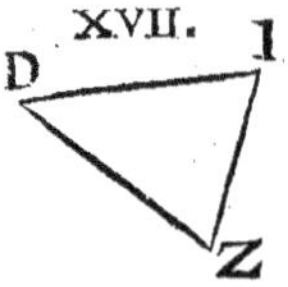 D I Z	Ilmai	I. 63. 39. 35	— 1	DZ. 16443,09	D.+ 0. 23. 39. c. Z.— 0. 38. 46. c.	
	Dolomboc.........	D. 48. 31. 31	— 1	IZ. 13747,24	I.— 0. 39. 54. b.c. Z.— 1. 7. 45. c.	
	Zagroum	Z. 67. 48. 57	— 1	ID. 16989,88	I.+ 0. 26. 27. c. D.+ 0. 51. 23. d.	
		180. 0. 3	— 3			
XVIII. 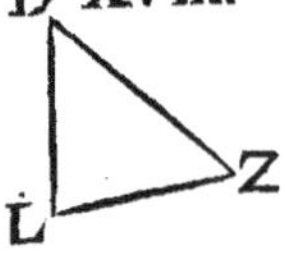 D L Z	Dolomboc.........	D. 47. 28. 12	+ 3	ZL. 12285,58	Z.— 1. 7. 45. c. L.+ 0. 29. 45. c.	
	Zagroum.........	Z. 52. 1. 5	+ 3	DL. 13140,49	D.+ 0. 51. 23. a. L.+ 1. 52. 36. a.c.	
	Lalangouço	L. 80. 30. 34	+ 3	DZ. 16443,09	D.— 0. 42. 35. c. Z.— 2. 4. 20. c.	
		179. 59. 51	+ 9			
XIX. 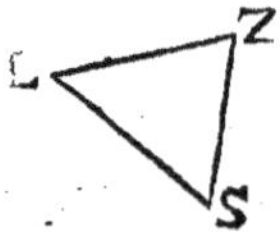 Z L S	Zagroum.........	Z. 71. 1. 0	— 2	LS. 13256,17	L.+ 1. 52. 36. a.c. S.+ 1. 53. 19. a.c.	
	Lalangouço	L. 47. 46. 35	— 2	ZS. 10381,11	Z.— 2. 4. 20. c. S.— 0. 22. 35. c.	
	Senegoalap........	S. 61. 12. 31 bc	— 2	ZL. 12285,58	Z.— 2. 3. 51. c. L.+ 0. 10. 39. c.	
		180. 0. 6	— 6			
XX 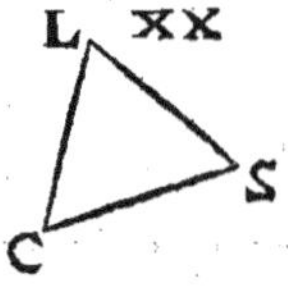 L S C	Lalangouço	L. 66. 28. 33	+ 3	SC. 14357,19	S.— 0. 22. 35. c. C.— 1. 20. 5. c.	
	Senegoalap........	S. 55. 40. 50 bc	+ 3	LC. 12932,54	L.+ 0. 10. 39. c. C.— 0. 58. 31.. c.	
	Choujaï............	C. 57. 50. 28	+ 3	LS. 13256,17	L.+ 1. 7. 50. d. S.+ 0. 44. 7. c.	
		179. 59. 51	+ 9			

Triangles de la Méridienne de Quito. (5)

VII. HAUTEURS Abaissemens respectifs des Signaux. (Toises.)	VIII. ANGLES de position réduits à l'Horizon.	IX. LONGUEUR des côtés horizontaux, réduits au niveau de *Carabourou*. (Toises.)	X. DIRECTION des côtés des Triangles par rapport à la Méridienne.	XI. DISTANCE entre les Parallèles des Signaux. (Toises.)	XII. DISTANCE entre les Méridiens des Signaux. (Toises.)
— 525,46 — 146,01	Y. 94° 17′ 48″	ND. 19338,78	70° 0′ 20″ du Sud à l'Ouest.	6612,42	18172,96
+ 525,46 + 384,58	N. 58. 23. 16	YD. 16515,44	42. 41. 24 du Sud à l'Ouest	12139,39	11197,99
+ 146,01 — 384,58	D. 27. 18. 56	YN. 8899,40	51. 36. 24 du Sud à l'Est	5526,97	6974,97
+ 157,00 — 130,40	I. 63. 39. 7	DZ. 16437,81	47. 44. 0 S. E.	11055,79	12164,36
— 157,00 — 281,97	D. 48. 31. 45	IZ. 13744,61	20. 5. 8 S. O.	12908,67	4720,21
+ 130,40 + 281,97	Z. 67. 49. 8	ID. 16985,94	83. 44. 15 S. O.	1852,89	16884,57
— 281,97 + 138,21	D. 47. 26. 43	ZL. 12275,95	80. 14. 28 S. O.	2080,80	12098,32
+ 281,97 + 423,20	Z. 52. 1. 32	DL. 13136,75	0. 17. 17 S. E. & par 3 obser. réd. 0. 17. 19	13136,59	66,04
— 138,21 — 423,20	L. 80. 31. 45	DZ. 16437,81	47. 44. 0 S. E.	11055,79	12164,36
+ 423,20 + 357,95	Z. 71. 3. 38	LS. 13252,85	51. 59. 59 S. E.	8159,32	10443,34
— 423,20 — 64,06	L. 47. 45. 33	ZS. 10373,04	9. 10. 50 S. O.	10240,11	1654,97
— 357,95 + 64,06	S. 61. 10. 49	ZL. 12275,95	80. 14. 28 S. O. & par observ. réd. 80. 14. 35	2080,80	12098,32
— 64,06 — 278,15	L. 66. 28. 44	SC. 14352,69	72. 19. 42 S. O.	4356,93	13675,41
+ 64,06 — 214,26	S. 55. 40. 19	LC. 12926,82	14. 28. 45 S. O.	12516,25	3232,07
+ 278,15 + 214,26	C. 57. 50. 57	LS. 13252,85	51. 59. 59 S. E.	8159,32	10443,34

Suite de la TABLE du Calcul des.

I. ORDRE & PLANS des TRIANGLES.	II. NOMS DES LIEUX où étoient posés les Signaux.	III. ANGLES DE POSITION observés.	IV. Equation pour la somme des 3 Angles	V. LONGUEUR des côtés opposés aux Angles observés.	VI. ANGLES de hauteur & de dépression apparente observés.	Quarts-de-cercle.
XXI.	Senegoalap........	S. 78° 6′ 0 bc	− 3″	CΣ. 16838,71 *Toises.*	C. — 0° 58′ 31″ c. Σ. + 0. 3. 49. c.	
	Choujaï............	C. 45. 21. 30″	− 3	SΣ. 12245,00	S. + 0. 44. 7. c. Σ. + 0. 42. 35. a.	
	Sacha-tian-*loma*..	Σ. 56. 32. 39	− 3	S C. 14357,19	S. — 0. 15. 36. c. C. — 0. 58. 30. *calc.*	
		180. 0. 9	− 9			
XXII.	Choujaï............	C. 50. 53. 7a	− 3	ΣS. 13398,15	Σ. + 0. 42. 35. a. S. + 1. 29. 12. a.c.	
	Sacha-tian-*loma*..	Σ. 51. 55. 31	− 3	CS. 13593,68	C. — 0. 58. 30. *calc.* S. + 0. 26. 31. c.	
	Sinaçaouan........	S. 77. 11. 31	− 3	CΣ. 16838,71	C. — 1. 42. 30. c. Σ. — 0. 40. 20. c.	
		180. 0. 9	− 9			
XXIII.	Sacha-tian-*loma*..	Σ. 56. 59. 55	− 1	SQ. 11791,10	S. + 0. 26. 31. c. Q. — 0. 58. 59. c.	
	Sinaçaouan........	S. 50. 38. 46	− 1	ΣQ. 10871,42	Σ. — 0. 40. 20. c. Q. — 1. 33. 12. c.	
	Quinoa-*loma*.....	Q. 72. 21. 22b	− 1	ΣS. 13398,15	Σ. + 0. 48. 32 ½. b. S. + 1. 21. 4 ½. b.	
		180. 0. 3	− 3			
XXIV.	Sinaçaouan........	S. 86. 39. 22	0	QB. 16809,12	Q. — 1. 33. 12. c. B. — 1. 43. 10. c.	
	Quinoa-*loma*.....	Q. 48. 53. 41b	0	SB. 12687,32	S. + 1. 21. 4 ½. b. B. — 0. 20. 57 ½. b.	
	Boueran..........	B. 44. 26. 57	0	SQ. 11791,10	S. + 1. 30. 53 ½. c. Q. + 0. 4. 0 ½. c.	
		180. 0. 0	0			
XXV.	Quinoa-*loma*.....	Q. 47. 25. 1b	− 1	BY. 12416,76	B. — 0. 20. 57 ½. b. Y. — 0. 48. 27 ½. b.	
	Boueran..........	B. 47. 12. 6	− 2	QY. 12373,74	Q. + 0. 4. 0 ½. c. Y. — 0. 32. 27 ½. c.	
	Yassouai..........	Y. 85. 22. 58	− 2	QB. 16809,12	Q. + 0. 37. 24. c. B. + 0. 21. 9. c.	
		180. 0. 5	− 5			

Triangles de la Méridienne de Quito. (6)

VII. HAUTEURS & Abaissemens respectifs des Signaux.	VIII. ANGLES de position réduits à l'Horizon.	IX. LONGUEUR des côtés horizontaux, réduits au niveau de *Carabourou*.	X. DIRECTION des côtés des Triangles par rapport à la Méridienne.	XI. DISTANCE entre les Parallèles des Signaux.	XII. DISTANCE entre les Méridiens des Signaux.
Toises.		Toises.		Toises.	Toises.
C. — 214,26 Σ. + 34,57	S. 78° 5′ 46″	CΣ. 16833,36	62° 18′ 38″ du Sud à l'Est.	7822,10	14905,59
S. + 214,26 Σ. + 247,50	C. 45. 21. 40	SΣ. 12241,01	5. 46. 4 du Sud à l'Est.	12179,04	1230,18
S. — 34,57 C. — 247,50	Σ. 56. 32. 34	S C. 14352,69	72. 19. 42 du Sud à l'Ouest.	4356,93	13675,41
Σ. + 247,50 S. + 378,89	C. 50. 53. 19	Σ S. 13393,96	65. 46. 58 S. O.	5494,16	12215,24
C. — 247,50 S. + 130,24	Σ. 51. 54. 24	C S. 13585,32	11. 25. 19 S. E.	13316,26	2690,34
C. — 378,89 Σ. — 130,24	S. 77. 12. 17	CΣ. 16833,36	62. 18. 38 S. E. & par observ. réd. 62. 16. 40	7822,10	14905,59
S. + 130,24 Q. — 169,98	Σ. 56. 58. 57	S Q. 11784,46	63. 34. 6 S. E.	5245,62	10552,58
Σ. — 130,24 Q. — 298,78	S. 50. 38. 56	Σ Q. 10867,72	8. 48. 1 S. O.	10739,78	1662,66
Σ. + 169,98 S. + 298,78	Q. 72. 22. 7	Σ S. 13393,96	65. 46. 58 S. O.	5494,16	12215,24
Q. — 298,78 B. — 357,98	S. 86. 42. 0	Q B. 16805,81	67. 33. 46 S. O.	6414,29	15533,58
S. + 298,78 B. — 61,03	Q. 48. 52. 8	S B. 12679,26	23. 7. 54 S. O.	11659,91	4980,99
S. + 357,98 Q. + 61,03	B. 44. 25. 52	S Q. 11784,46	63. 34. 6 S. E.	5245,62	10552,58
B. — 61,03 Y. — 154,50	Q. 47. 25. 1	B Y. 12414,32	65. 14. 22 S. E.	5199,45	11273,02
Q. + 61,03 Y. — 96,80	B. 47. 11. 52	Q Y. 12370,59	20. 8. 45 S. O.	11613,74	4260,56
Q. + 154,50 B. + 96,80	Y. 85. 23. 7	Q B. 16805,81	67. 33. 46 S. O.	6414,29	15533,58

Suite de la *TABLE* du *Calcul* des

I. ORDRE & PLANS des TRIANGLES.	II. NOMS DES LIEUX où étoient posés les Signaux.	III. ANGLES DE POSITION observés.	IV. Equation pour la somme des 3 Angles	V. LONGUEUR des côtés opposés aux Angles observés.	VI. ANGLES de hauteur & de dépression apparente observés.	Quarts-de-cercle.
XXVI	Boueran............	B. 85° 6′ 43″	+ 2″	YC. 14017,03 *Toises.*	Y. — 0° 32′ 27″ ½. c.	
	Yassouai............	Y. 32. 55. 40	+ 2	BC. 7647,32	C. — 1. 14. 38 c.	
	Cahouapata........	C. 61. 57. 31	+ 2	BY. 12416,76	B. + 0. 21. 9. c.	
		179. 59. 54	+ 6		C. — 0. 21. 13. c.	
					B. + 1. 6. 55. d.	
					Y. + 0. 9. 8. d.	
XXVII.	Yassouai............	Y. 49. 20. 47	+ 2	CB. 13324,72	C. — 0. 21. 13. c.	
	Cahouapata........	C. 77. 42. 17	+ 2	YB. 17160,48	B. — 1. 1. 6. c.	
	Borma............	B. 52. 56. 49	+ 3	YC. 14017,03	Y. + 0. 9. 8. d.	
		179. 59. 53	7		B. — 0. 59. 40. d.	
					Y. + 0. 45. 30. calc.	
					C. + 0. 47. 27. c.	
XXVIII.	Cahouapata........	C. 34. 8. 45	0	BP. 9232,49	B. — 0. 59. 40. d.	
	Borma............	B. 91. 44. 57	0	CP. 16440,71	P. — 1. 18. 54. di	
	Pougin............	P. 54. 6. 17	+ 1	CB. 13324,72	C. + 0. 47. 27. c.	
		179. 59. 59	+ 1		P. — 0. 53. 3. c.	
					C. + 1. 2. 30. c.	
					B. + 0. 44. 15. c.	
XXIX.	Borma............	B. 37. 47. 33	+ 1	PΠ. 6649,00	P. — 0. 53. 3. c.	
	Pougin............	P. 83. 53. 43	+ 2	BΠ. 10788,55	Π. + 0. 31. 47. c.	
	Pillatchiquir......	Π. 58. 18. 39	+ 2	BP. 9232,49	B. + 0. 44. 15. c.	
		179 59. 55	+ 5		Π. + 2. 3. 47. c.	
					B. — 0. 41. 50. calc.	
					P. — 2. 10. 20. calc.	
XXX.	Pougin............	P. 38. 4. 36	+ 2	ΠA. 4104,75	Π. + 2. 3. 47. c.	
	Pillatchiquir......	Π. 54. 30. 6	+ 1	PA. 5418,68	A. + 1. 3. 48. calc.	
	Ailpa-roupachca.	A. 87. 25. 14	+ 1	PΠ. 6649,00	P. — 2. 10. 20. calc.	
		179 59. 56	+ 4		A. — 2. 0. 4. calc.	
					P. — 1. 9. 10. calc.	
					Π. + 1. 56. 0. calc.	

Triangles de la Méridienne de Quito. (7)

VII. HAUTEURS & Abaissemens respectifs des Signaux.	VIII. ANGLES de position réduits à l'Horizon.	IX. LONGUEUR des côtés horizontaux, réduits au niveau de *Carabourou*. Toises.	X. DIRECTION des côtés des Triangles par rapport à la Méridienne.	XI. DISTANCE entre les Parallèles des Signaux. Toises.	XII. DISTANCE entre les Méridiens des Signaux. Toises.
Y.— 96,80 C.— 157,41	B. 85° 7′ 21″	YC. 14014,84	81° 50′ 22″ du Sud à l'Ouest.	1989,37	13872,93
B.+ 96,80 C.— 61,86	Y. 32. 55. 16	BC. 7644,52	19. 52. 59 S. O. & par observ. réd. 19. 54. .17	7188, 82	2599,91
B.+ 157,41 Y.+ 61,86	C. 61. 57. 23	BY. 12414,32	65. 14 22 S. E. & par observ. réd. 65. 13. 44	5199,45	11273,02
C.— 61,86 B.— 266,00	Y. 49. 20. 46	CB. 13321,54	20. 27. 35 S. E.	12481,20	4656,53
Y.+ 61,86 B.— 207,54	C. 77. 42. 3	YB. 17156,32	32. 29. 36 S. O.	14470,56	9216,41
Y.+266,00 C.+207,54	B. 52. 57. 11	YC. 14014,84	81. 50. 22 S. O.	1989,37	13872,93
B.— 207,54 P.— 338,03	C. 34. 9. 5	BP. 9230,90	67. 48. 10 S. O.	3487,40	8546,79
C.+207,54 P.— 130,62	B. 91. 44. 15	CP. 16435,63	13. 41. 30 S. O.	15968, 60	3890,26
C.+338,03 B.+ 130,62	P. 54. 6. 40	CB. 13321,54	20. 27. 35 S. E.	12481,20	4656,53
P.— 130,62 Π.+115,49	B. 37. 46. 3	PΠ. 6643,85	28. 16. 45 S. E.	5850,91	3147,65
B.+ 130,62 Π.+245,64	P. 83. 55. 5	BΠ. 10786,78	30. 2. 7 S. O.	9338,31	5399,14
B.— 115,49 P.— 245,64	Π. 58. 18. 52	BP. 9230,90	67. 48. 10 S. O.	3487,40	8546,79
Π.+245,64 A.+ 104,76	P. 38. 4. 42	ΠA. 4101,81	82. 49. 18 N. O.	512,55	4069,66
P.— 245,64 A.— 140,88	Π. 54. 32. 33	PA. 5417,39	9. 47. 57 S. O.	5338,35	922,01
P.— 104,76 Π.+140,88	A. 87. 22. 45	PΠ. 6643,85	28. 16. 45 S. E.	5850,91	3147,65

Suite de la TABLE du Calcul des

I. ORDRE & PLANS des TRIANGLES.	II. NOMS DES LIEUX où étoient posés les Signaux.	III. ANGLES DE POSITION observés.	IV. Equation pour la somme des 3 Angles	V. LONGUEUR des côtés opposés aux Angles observés.	VI. ANGLES de hauteur & de dépression apparente observés.	Quart-de-cercle.
XXXI. (P C A)	Pougin...............	P. 16° 31′ 31″	0″	AC. 1541,34 (Toises)	A. + 1° 3′ 48″ calc. C. — 0. 50. 0. calc.	
	Ailpa-roupachca.	A. 72. 49. 55	0	PC. 5177,56	P. — 1. 9. 10. calc. C. — 6. 34. 40. calc.	
	Chinan...............	C. 90. 38. 34	0	PA. 5418,68	P. + 0. 44. 56. c. A. + 6. 33. 11. c.	
	Terme Sud de la Base.	180. 0. 0	0			
XXXII. (P O C)	Pougin...............	P. 94. 58. 37	0	OC. 5260,35	O. — 11. 36. 50. calc. C. — 0. 50. 0. calc.	
	Ouaoua - tarqui.. Terme Nord de la Base.	O. 78. 40. 54	0	PC. 5177,56	P. + 11. 36. 15. c. C. + 0. 27. 40. c.	
	Chinan...............	C. 6. 20. 29	0	PO. 583,21	P. + 0. 44. 56. c. O. — 0. 32. 30. c.	
		180. 0. 0	0			
31 (P O A) — Pour vérifier la distance OC.	Pougin...............	P. 79. 16. 8	— 2	AO. 5340,89	A. + 1. 3. 48. calc. O. — 11. 36. 50. calc.	
	Ailpa-roupachca.	A. 6. 9. 41	— 2	PO. 583,39	P. — 1. 9. 10. calc. O. — 2. 25. 44. calc.	
	Ouaoua-tarqui..	O. 94. 34. 17	— 2	PA. 5418,68	P. + 11. 36. 15. c. A. + 2. 20. 30. calc.	
		180. 0. 6	— 6			
32 (O C A)	Ailpa-roupachca.	A. 78. 41. 9	+ 1	OC. 5260,33	O. — 2. 25. 44. calc. C. — 6. 34. 40. calc.	
	Ouaoua - tarqui.. Terme Nord de la Base.	O. 16. 42. 1	0	AC. 1541,59	A. + 2. 20. 30. calc. C. + 0. 27. 40. c.	
	Chinan............... Terme Sud de la Base.	C. 84. 36. 48	+ 1	AO. 5340,89	A. + 6. 33. 11. c. O. — 0. 32. 30. c.	
		179. 59. 58	+ 2			
XXXIII (T C O)	Cotchesqui *.....	C. 83. 25. 15	— 3	TO. 15663,05	T. + 1. 34. 21½. c. O. — 0. 40. 33½. c.	
	Tanlagoa...........	T. 62. 37. 39	— 4	CO. 14001,35	C. — 1. 42. 50. calc. O. — 1. 33. 48. d.	
	Oyambaro.........	O. 33. 57. 16	— 3	CT. 8806,04	C. + 0. 27. 34. d. T. + 1. 18. 39. a.	
		180. 0. 10	— 10			

* *Ce Triangle a été ajoûté pour avoir la Position de l'Observatoire de Cotchesqui.*

Triangles de la Méridienne de Quito. (8)

VII. HAUTEURS Abaissemens respectifs des Signaux. (Toises.)	VIII. ANGLES de position réduits à l'Horizon.	IX. LONGUEUR des côtés horizontaux, réduits au niveau de *Carabourou*. (Toises.)	X. DIRECTION des côtés des Triangles par rapport à la Méridienne.	XI. DISTANCE entre les Parallèles des Signaux. (Toises.)	XII. DISTANCE entre les Méridiens des Signaux. (Toises.)
+ 104,76 — 71,47	P. 16° 25′ 1″	A C. 1531,22	63° 3′ 3″ du Nord à l'Ouest.	693,95	1364,92
— 104,76 — 176,23	A. 72. 51. 0	P C. 5176,94	26. 12. 58 du Sud à l'Ouest.	4644,41	2286,95
+ 71,47 + 176,23	C. 90. 43. 59	P A. 5417,39	9. 47. 57 du Sud à l'Ouest.	5338,35	922,01
— 117,37 — 71,47	P. 95. 15. 11	O C. 5260,09	32. 25. 29 S. O.	4440,03	2820,42
+ 117,37 + 46,02	O. 78. 32. 18	P C. 5176,94	26. 12. 58 S. O.	4644,41	2286,95
+ 71,47 — 46,02	C. 6. 12. 31	P O. 571,27	69. 2. 13 S. E.	204,38	533,45
+ 104,76 — 117,37	P. 78. 51. 1	A O. 5336,70	15. 47. 51 N. E.	5135,13	1452,85
— 104,76 — 222,25	A. 5. 59. 54	P O. 568,41	69. 3. 4 S. E.	203,22	530,83
+ 117,37 + 222,25	O. 95. 9. 5	P A. 5417,39	9. 47. 57 S. O.	5338,35	922,01
— 222,25 — 176,23	A. 78. 50. 54	O C. 5259,94	32. 23. 53 S. O. & par observ. réd. 32. 23. 47	4439,90	2820,34
+ 222,25 + 46,02	O. 16. 37. 38	A C. 1534,07	63. 5. 14 N. O.	695,24	1367,48
+ 176,23 — 46,02	C. 84. 31. 28	A O. 5336,70	15. 47. 51 N. E.	5135,13	1452,85
+ 252,54 — 138,75	C. 83. 23. 53	T O. 15657,28	30. 2. 22 S. E.	13554,21	7837,98
— 252,54 — 392,82	T. 62. 39. 16	C O. 14000,46	3. 54. 29 S. O.	13967,90	954,21
+ 138,75 + 392,82	O. 33. 56. 51	C T. 8801,91	87. 18. 22 S. O.	413,69	8792,19

Suite de la TABLE du Calcul des
Triangles ajoûtés pour réduire les Observations au Méridien

I. ORDRE & PLANS des TRIANGLES.	II. NOMS DES LIEUX où étoient posés les Signaux.	III. ANGLES DE POSITION observés.	IV. Équation pour la somme des 3 Angles	V. LONGUEUR des côtés opposés aux Angles observés.	VI. ANGLES de hauteur & de dépression apparente observés.	Quart-de-cercle.
1	Pamba-marca......	P. 47° 2′ 38″ c	+ 6″	Toises. TG. 12742,15	T. — 1° 26′ 20″. c. G. — 2. 10. 17 c.	
	Tanlagoa............	T. 65. 39. 37 a	+ 5	PG. 15862,51	P. + 1. 11. 13. d. G. — 1. 0. 30. calc.	
	Goapoulo............	G. 67. 17. 33 a	+ 1	PT. 16060,29	P. + 1. 55. 42 ½. b. T. + 0. 48. 20 ½. b.	
		179. 59. 48	+ 12			
2	Pamba-marca......	P. 47. 57. 21 c	0	GΓ. 13616,64	G. — 2. 10. 17. c. Γ. — 0. 14. 12. c.	
	Goapoulo............	G. 72. 8. 54 a	0	PΓ. 17452,91	P. + 1. 55. 42 ½. b. Γ. + 2. 9. 22. calc.	
	Goa...i............	Γ. 59. 53. 45 b	0	PG. 15862,51	P. — 0. 2. 40. calc. G. — 2. 22. 36. calc.	
		180. 0. 0	0			
3	Pamba-marca......	P. 46. 41. 1 b	0	ΓQ. 14568,49	Γ. — 0. 14. 12. c. Q. — 2. 0. 48. calc.	
	Goamani............	Γ. 72. 40. 4	0	PQ. 19114,12	P. — 0. 2. 40. calc. Q. — 2. 27. 37. calc.	
	Quito............	Q. 60. 38. 55 b conclu.	0	PΓ. 17452,91	P. + 1. 41. 52. b. Γ. + 2. 13. 47. b.	
	Tour de la Mercy. Etage de la grosse Cloche.	180. 0. 0	0			

Ces trois derniers Triangles ont été tirés de la

Triangles de la Méridienne de Quito.   (9)

& au Parallèle de la Tour de la Mercy de Quito.

VII. HAUTEURS & Abaissemens respectifs des Signaux. (Toises.)	VIII. ANGLES de position réduits à l'Horizon.	IX. LONGUEUR des côtés horizontaux, réduits au niveau de *Carabourou*. (Toises.)	X. DIRECTION des côtés des Triangles par rapport à la Méridienne.	XI. DISTANCE entre les Parallèles des Signaux. (Toises.)	XII. DISTANCE entre les Méridiens des Signaux. (Toises.)
T. — 367,98 G. — 567,78	P. 47° 3′ 54″	T G. 12739,35	0° 20′ 57″ du Sud à l'Est.	12739,12	77,63
P. + 367,98 G. — 201,70	T. 65. 37. 45	PG. 15849,98	66. 57. 24 du Sud à l'Ouest.	6204,12	14585,29
P. + 567,78 T. + 201,70	G. 67. 18. 21	PT. 16053,26	65. 58. 42 du Nord à l'Ouest.	6535,00	14662,91
G. — 567,78 Γ. — 29,29	P. 47. 55. 49	GΓ. 13604,12	40. 50. 33 S. E.	10291,65	8896,85
P. + 567,78 Γ. + 538,49	G. 72. 12. 3	PΓ. 17449,03	19. 1. 35 S. O.	16495,77	5688,44
P. + 29,29 G. — 538,49	Γ. 59. 52. 8	PG. 15849,98	66. 57. 24 S. O.	6204,12	14585,29
Γ. — 29,29 Q. — 618,91	P. 46. 39. 41	ΓQ. 14554,64	53. 37. 36 N. O.	8631,55	11718,97
P. + 29,29 Q. — 596,09	Γ. 72. 39. 11	PQ. 19101,42	65. 41. 16 S. O.	7864,22	17407,42
P. + 618,91 Γ. + 596,09	Q. 60. 41. 8	PΓ. 17449,03	19. 1. 35 S. O.	16495,77	5688,44

Suite mesurée particulièrement par M. Godin.

ARTICLE VII.

Explication de la Colonne I de la Table: Ordre & plan des Triangles.

LA suite & l'enchaînement des Triangles de la Méridienne se voit dans la planche II, qui les repréfente tous; mais j'ai cru outre cela qu'en cherchant dans la Table la mefure d'un angle, la longueur ou la direction d'un côté, &c. il feroit commode pour le Lecteur d'avoir fous les yeux la figure du Triangle qu'il confidère, & d'en trouver le plan vis-à-vis des calculs qui lui répondent.

Ce font ces plans ifolés des Triangles, orientés & placés felon l'ordre des obfervations, qui compofent la première Colonne de la Table.

Dans le calcul de chaque Triangle, j'ai défigné les Signaux correfpondans par la lettre initiale de leur nom; & dans le petit nombre de cas où les noms de deux Signaux d'un même Triangle ont commencé par la même lettre, j'ai employé pour l'un des deux une lettre grecque.

ARTICLE VIII.

Explication de la Colonne II: Noms des lieux où étoient placés les Signaux.

EN France, la multitude des objets, tels que les clochers, châteaux, moulins, arbres ifolés, donnoit fouvent à l'Obfervateur la liberté de choifir le point qui lui convenoit le mieux

pour

pour former fes Triangles ; mais dans le pays où nous avons opéré, les montagnes fur lefquelles nos Triangles devoient s'appuyer néceffairement, ne nous offroient pas de point fixe, & il nous a fallu pofer des Signaux artificiels : nous les formions d'abord fuivant la nature du terrein, tantôt avec des pièces de bois dreffées en pyramides & couvertes de paille, tantôt en élevant des maffes de pierres cylindriques ou coniques ; ceux de bois étoient fujets à être fouvent enlevés dans les lieux où le bois étoit rare ; & tel Signal, comme celui de *Pamba-marca,* a été, par différens accidens, renouvelé jufqu'à fept fois.

Pendant mon dernier féjour fur cette montagne, je m'avifai de faire raffembler par les Indiens qui nous fervoient, un grand nombre de pierres des ruines d'une ancienne fortification des naturels du pays, & d'en former une efpèce de tourelle que je rendis refpectable en la faifant fervir de bafe à une croix de 18 pieds de haut. Ce Signal nous a fervi depuis en plufieurs occafions, & nous a difpenfés de retourner fur la montagne : il fubfiftoit encore cinq ans après, lorfque je partis de *Quito.*

Après nos premiers Triangles, nous convînmes, conformément à la propofition qu'en fit M. *Godin,* de nous fervir déformais pour Signaux, de tentes ou de canonières qui avoient cet avantage, que lors même que vûes d'un lieu plus élevé, elles fe projetoient fur le terrein, leur couleur blanche les rendoit apparentes, & fervoit à les diftinguer de fort loin.

La feconde Colonne de la Table des Triangles eft une fimple lifte des noms des lieux où étoient pofés les Signaux. Ces noms font Indiens pour la plufpart ; je les ai écrits felon l'ortho-

H

graphe françoife, non feulement parce que j'écris en François; mais encore parce qu'il y a quelques fons communs à la langue Péruvienne & à la Françoife, qui font totalement inconnus dans la langue Efpagnole, & que l'orthographe Efpagnole ne peut rendre : tels font ceux que nous exprimons par *ch* & par *j*. Un de nos Signaux, par exemple, étoit placé fur une montagne que les Indiens nomment *Choujaï*. Il eft impoffible d'écrire ce mot en Efpagnol, fans en changer totalement la prononciation.

Dans les noms Efpagnols, comme *Cuenca*, qui fe prononce *Coinca*, &c. j'ai fuivi l'orthographe Efpagnole pour ne les pas rendre méconnoiffables aux yeux, & ils font écrits en caractère italique.

Je crois devoir avertir le Lecteur, pour prévenir toute équivoque, que les endroits où nous avons pofé des Signaux nous ont quelquefois été défignés fous différens noms. Un Pâtre Indien fe croit en droit d'impofer des noms à fa fantaifie à des lieux que lui feul fréquente, & tous font dans l'ufage d'en donner à chaque pièce de terre & à chaque colline des montagnes de leur canton. Le Signal qui termine notre Triangle XIV étoit pofé fur le fommet d'une montagne nommée *Ygualata;* on nous dit que cet endroit en particulier fe nommoit *Guayama*. Feu M. *Maldonado*, Seigneur du lieu, m'a plufieurs fois affuré qu'il s'étoit foigneufement informé de fon Fermier & de fes Indiens, du nom de *Guayama*, dont il n'avoit jamais rien pû découvrir; ce qui m'a déterminé à rendre à ce Signal fon vrai nom d'*Ygualata*. Peut-être en aurai-je encore nommé quelqu'un autrement que M. *Bouguer;* il y en a qui ont changé deux & trois fois de nom.

ARTICLE IX.

Explication de la Colonne III : Angles de position observés.

DANS la Table de mes angles observés & corrigés, dont je donnai copie au mois d'Avril 1741 à Mrs *Godin* & *Bouguer*, les différentes équations qui résultoient des diverses corrections précédemment expliquées, faisoient autant de Colonnes séparées ; j'ai craint qu'il ne parût plus d'affectation que d'utilité à étaler ici tout ce détail. Je n'ai donc fait, dans la Table ci-jointe, qu'une seule Colonne des angles qui avoient déjà subi la correction de l'erreur des divisions, celle du défaut de parallélisme de la Lunette, & celle de la réduction au centre. Ainsi on y trouvera les angles tels qu'ils eussent été observés, si le Quart-de-cercle eût été bien divisé, la Lunette bien placée sur le limbe, & que l'intersection des Lunettes se fût faite au centre du Signal : il y en a même quelques-uns qui, outre ces corrections communes à tous, ont encore été soûmis à une correction particulière, de la nature de celles que j'ai indiquées à la fin de l'article V. C'est toûjours par observation, que les erreurs qui font l'objet de la correction, ont été reconnues ; j'ai donc pû intituler cette Colonne, *Angles de position observés.*

Les lettres *a, b, c,* qui se trouvent à la suite de quelques angles, servent à désigner les différens Quarts-de-cercle avec lesquels ont été observés les angles, comme je l'ai déjà remarqué. Tous les autres angles, qui ne sont suivis d'aucune lettre, ont été observés avec mon Quart-de-cercle de trois piéds de rayon *(Voyez art. IV.)* Ce même Quart-de-cercle a été désigné ailleurs par la lettre *d;* & un autre d'un pied de rayon, lequel m'appartenoit, & qui n'a été employé que pour quelques angles de hauteur, a été indiqué par la lettre *e.*

ARTICLE X.

Explication de la Colonne IV: E´quation pour la somme des trois angles.

IL arrive souvent que la somme des trois angles d'un Triangle, même après toutes les corrections précédentes, n'est pas encore égale à deux angles droits, comme elle devroit l'être. La quantité dont elle en diffère, partagée également entre les trois angles, est l'équation indiquée dans la quatrième Colonne de la Table; & celle-ci est le résultat de la quatrième correction, qui a été expliquée dans l'article V.

On peut voir par la Table des Triangles, que cette équation, ainsi distribuée, ne monte que très-rarement à quatre secondes pour chaque angle; qu'ordinairement même elle n'est que d'une, deux, ou trois secondes, tantôt en plus, tantôt en moins, comme il doit arriver aux erreurs dont la cause n'est pas constante; & enfin que l'équation est quelquefois nulle. Mais si l'on fait attention que sur un Quart-de-cercle de trois pieds de rayon, quatre secondes ne répondent pas à un centième de ligne, & qu'un cheveu de grosseur ordinaire couvre au moins huit à dix secondes, on jugera, sans doute, qu'il n'étoit guère permis d'espérer une plus grande précision.

ARTICLE XI.

Explication de la Colonne V : Longueur des côtés oppofés aux angles obfervés.

Vis-à-vis de chaque angle de pofition de la troifième & quatrième Colonnes, on trouve dans la cinquième la longueur calculée, en toifes & en centièmes de toifes, du côté oppofé à cet angle. Cette longueur eft la diftance, en droite ligne, des Signaux entre lefquels l'angle a été obfervé. Par exemple, dans la ligne 3 de la troifième Colonne *(Tr. I)* vis-à-vis de l'angle *O* de 63ᵈ 48′ 16″ obfervé à *Oyambaro* entre les Signaux *P* & *C* de *Pamba-marca* & de *Carabourou,* l'on trouve dans la cinquième Colonne le nombre 9022,96, qui exprime en toifes la longueur du côté *P C* oppofé à l'angle *O,* c'eft-à-dire, la diftance en ligne droite entre les deux Signaux de *Pamba-marca* & de *Carabourou.* Comme un même côté peut être commun à plufieurs Triangles, & que dans une fuite de Triangles il eft au moins commun aux deux qui fe touchent, le nombre qui exprime la diftance de deux Signaux, ou la longueur d'un côté, ne peut manquer de fe trouver répété dans la Table, au moins vis-à-vis des deux angles auxquels le côté eft oppofé, dans deux Triangles différens. On a cru que cette répétition, qui fert de confirmation, déplairoit moins que de laiffer des vuides à remplir dans la Table.

Le premier nombre de la Colonne V que nous examinons ici ou le premier côté de Triangle 6274,05 toifes, n'a pas été obfervé avec le Quart-de-cercle ; c'eft la diftance en droite ligne des deux termes de la Bafe, telle qu'elle a été conclue de la mefure actuelle.

H iij

ARTICLE XII.

Explication de la Colonne VI: Angles verticaux, ou de hauteur & de dépreſſion apparente, réciproquement obſervés d'un Signal à l'autre.

LA réduction des angles à un plan horizontal, de laquelle il ſera parlé bien-tôt, étoit un point très-capital dans notre travail, vû la grande inégalité du terrein. Cette réduction ſuppoſe la connoiſſance des angles de hauteur ou de dépreſſion des objets entre leſquels l'angle de poſition a été obſervé: auſſi avons-nous eu grande attention d'obſerver la hauteur ou l'abaiſſement apparent des Signaux, ſans négliger jamais de rectifier le Quart-de-cercle par le renverſement, malgré la difficulté qu'il y avoit à y réuſſir, ſur des ſommets de montagnes, où un vent violent & continuel ne permettoit pas au fil-à-plomb de s'arrêter, & dans des lieux, dont la neige, le verglas & le froid rendoient ſouvent l'accès difficile, & le ſéjour inſupportable.

Il eſt vrai que ces difficultés ont fait, qu'au lieu d'obſerver chacun de nous à part les angles verticaux avec nos différens Quarts-de-cercle, comme nous avons fait à l'égard des angles de poſition, nous nous ſommes le plus ſouvent contentés ; pour abréger, d'obſerver les premiers en commun, avec un ſeul inſtrument, en nous aidant mutuellement. Comme nous étions ordinairement enſemble, M. *Bouguer* & moi, nous nous ſommes ſervis le plus ſouvent de ſon Quart-de-cercle, plus maniable que le mien. Il faut avouer auſſi que ces angles de hauteur n'ont pas toûjours été diſcutés avec le même ſcrupule que les angles de pofition; & cela n'étoit ni néceffaire, ni quelquefois poffible, fur-tout quand le brouillard, qui commençoit à monter & à obfcurcir les Signaux, nous obligeoit d'opérer à la hâte. Cependant, comme nous étions alors deux & trois Obferva-teurs, l'un occupé à pointer la Lunette, les autres à caler l'inf-trument & à eftimer le point de la divifion où répondoit le fil-à-plomb; je crois qu'il eft arrivé rarement qu'il y ait eu une minute d'incertitude : & par conféquent en prenant le milieu, il ne peut y avoir eu qu'une demi-minute d'erreur à craindre fur la hauteur d'un objet. Je pourrois en excepter un petit nombre de cas, où me trouvant feul, & ne voulant pas perdre un temps précieux, je ne pouvois employer à la me-fure des angles verticaux qu'un petit inftrument d'un pied de rayon : je profitois, pour les obferver, de quelques intervalles *Voy. art. IX.* de temps très-courts, où je ne pouvois faire aucun ufage de mon grand Quart-de-cercle, ni pour mefurer les angles des Triangles, parce que des nuages paffagers me déroboient la vûe de quelque Signal ; ni pour obferver les angles verti-caux, parce que la mefure des angles de pofition exigeoit que le grand Quart-de-cercle fût monté horizontalement. Au refte j'ai évité d'employer aucun de ces angles dans ma Table, quand il n'a pas été confirmé par un autre Obfervateur. D'ailleurs, les petites erreurs auxquelles nous avons été quelquefois expofés dans la mefure des angles verticaux, tirent d'autant moins à conféquence, qu'une minute de plus ou de moins dans la hauteur d'un objet, ne produit fouvent pas une feconde de différence dans la réduction d'un angle à l'horizon.

C'eft auffi par cette confidération, que lorfqu'il eût fallu trop prolonger notre féjour dans une ftation, nous nous fommes quelquefois difpenfés d'obferver certains angles verticaux, dans les cas où l'on pouvoit y fuppléer par le calcul, & en les déduifant d'autres angles obfervés ou obfervables dans une autre ftation.

La fixième Colonne de la Table repréfente donc les angles de hauteur & de dépreffion, fous lefquels fe voient réciproquement l'un de l'autre les deux Signaux dont la diftance eft exprimée dans la Colonne précédente. Par exemple *(Triang. I, ligne 3.)* vis-à-vis de la diftance marquée $P\,C\ 9022^t,96$ à la cinquième Colonne, on trouve dans une accolade *(Col. VI.)* les nombres —+— $4^d\ 20'\ 29''$ & —+—$1^d\ 11'\ 53''$ fous cette forme,

$$Oyambaro.\ \Big|\ O.\ 63^d\ 48'\ 16''\ \Big|\ -3''\ \Big|\ PC.\ 9022,96 \begin{cases} P. \text{ --+ } 4^d\ 20'\ 29''\ a. \\ C. \text{ — } 1\ \ 11\ \ 53\ \ a.\,c. \end{cases}$$

ce qui fignifie que d'*Oyambaro* & du point O, d'où l'on a obfervé l'angle de $63^d\ 48'\ 16''$—$3''$ entre les Signaux P & C, diftans de 9022 toifes, on a pris auffi la hauteur apparente du Signal P de *Pamba-marca* de $4^d\ 20'\ 29''$, avec le Quartde-cercle a, & l'abaiffement apparent du point C de $1^d\ 11'\ 53''$, en prenant un milieu entre les obfervations des Quarts-decercle a & c. Les quantités affectées du figne —+— défignent les hauteurs, & celles qui font précédées du figne —— indiquent les dépreffions.

Quand, par les raifons rapportées ci-deffus, quelque hauteur ou quelque dépreffion n'a pas été obfervée d'un certain Signal, on y a fuppléé par le calcul, en la déduifant des obfervations faites aux ftations précédentes ou fuivantes; & alors, au lieu des lettres a, b, c, d, e, qui fervent à défigner les Quarts-de-cercle *(Voy. art. IX.)*, on a averti par ces lettres *calc.* que la hauteur ou la dépreffion avoit été calculée.

ARTICLE

ARTICLE XIII.

*Explication de la Colonne VII: Hauteurs & Abaisse-
mens respectifs des Signaux.*

A chaque angle de hauteur ou de dépreſſion, marqué dans
la Colonne VI, il répond dans la Colonne VII un nombre
précédé du ſigne ─┼─ ou du ſigne ───. Ce nombre exprime
la quantité de toiſes dont le point obſervé eſt plus haut
ou plus bas que la ſtation de l'Obſervateur, laquelle eſt indiquée dans la ſeconde Colonne. Par exemple, dans le premier Triangle, à la ſuite de l'angle de hauteur cotté O ─┼─
1^d 6′ 19″ $a. b$ *(Colonne VI)*, on trouve ſur la même ligne,
& dans la Colonne VII, le nombre 1 2 6,1 1 précédé du
ſigne ─┼─; ce qui ſignifie que le point O, ou le Signal d'*O-
yambaro*, dont la hauteur apparente a été obſervée du point
C, eſt élevé de 1 2 6^t,1 1 au deſſus du même point C, lequel
déſigne le Signal de *Carabourou*, dont le nom eſt au commencement de la ligne *(Col. II)*. De même, vis-à-vis de
l'angle cotté C ─── 1^d 1 1′ 5 3″ $a. c$ *(Col. VI)*, on retrouve
encore dans la Colonne VII le nombre 1 2 6,1 1 précédé du
ſigne ───; ce qui veut dire que le point C, ou le Signal de
Carabourou, eſt 1 2 6^t,1 1 plus bas que celui d'*Oyambaro*.

Il eſt évident qu'il en eſt de même de tout autre nombre
qui exprime la différence de hauteur de deux Signaux, &
qu'il doit pareillement, & par la même raiſon, ſe rencontrer
deux fois dans la Colonne VII; une fois en hauteur, & une
fois en dépreſſion.

I

On peut remarquer encore dans cet exemple, que le nombre 126,11 répond à deux angles différens ; savoir, à l'angle de hauteur apparente d'*Oyambaro*, obfervé à *Carabourou*, de 1^d 6′ 19″, & à l'angle de dépreffion apparente de *Carabourou*, obfervé à *Oyambaro*, de 1^d 11′ 53″. L'inégalité de ces deux angles, & en général celle des angles de hauteur & de dépreffion réciproquement obfervés, eft une fuite de la courbure de la Terre, & de ce que ces angles fe mefurent relativement à l'horizon de l'obfervateur, ou pluftôt à la tangente du lieu de l'obfervation.

Il eft aifé de démontrer, 1° que l'angle de dépreffion eft toûjours plus grand que l'angle de hauteur. 2° Que ces deux angles font d'autant plus inégaux, que la diftance entre les deux objets eft plus grande. 3° Que la différence de ces deux angles, fi elle n'étoit pas un peu diminuée par la réfraction, feroit précifément égale à l'angle formé au centre de la Terre (fuppofée fphérique) par les deux rayons qui fe terminent aux points obfervés. 4° Que ce qui manque à cette différence pour égaler l'angle au centre, eft la fomme des deux réfractions qui ont altéré les deux angles obfervés. 5° Que quelquefois deux objets, vûs l'un de l'autre, paroiffent tous deux réciproquement abaiffés fous l'horizon ; & qu'alors ce n'eft plus la différence, mais la fomme des deux angles de dépreffion obfervés, qui, fauf la réfraction, eft égale à l'angle au centre de la Terre. 6° Que l'angle vrai de hauteur d'un objet quelconque, eft égal à l'angle de hauteur apparente, augmenté du demi-angle au centre de la Terre, & diminué de la réfraction : & réciproquement que l'angle vrai de dépreffion eft égal à l'angle apparent, augmenté de la réfraction, & diminué

de l'angle au centre de la Terre. 7° Que par conféquent la
réfraction qui peut, fans erreur fenfible, être fuppofée égale
dans les deux angles, fera corrigée dans le calcul, en prenant pour l'angle vrai, de hauteur, ou de dépreffion, la demi-
fomme des deux angles obfervés. Toute cette théorie eft
fondée fur des démonftrations très-fimples, dont je retranche
le détail, qui me méneroit trop loin. Elles pourront être fup-
pléées en partie, par l'infpection de la figure, dans laquelle
B C K repréfente l'angle au centre de la Terre, fuppofé
formé par le concours des deux rayons *B C, K C,* ou lignes
verticales des points *B* & *A; b a* l'arc de la furface de la Terre
au niveau de la mer, compris entre les mêmes verticales ;
A Q L, K M B, deux arcs concentriques au premier, & pris
au niveau des points *A* & *B; A L, K B,* les cordes de ces arcs ;
A E, B F, les tangentes des rayons *C A, C B; E A B* l'angle de hauteur apparente du point *B,* & *L A B* l'angle de
hauteur vraie du même point *B,* vû de *A; F B A* l'angle de
dépreffion apparente du point *A,* vû de *B,* & *K B A* l'angle
de dépreffion vraie du même point; *C O* une perpendiculaire
tirée du centre *C* fur la corde *L A,* & qui partage l'angle *L C A*
au centre de la Terre en deux parties égales.

Planche I,
fig. 4.

ARTICLE XIV.

Hauteurs abfolues des Signaux de la Méridienne &
des montagnes principales de la Province de Quito.

LES hauteurs des Signaux, rapportées dans la Colonne VII
de la Table des Triangles, ne font, comme l'indique le titre,
que les hauteurs refpectives, ou celles d'un Signal par rapport

I ij

à un autre ; mais on peut, par de fimples additions ou fouftractions, déduire de ces hauteurs relatives, la hauteur abfolue
de chaque Signal au deffus du niveau de la mer ; pourvû qu'on
connoiffe d'abord celle d'un feul Signal. C'eft ainfi que j'ai
formé la lifte fuivante de la hauteur abfolue de tous les Signaux de la Méridienne, en fuppofant que *Carabourou*, la
plus baffe de toutes nos ftations, étoit élevée de 1226 toifes
au deffus de la furface de la mer ; comme je l'avois conclu
dès 1740, par un très-long & très-faftidieux calcul, fondé
fur quelques angles obfervés par M. *Bouguer* dans l'ifle de l'*Inca*
fur la rivière des *E'meraudes*, au Nord-oueft de *Quito*; fur
quelques autres que nous avions obfervés enfemble au bourg
du *Quinché*, à l'Eft de cette même ville, &c.

M. *Bouguer*, par un calcul femblable, avoit d'abord déduit la
hauteur abfolue de *Carabourou*, de 1214 toifes. L'élévation de
ce point au deffus de l'ifle de l'*Inca* étoit conclue géométriquement ; mais celle de l'ifle au deffus du niveau de la mer n'étoit
fondée que fur la différence de hauteur du Baromètre, & fur
l'eftime de la pente moyenne de la rivière des *E'meraudes*. Une
autre combinaifon des mêmes élémens, tirée de mes propres
obfervations du Baromètre au bord de la mer, & des différentes vîteffes de cette rivière, dont j'avois levé le cours en
1736, me fit juger qu'il y avoit environ douze toifes à
ajoûter à la hauteur conclue par M. *Bouguer*, à qui je fis part
dans le temps de mes calculs & de ma détermination. J'ai
vû dans les Mémoires de l'Académie de 1744, qu'il s'étoit
arrêté au même nombre que moi.

Il n'y a aucune hauteur des Signaux de la Table fuivante,
qui ne foit le réfultat moyen de deux diverfes déterminations,

lefquelles ne diffèrent communément entr'elles que d'une toife, rarement de trois. Par exemple, la hauteur de 2222',53 du Signal de *Pitchincha*, qui a fervi à nos Triangles, eft moyenne entre deux hauteurs du même Signal; l'une de 2221',44 , conclue par l'angle obfervé à *Tanlagoa;* l'autre de 2223',62 , déduite de l'angle obfervé à *Pamba-marca;* & les hauteurs de chacune de ces deux dernières montagnes ont été pareillement tirées du milieu de deux autres obfervations. Cette méthode, outre qu'elle me fournilloit une vérification, a dû communément me donner plus de juftelle dans le réfultat : car fi l'une des deux obfervations eft bonne, & qu'elles diffèrent l'une de l'autre de deux toifes ; en prenant le milieu, on n'aura qu'une toife d'erreur à craindre.

L'irrégularité de la réfraction, le défaut d'obfervation réciproque des angles de hauteur & de dépreffion, & quelques erreurs accidentelles, ont donné dans une ou deux occafions jufqu'à cinq toifes de différence. Dans ce cas, comme dans les autres, on a pris le nombre moyen. Il eft vrai auffi que j'ai fait outre cela quelques corrections aux angles verticaux, dans deux ou trois ftations; mais ce n'a été qu'après m'être convaincu par un examen fcrupuleux, qu'elles étoient nécelfaires, & je fuis en état d'en rendre compte. D'ailleurs, ces corrections n'ont jamais paffé une minute : je ne parle point de quelques erreurs manifeftes de 10 minutes, que j'ai reconnues & corrigées.

Aux hauteurs des Signaux, j'ai cru devoir joindre celle des plus hautes montagnes de la province de *Quito*, qui pourroient bien être auffi les plus hautes montagnes du monde; puifque le fol qui leur fert de bafe eft communément élevé de 15 à 16 cens toifes au deffus du niveau de la mer. De là les eaux prennent leur cours vers tous les points de l'horizon , & donnent naiffance aux rivières de *Guayaquil* , des *E'meraudes* , & à celle de *Napo* , qui a long - temps été regardée comme la principale fource du *Maranon* , ou du fleuve des *Amazones*.

Je ne donne ici que la lifte des montagnes les plus remarquables de la province de *Quito* , de celles qui offrent le fpeĉtacle fingulier de la neige dont leur fommet eft toûjours couvert , & au milieu de laquelle on voit , dans quelques-unes , les flammes s'ouvrir un paffage. Il ne neige jamais à *Quito* , dont le fol eft à 1560 toifes de hauteur perpendiculaire fur la furface de la mer; deux ou trois cens toifes plus haut , la neige couvre quelquefois la terre , mais cette neige fe fond bien-tôt; & ce n'eft guère qu'à 2440 toifes de hauteur qu'elle fe conferve fans jamais fe fondre : c'eft ce que nous avons conftamment remarqué aux environs de l'E'quateur.

Planche II, fig. 2.

La Figure 2 de la feconde Planche eft une coupe du terrein de la Méridienne fur fa longueur de plus de trois degrés. Malgré la petiteffe de l'échelle , la courbure de l'arc du Méridien au niveau de la mer y eft fenfible fur cette diftance , & fe diftingue de la corde du même arc laquelle eft auffi tracée. La hauteur de tous nos Signaux , celle des montagnes , celle de nos deux obfervatoires aux deux extrémités de la Méridienne , & celle du fol des trois principales villes de la province , *Quito* , *Cuenca* , & *Riobamba* , y font repréfentées en proportion avec leurs diftances en latitude , & fur la même échelle que la Carte des Triangles de la Méridienne qu'on voit immédiatement au deffus. L'afpeĉt des montagnes eft conforme dans ce profil à celui qu'elles offrent en effet. La différence de leurs hauteurs fe manifefte à la vûe dans le deffein, & de plus on l'a exprimée en toifes. Pour éviter la confufion, les noms des montagnes font écrits au deffus de l'arc, & ceux des Signaux le font au deffous; chacun vis-à-vis d'une ligne verticale ponctuée qui répond au point défigné. La ligne horizontale ponctuée marque la hauteur du niveau de 1440 toifes, à laquelle la neige ne fond plus. On eût pû divifer l'arc du Méridien, au niveau de la furface de la mer, de minute en minute, comme dans la carte des Triangles; on s'eft contenté dans le profil, de marquer l'Equateur & fes Parallèles de degré en degré.

La carte & le profil ont été réduits d'après un deffein d'une échelle quadruple, fait fous mes yeux dès 1740. Je réferve pour une autre occafion une carte de la Province de *Quito*, dreffée avec foin par M. *Verguin;* à laquelle j'ai contribué pour ma part, en donnant le détail de 40 lieues de Côtes, le cours de la Rivière des *Emeraudes,* & plus de 400 relévemens.

TABLE de la hauteur des Signaux de la Méridienne de Quito *au deffus du niveau de la mer.*

Les noms Efpagnols font en caractère romain.

	toifes.		toifes.
Carabourou, terme nord de la première Bafe ..	1226,00	*Milin*	1793,82
Oyambaro, terme fud...	1352,11	*Papa-ourcou*	1828,39
la *Tola de Cotchefqui* .	1490,84	*Ouango-taffin*	2086,29
Pamba-marca	2109,80	*Tchoulapou.*	1952,58
Goapoulo (le Sign.deM.*Godin*)	1541,85	*Hivicatfou.*	1575,09
Goamani, idem . . .	2080,42	*Chitchitchoco*	1824,22
Tanlagoa	1743,37	*Moulmoul.*	2006,09
Pitchincha (le Signal).	2222,53	*Ygoalata* ou *Goayama*	2243,75
Schangailli.	1405,53	*Ihnal*	1941,77
El Coraçon (le Signal).	2212,18	*Dolomboc* ou *Siça-pongo*	2098,52
Pouca-ouaïcou, Signal fur *Koto-pacfi.* . . .	2264,47	*Nabouço.*	1715,98
		Amoula	1790,31
		Zagroum.	1813,82

	toifes.		toifes.
Lanlangouço	2236,74	*Cahouapata*	1819,97
Sénégoalap.	2172,22	*Borma*	1614,06
Choujaï	1958,27	*Pougin*	1482,69
Satcha-tian-loma	2206,28	*Pillatchiquir.*	1728,94
Sinaçaouan	2336,84	*Ailpa-roupachça*	1587,75
Quinoa-loma	2037,18	*Oua-oua-tarqui,* terme	
Bouéran.	1977,51	nord de la feconde Bafe.	1365,34
Yaffouai.	1881,70	*Chinan,* terme fud	1411,37

HAUTEUR du Sol de quelques lieux de la Province de Quito.

	toifes.
Sol de *Quito,* grande place	1462
Sol de *Riobamba.*	1695
Sol de *Cuenca*	1350

HAUTEUR des montagnes les plus remarquables de la Province de Quito*, dont les fommets font couverts de neige, & dont la plufpart ont été ou font actuellement Volcans.*

On a défigné la pofition des deux premières montagnes, parce qu'elle n'eft pas comprife dans la carte des Triangles, ni dans le profil de la Planche II.

	toifes.
Cota-catché, à 33000 toifes au nord de *Quito.*	2570
Cayambé-ourcou, fous l'E'quateur même, 34000 toifes à l'Eft de *Quito*	3030
Pitchincha, Volcan en 1539, 1577 & 1660. Son fommet oriental.	2430
Anti-fana, Volcan en 1590	3020
El Coraçon, la plus grande hauteur connue où l'on ait monté.	2470
Sinchoulagoa, Volcan en 1660, communiquant avec *Pitchincha.*	2570
Iliniça, préfumé Volcan	2717
Koto-pacfi, Volcan en 1533, 1742 & 1744	2950
Chimbo-raço, Volcan. (on ignore l'époque de fon éruption).	3220
Cargavi-raço, Volcan écroulé en 1698	2450
Tongouragoa, Volcan en 1641.	2620
El Altar, l'une des montagnes appelées *Coillanès*	2730
Sangaï, Volcan continuellement enflammé depuis 1728	2680

ARTICLE

ARTICLE XV.

Explication de la Colonne VIII: De la réduction des angles observés en différens plans, à l'horizon.

Deux chaînes de hautes montagnes, difpofées à peu près parallèlement, à quelques lieues de diftance l'une de l'autre, nous ont fourni la plufpart des points d'appui de nos Triangles; c'étoit tantôt fur le fommet, tantôt fur le penchant de ces montagnes, & quelquefois dans le vallon qui les féparoit, que nous placions nos Signaux; felon que la nature du terrein, & la meilleure difpofition des Triangles l'exigeoit. Il y a eu quelquefois jufqu'à 900 ou 1000 toifes de différence de hauteur entre deux Signaux voifins.

Pour déduire de ces Triangles, obfervés dans des plans fi diverfement inclinés, la longueur de la Méridienne; il a fallu commencer par réduire chaque Triangle à un plan horizontal, & les rapporter tous à un même niveau. Cette réduction peut fe faire par la Trigonométrie rectiligne, & par la Trigonométrie fphérique: je me fuis fervi de celle-ci, qui n'a pas befoin pour cette opération de confidérer l'amplitude de l'arc itinéraire entre l'obfervateur & le point obfervé; & qui, par cette raifon, procède dans le calcul des angles réduits à l'horizon, d'une manière plus fimple, & plus indépendante de toute fuppofition anticipée de la figure de la Terre.

Rapporter à un plan horizontal, l'angle obfervé entre deux objets, dans un plan incliné; c'eft la même chofe que chercher l'angle que comprendroient deux plans verticaux, qu'on feroit paffer par ces deux objets, & par le zénith

K

de l'obſervateur. Or dans le Triangle ſphérique que forment ces trois points, les trois côtés ſont donnés; l'un entre les deux objets, par l'obſervation de l'angle de poſition; les deux autres, par la diſtance des mêmes objets au zénith; c'eſt-à-dire, par le complément de la hauteur obſervée de chaque objet. Par ces trois côtés connus , on aura de quoi conclurre l'angle au zénith, qui eſt le même que l'angle horizontal cherché. C'eſt de cette méthode que je me ſuis ſervi pour la réduction de tous les angles qui compoſent la Colonne VIII de la Table, dans laquelle chaque angle réduit à l'horizon eſt placé vis-à-vis de l'angle obſervé qui lui répond dans la ſeconde Colonne. Tous les élémens de cette réduction ſe trouvent auſſi ſur la même ligne dans les Colonnes précédentes.

Par exemple: on a vû que l'angle *O* (*Col. I, Triang. I*), au Signal d'*Oyambaro* (*Col. II*), a été obſervé de 63ᵈ 48′ 16″ (*Col. III, fig. 3*), ——3″ (*Col. IV*), entre les points *P* & *C* (*Col. V*), c'eſt-à-dire, entre les Signaux de *Pamba-marca* & de *Carabourou*, diſtans l'un de l'autre de 9022ᵗ,96. Outre cela, on voit (*Col. VI*) que le point *P*, toûjours vû de *O*, a paru élevé de 4ᵈ 20′ 29″ ſur l'horizon, avec le Quart-de-cercle *a*; & que le point *C* a paru abaiſſé de 1ᵈ 11′ 53″ avec les Quarts-de-cercle *a* & *c*: d'où il ſuit que les diſtances apparentes des points *P* & *C* au zénith d'*Oyambaro* ſont de 85ᵈ 39′ 31″, & de 91ᵈ 11′ 53″. Or ces deux diſtances au zénith, & l'arc obſervé entre les deux points *P* & *C*, ſont les trois côtés connus d'un Triangle ſphérique, dont la réſolution fera trouver l'angle au zénith de 63ᵈ 36′ 50″ (*Col. VIII*.) Cet angle eſt viſiblement le même que l'angle *O* réduit l'horizon ; puifque celui-ci eft la fection horizontale de deux plans verticaux qui paſſeroient par l'œil de l'obſervateur, & par les deux points obſervés *P* & *C.*

La ſomme des trois angles réduits s'eſt trouvée ordinairement plus grande que 180 degrés, d'une, de deux, ou de trois ſecondes : on en donnera la raiſon dans l'explication de la Colonne ſuivante. On a retranché cet excès proportionnellement ſur les trois angles, en réduiſant les ſommes à deux droits.

ARTICLE XVI.

Explication de la Colonne IX : Longueur des côtés horizontaux, réduits au niveau de Carabourou.

LA neuvième Colonne de la Table repréſente la longueur des côtés de tous les Triangles, réduits au niveau de *Carabourou,* le plus bas de nos Signaux. Voici le procédé que j'ai ſuivi pour cette réduction.

Mes angles réduits à l'horizon me fourniſſoient une nouvelle ſuite de Triangles horizontaux, qui pouvoient être rapportés à un niveau quelconque. La longueur des côtés, proportionnels dans tous ces Triangles, dépendoit de celle qu'on attribueroit au premier côté. J'ai pris pour ce premier côté, & pour fondement du calcul de cette nouvelle ſuite de Triangles, la Baſe conclue de la meſure actuelle, & déjà réduite *(art. I)* au niveau de *Carabourou;* & j'en ai déduit la longueur de tous les côtés horizontaux pour ce même niveau, telle qu'elle eût été conclue des angles obſervés, ſi tout le terrein de la Méridienne eût été parfaitement uni, & à la hauteur du terme ſeptentrional de notre B▪▪▪De cette manière, j'ai été difpenfé de réduire chaque côté au niveau de l'une de fes deux extrémités, & de rapporter enfuite à une même hauteur tous ces côtés réduits, un à un, à différens niveaux.

J'ai choifi le niveau de *Carabourou*, par préférence à celui de tout autre Signal ; parce que ce lieu étoit la plus baffe de toutes nos ftations, & en même temps un des deux termes de notre première Bafe. Une fimple opération fuffit pour réduire la longueur du degré, prife à la hauteur de *Carabourou*, à fa vraie longueur, au niveau de la furface de la mer.

J'ai fuppofé dans mon calcul, que les trois angles d'un Triangle rectiligne réduits à l'horizon, formoient un autre Triangle rectiligne ; ce qui n'eft pas vrai en rigueur mathématique. Il faut en dire la raifon, & faire voir qu'il n'y a point d'erreur fenfible à craindre des fuites de cette fuppofition.

Réduire un angle à l'horizon, c'eft le réduire à un plan horizontal tangent à la furface de la Terre dans le lieu de l'obfervation. Trois angles obfervés en trois points d'une fphère, & réduits chacun à leur horizon, ou à leur plan tangent, appartiennent à trois plans différens ; ils ne peuvent donc former un Triangle rectiligne, qui eft effentiellement dans un feul plan.

Mais les fommets de ces angles, les trois points par lefquels les trois plans touchent la fphère, font dans la furface de la fphère, & y forment un Triangle fphérique, dont une des propriétés eft que la fomme de fes trois angles eft néceffairement plus grande que deux droits ; auffi dans mes calculs la fomme des trois angles réduits a-t-elle prefque toûjours excédé 180 degrés. Cet excès a été rarement à trois fecondes, quantité qui pourroit être négligée ; puifqu'on n'en peut guère répondre, dans la mefure d'un angle avec un inftrument de trois pieds de rayon ; cependant au lieu de n'en tenir aucun compte, elle a toûjours été répartie fur les trois angles , dans la réduction qui a été faite de leur fomme totale à deux angles droits.

Par cette réduction , on a en quelque forte fubftitué au Triangle fphérique , formé par trois arcs de grand cercle, le Triangle rectiligne formé par les trois cordes de ces mêmes arcs ; & au lieu de réfoudre les Triangles réduits à l'horizon comme curvilignes , en prenant pour premier côté connu la Bafe réduite en arc *(art. I) ;* on a pris pour premier côté, la corde de cette même Bafe, & on en a conclu par la Trigonométrie rectiligne les côtés fuivans ; c'eft-à-dire, les cordes des autres arcs & non les arcs mêmes. En procédant ainfi , on a néceffairement fuppofé que les cordes des petits arcs avoient entr'elles le même rapport que les arcs ; mais on peut voir facilement combien cette fuppofition, comme celle de prendre les cordes pour les arcs, tire peu à conféquence dans le cas préfent. Pour cela, il fuffit de remarquer que le plus long côté de nos Triangles n'eft que de 21000 toifes ; que réduit en arc de grand cercle, il ne vaut que 22 minutes quelques fecondes , & qu'il n'a qu'un pied de longueur plus que fa corde.

La Trigonométrie fphérique a paru plus commode pour réduire à l'horizon les angles de pofition obfervés ; mais il y eût eu beaucoup plus de travail, & il n'y auroit rien eu à gagner du côté de l'exactitude, à fe fervir de ce moyen pour chercher la valeur des côtés des Triangles réduits , en les confidérant comme des arcs de cercles : je les ai donc pris fans fcrupule pour des lignes droites. Les fauffes fuppofitions ne font à craindre dans les calculs mathématiques, que lorsqu'elles s'y glissent sans qu'on s'en aperçoive, ou lorsqu'on les admet sans en prévoir les conséquences : employées à propos, elles servent à faciliter les calculs, sans induire en erreur.

Telle est la supposition de la sphéricité de la Terre, sur laquelle tous les calculs par la Trigonométrie sphérique sont fondés. Cette même supposition ne peut manquer de revenir souvent dans cet Ouvrage. Mais si un Triangle sphérique de 20000 toises de côté peut, comme on vient de voir, être pris sans conséquence dans le cas présent pour un Triangle rectiligne formé par ses trois cordes ; à plus forte raison un petit arc d'un sphéroïde très-peu aplati, tel qu'est la Terre, se confond-il avec l'arc correspondant de la sphère inscrite ou circonscrite.

ARTICLE XVII.

Explication de la Colonne X : Direction des côtés des Triangles par rapport à la ligne Méridienne.

LA longueur connue de tous les côtés des Triangles de la Méridienne, ni même la longueur totale de la chaîne qu'ils forment, ne peuvent servir à conclure la longueur de la Méridienne, si l'on ne connoît la position de tous les Triangles par rapport à cette ligne ; c'est-à-dire, la déclinaison de leurs côtés, ou l'angle qu'ils font avec la ligne nord & sud. Les angles réduits à l'horizon, donnent la direction respective d'un côté par rapport à l'autre : il suffiroit donc en rigueur d'avoir par observation la déclinaison d'un des côtés par rapport aux régions du monde, pour conclurre celles de tous les autres.

Nous avons commencé par bien nous affûrer de la déclinaifon de notre première Bafe à l'égard de la Méridienne, en obfervant à plufieurs reprifes à *Oyambaro*, terme auftral de cette Bafe, l'angle compris entre le foleil levant ou couchant, & les Signaux de *Tanlagoa* & de *Pamba - marca*, les plus voifins de la Bafe; & par le moyen réfultat de trois ou quatre obfervations différentes, nous avons conclu que la ligne tirée d'*Oyambaro* à *Carabourou*, c'eft-à-dire, du terme auftral au terme boréal de la Bafe d'*Yarouqui*, déclinoit du nord à l'oueft de 1 9^d 2 5 ′ & quelques fecondes.

Cette direction une fois fixée fuffit, comme on voit, pour donner celle de tous les côtés des Triangles, par la fimple addition ou fouftraction des angles horizontaux, compris entre ce premier côté & les fuivans fucceffivement. C'eft la lifte de toutes ces directions, ainfi conclues par rapport à la première obfervée, qui compofe la neuvième Colonne. Mais comme les petites erreurs, qu'il n'eft pas poffible de prévenir dans la mefure des angles, pourroient, en s'accumulant, caufer après une longue fuite de Triangles, une erreur confidérable dans la direction des côtés; il étoit à propos de vérifier de temps en temps, par de nouvelles obfervations aftronomiques, la pofition de quelques côtés de Triangles par rapport à la Méridienne. C'eft à quoi nous avons eu grande attention. Nous avons profité des occafions les plus favorables, pour obferver dans le cours de notre travail l'angle entre le Soleil levant ou couchant, & divers côtés de Triangles; & nous avons eu la fatisfaction de trouver que l'obfervation répondoit au calcul, quelquefois fans différence fenfible, quelquefois à une minute près, tantôt en plus, tantôt en moins; ce qui n'eſt de nulle conſidération en pareille rencontre, ſur-tout ſi l'on fait attention que cette différence eſt la ſomme des erreurs qui peuvent avoir été commiſes, d'une part dans une longue ſuite d'angles de poſition obſervés, & de l'autre dans une obſervation d'azimuth, très-délicate par elle-même, très-compliquée par le nombre d'élémens qui y entrent, laquelle exige le concours de deux obſervateurs, & enfin qui n'a pû le plus ſouvent ſe faire qu'à la hâte, ſans Pendule, avec beau-coup d'incommodité & de froid, ſur le ſommet d'une mon-tagne, d'où l'on étoit toûjours preſſé de partir.

Nous avons fait enſemble, ou ſéparément, 18 ou 20 de ces obſervations d'azimuth dans la longueur de la Méridienne. Pour ce qui me regarde, j'en ai obſervé douze, ſoit ſeul, ſoit avec M. *Bouguer*, quelquefois deux ou trois dans la même ſtation; & alors j'ai pris un milieu. J'ai calculé toutes ces obſer-vations pluſieurs fois; je n'ai pas fait d'uſage de deux ou trois faites avec précipitation, ou lorſque le ſoleil étoit fort *ondulant,* par une réfraction irrégulière. Toutes les autres ſont employées dans la Table : on trouvera leur réſultat au deſſous de celui que donne la ſuite des angles horizontaux.

Lorſqu'on veut comparer la direction obſervée d'un côté de Triangle, à la direction conclue; on eſt ordinairement obligé de faire une réduction, à cauſe de la convergence des Méridiens. Cette réduction, quoique moins néceſſaire aux environs de l'Equateur, où les Méridiens ſont ſenſiblement parallèles, n'a cependant pas été négligée. J'ajoûte qu'elle ne devoit pas l'être; puiſque ſur la longueur des trois degrés que nous avons meſurés la direction d'un côté de Triangle, conclue par l'addition

ſucceſſive

fucceſſive des angles horizontaux, ne laiſſe pas de différer de près de deux minutes de la direction vraie de ce même côté, lorſqu'on a égard à la convergence des Méridiens.

P repréſente le Pole Sud; Q *Quito;* $Q P$ le Méridien de cette ville, auquel on veut rapporter la direction obſervée d'un côté $O S$ d'un Triangle quelconque. $O P$ eſt le Méridien de l'Obſervateur; $T O P$ la tangente de ce même Méridien, laquelle en repréſente la direction au point O. Par la ſuite des Triangles horizontaux, qu'on a conſidérés comme dans un même plan, on a trouvé la valeur de l'angle $S O R$, entre le côté $S O$ & la ligne $O R$ parallèle à $Q P$, Méridien de *Quito,* & qu'on a priſe pour le Méridien du point O. Mais l'angle véritable, que forme le côté $S O$ avec le Méridien du point O, eſt l'angle $S O T$, compris entre la tangente $O T$ & la ligne $O R$ parallèle à $Q P$. C'eſt cet angle qu'il a fallu cher-cher à chaque obſervation d'azimuth ; pour pouvoir comparer la direction obſervée par l'azimuth, à la direction conclue par l'addition ſucceſſive des angles horizontaux, depuis la pre-mière direction obſervée.

Planche I,
fig. 5.

A R T I C L E   XVIII.

Explication des Colonnes XI & XII de la Table:
Diſtances entre les Méridiens & les Parallèles
des Signaux.

LA longueur & la direction d'un côté quelconque de Triangle étant connues, on peut, de l'une de ſes extrémités, mener une perpendiculaire, de l'autre une parallèle à la

L

Méridienne, & former ainfi un Triangle rectangle, dont ce côté fera l'hypothénufe, & dont on connoîtra les trois angles. Il fera donc aifé de conclurre la longueur des deux autres côtés qui comprennent l'angle droit.

Ce font ces côtés, ou les diftances entre les Parallèles & les Méridiens des Signaux de chaque Triangle ; ou autrement, ce font les différences en latitude & en longitude entre les Signaux, réduites en toifes, qui rempliffent les Colonnes XI & XII de la Table.

Des différentes combinaifons des nombres des Colonnes XI & XII, qui peuvent donner la diftance entre les Signaux de *Cotchefqui* & de *Tarqui*, tant en latitude qu'en longitude, la plus fimple fe fera par l'addition & la fouftraction des nombres marqués dans ces Colonnes en plus petits caractères.

ARTICLE XIX.

Détermination des points des Triangles de la Méridienne à l'égard de Quito.

Quito étant non feulement le lieu le plus confidérable dans le pays où nous avons opéré, mais une des plus grandes villes de l'Amérique méridionale, cette ville fe trouvant fituée vers le milieu de l'efpace occupé par nos Triangles d'occident en orient ; fa latitude ayant d'ailleurs été fixée à 0^d 3' ⅓ au delà de la Ligne équinocliale, par nos obfervations des Solftices de Décembre 1736 & Juin 1737 ; & fa longitude pouvant l'être exactement par un grand nombre d'immerfions & d'émerfions obfervées des fatellites de Jupiter ;

tout a concouru pour me déterminer à rapporter nos mefures au Méridien de *Quito.* J'ai choifi, par préférence, celui de
la Tour de l'Eglife des Religieux de la *Mercy,* par la raifon
que ce point, d'ailleurs voifin de la grande Place & du centre
de la ville *(Voyez le plan de* Quito), a été déterminé par obfervation, & lié immédiatement à nos Triangles.

C'eft par cette raifon que je joins ici une Table, où l'on
trouvera la pofition de tous les Signaux à l'égard du Méridien de la Tour de la *Mercy* de *Quito,* & de la perpendiculaire à ce Méridien. Cette perpendiculaire eft fi voifine de
l'Equateur, qu'elle ne diffère pas fenfiblement d'un Parallèle
à ce cercle. La Table eft divifée en deux parties, l'une pour
les Signaux occidentaux, l'autre pour les orientaux; l'une &
l'autre donnent la même diftance entre les Signaux extrêmes
de la Méridienne, *Cotchefqui* & *Tarqui:* cette Table eft
formée par de fimples additions ou fouftractions des nombres
des Colonnes XI & XII de la Table des Triangles.

Pour lier *Quito* à nos Triangles, j'avois obfervé avec M. *Bouguer* divers angles à *Pitchincha,* à la maifon de *Quito,* qui a
fervi d'obfervatoire pour l'obliquité de l'Ecliptique, & fur une
petite montagne voifine de la ville; mais ce n'eft qu'en s'enfon-
çant dans un labyrinthe de calculs qu'on peut déduire de ces
angles la pofition de *Quito.* J'ai trouvé beaucoup plus court &
plus fimple de me fervir d'un Triangle de M. *Godin,* lequel
fe termine à la Tour même de la *Mercy* de *Quito,* & dont j'ai
obfervé deux angles. Cela m'a engagé à réfoudre trois Triangles
de plus, & à les ajoûter à ma Table: ce font ceux de la dernière feuille; ils font, comme les auxiliaires, diftingués par
des lignes ponctuées.

L ij

TABLE des distances des Signaux à la Méridienne, & à la
réduites au niveau de Carabourou,

Par les côtés occidentaux des Triangles.

Distances à la Perpendiculaire de Quito.   Distances à la Méridienne.

	toises.		toises.
Quito (Tour de la *Mercy* de)	0,00	. . . .	0,00
	7864,22		17407,42
Pamba-marca.	7864,22 boréale.	17407,42 or.
	ôtez 7019,21		ôtez 6824,96
Oyambaro.	845,01 bor.	10582,46 or.
	13967,90		954,21
Cotchesqui.	14812,91 bor.	11536,67 or.
	ôtez 413,69		ôtez 8792,19
Tanlagoa.	14399,22 bor.	2744,48 or.
	ôtez 11645,24	à soustraire de	5015,14
Pitchincha	2753,98 bor.	2270,66 occ.
à soustraire de	20366,10		5417,73
El Coraçon	17612,12 australe.	7688,39 occ.
	18853,11		3481,55
Milin	30465,23 austr.	11169,94 occ.
	16373,31		ôtez 3611,98
Tchoulapou	52838,54 austr.	7557,96 occ.
	13127,51		1534,19
Chitchitchoco	65966,05 austr.	9092,15 occ.
	6456,93		ôtez 2008,74
Goayama.	72422,98 austr.	7083,41 occ.
	12141,14		11200,46
Dolomboc.	84564,12 austr.	18283,87 occ.
	13136,59		ôtez 66,04
Lanlangouço	97700,71 austr.	18217,83 occ.
	12516,25		3232,06
Choujaï.	110216,96 austr.	21449,89 occ.
	13316,26		ôtez 2690,34
Sinaçaouan	123533,22 austr.	18759,55 occ.
	11659,91		4980,99
Buéran	135193,13 austr.	23740,54 occ.
	7188,82		2599,91
Cahouapata	142381,95 austr.	26340,45 occ.
	15968,60		3890,26
Pougin	158350,55 austr.	30230,71 occ.
	204,38		ôtez 533,45
Ouaoua-tarqui	158554,93 austr.	29697,26 occ.
	4440,03		2820,42
Chinan	162994,96 austr.	32517,68 occ.

*Perpendiculaire fur la Méridienne de la Tour de la Mércy de Quito ;
le plus bas de tous les Signaux.*

Par les côtés orientaux des Triangles·

Diſtances à la Perpendiculaire de Quito.		Diſtances à la Méridienne.	
	toiſes.		toiſes.
Quito (Tour de la Mercy de)	0,00		0,00
Pamba-marca	7864,22 boréale		17407,42 orientale.
à fouſtraire de	14705,84	ôtez	10578,08
Schangailli	6841,62 auſtrale.		6829,34 or.
	18815,05	ôtez	4047,33
Pouca-ouaïcou.	25656,67 auſtr.		2782,01 or.
Signal fur *Koro-paſſi.*	3433,82	à fouſtraire de	3526,15
Papa-ourcou.	29090,49 auſtr.		744,14 occ.
	12909,69	à fouſtraire de	1308,53
Ouangotaſſin.	42000,18 auſtr.		564,39 or.
	13721,57	ôtez	496,41
Hivicatſou	55721,75 auſtr.		67,98 or.
	13529,81	à fouſtraire de	1735,34
Moulmoul.	69251,56 auſtr.		1667,36 occ.
	13459,70	ôtez	268,10
Ilmal.	82711,26 auſtr.		1399,26 occ.
	12908,67		4720,21
Zagroum.	95619,93 auſtr.		6119,47 occ.
	10240,11		1654,97
Sénégoalap.	105.860,04 auſtr.		7774,44 occ.
	12179,04	ôtez	1230,18
Sacha-ţian-loma	118039,08 auſtr.		6544,26 occ.
	10739,78		1662,66
Quinoa-loma.	128778,86 auſtr.		8206,92 occ.
	11613,74		4260,56
Yaſſouai.	140392,10 auſtr.		12467,48 occ.
	14470,56		9216,42
Borma.	154863,16 auſtr.		21683,90 occ.
	9338,31		5399,14
Pillatchiquir.	164201,47 auſtr.		27083,04 occ.
	512,55		4069,66
Ailpa-roupaclica. . . .	163688,92 auſtr.		31152,70 occ.
	693,95		1364,92
Chinan.	162994,97		32517,62 occ.

En ajoûtant les diſtances des Signaux de *Cotcheſqui* & de *Chinan* à la Perpendiculaire de *Quito*, tirées de la Table précédente, on aura la longueur calculée de la Méridienne, entre les deux Signaux ſitués à ſes deux extrémités, & voiſins des obſervatoires de *Cotcheſqui* & de *Tarqui*, où ont été faites les obſervations aſtronomiques de l'amplitude de l'arc du Méridien.

Diſtance ſeptentrionale de la Perpendiculaire au Méridien de la Tour de la *Mercy* de *Quito*, au Signal de *Cotcheſqui*, tirée de la Table précédente, (côtés occidentaux des Triangles). 14812,91

Diſtance auſtrale de la même Perpendiculaire, au Signal de *Chinan* près *Tarqui*, tirée de la Table précédente, (côtés orientaux des Triangles). 162994,96

Somme ou diſtance parallèle à la Méridienne entre les Signaux de *Cotcheſqui* & de *Tarqui* 177807,87

Il y a pluſieurs réductions à faire à cette meſure, pour en tirer la longueur de l'arc du Méridien, intercepté entre les obſervatoires de *Cotcheſqui* & de *Tarqui*. Cette diſcuſſion ſera le ſujet des articles ſuivans.

Il faut d'abord examiner ſi cette diſtance, conclue par un calcul fondé ſur la meſure actuelle de notre première Baſe dans la plaine d'*Yarouqui*, s'accorde avec la meſure actuelle de notre ſeconde Baſe dans la plaine de *Tarqui*.

ARTICLE XX.

Mesure de la Base de Tarqui.

LA plaine de *Tarqui*, à cinq lieues de *Cuenca*, vers le Sud, à l'extrémité auftrale de nos trois degrés mefurés du Méridien, fembloit nous inviter à la mefure actuelle d'une nouvelle Bafe, pour vérifier par fon moyen, après une fuite de Triangles longue de 80 lieues, la longueur calculée de leurs côtés. C'eft le jugement que j'avois porté de cette plaine au premier afpect, en la traverfant plus de deux ans auparavant, lors de mon voyage à *Lima* en 1737; & dès ce temps je l'avois indiquée à Mrs *Godin* & *Bouguer*, comme propre à cet ufage. Cependant, quoique très-unie, elle ne laiffe pas d'avoir quarante-huit toifes de pente fur deux lieues; mais ce n'eft que le tiers de la pente de la Bafe d'*Yarouqui*, comme on peut le voir par la comparaifon des deux profils, que repréfente la planche I.

A *Tarqui*, la pente n'eft fenfible que vers l'extrémité nord de la plaine, où elle eft de 34 toifes fur 660 : il y a même en un endroit un faut ou talus très-roide de plufieurs toifes de haut ; mais le refte de la plaine eft fort uni, fur-tout le milieu, qui forme une prairie où ferpente une petite rivière. Le terrein y a fi peu de pente, qu'il y a plufieurs flaques d'eau dormante, entr'autres une de plus de 250 toifes de longueur dans les temps les plus fecs, & que nous traverfâmes dans toute fa longueur en mefurant notre Bafe. Il n'y avoit alors guère plus d'un pied d'eau ; & on n'enfonçoit pas jufqu'au genou dans l'endroit le plus profond. Nous fûmes difpenfés, dans ce trajet, de faire ufage du niveau ; les perches, avec lefquelles nous

Planche I,
fig. 1 & 2.

opérions, flottoient fur l'eau; des piquets, ou les roſeaux mêmes du marais, nous ſervoient à les aſſujétir.

Nous meſurâmes la Baſe de *Tarqui* au mois d'Août 1739. M. *Bouguer* d'un côté, ſecondé de Don *Antoine de Ulloa*, & moi de l'autre, aidé de M. *Verguin*. Nous avions, de part & d'autre, une large règle de fer, ſur laquelle étoit marquée exactement la longueur de la Toiſe de Paris, priſe avec un compas à verge ſur la Toiſe de fer que nous avions apportée de France. Par la vérification qui fut faite entre M. *Bouguer*, M. *Verguin* & moi, de la règle qui m'étoit échûe en partage, elle ſe trouva plus longue que celle qui avoit ſervi à M. *Bouguer* d'une quantité que nous évaluâmes, par différens moyens, & en prenant le milieu de nos eſtimes, à $\frac{1}{27}$ de ligne; ce qui avoit dû me faire compter une ligne de moins que lui, ſur chaque 27 toiſes; ou 1 pied 3 pouces 9 lignes ſur la longueur totale de la Baſe : en effet, je la trouvai plus longue que M. *Bouguer* de 1 pied 5 pouces 5 lignes; ce qui ne diffère du nombre précédent que d'un pouce huit lignes par excès. Par une autre comparaiſon de nos Toiſes de fer, faite quelques jours après, entre M. *Bouguer*, Don *Antoine de Ulloa* & moi, ma meſure particulière de la Baſe, au lieu d'être plus longue de 1 pouce 8 lignes que celle de M. *Bouguer*, ſe trouva de deux pouces quatre lignes plus courte; & en prenant le milieu des deux comparaiſons, nos deux meſures actuelles ne différoient que de 4 lignes.

Outre les angles obſervés de hauteur & de dépreſſion des différens points, où l'inclinaiſon du terrein changeoit ſenſiblement, j'eus ſoin, en meſurant cette Baſe, de tenir une note de la hauteur des à-plombs, quand il falloit hauſſer le niveau

des

des perches qui fervoient à mefurer; ce qui m'a donné deux moyens au lieu d'un, pour tracer le profil que repréfente la figure.

Planche I, fig. 2.

Je prends la mefure actuelle de la Bafe de *Tarqui* par échelons horizontaux à différens niveaux, & moyenne entre celle de M. *Bouguer* & la mienne, de . . . . . 5259^t,20

De *Ouaoua-tarqui*, terme nord de cette Bafe, au point U, on a obfervé la hauteur apparente du point X à *Chinan*, terme fud de la même Bafe, de. 0^d 27′ 40″

De X, terme fud, on a obfervé la dépreffion de U, terme nord. 0 32 30

La différence des deux angles eft 0 4 50

L'angle au centre de la Terre, entre les deux verticales aux extrémités d'un arc de 5259 toifes, eft de. . 5 33

Différence. 0 43

Demi-différence = réfraction pour chaque angle * . . 21$\frac{1}{2}$

De U, terme nord, le point A, éloigné de 200 toifes, a paru bas de 55 10

Du point G, à 1759 toifes du terme fud X, ce point a paru haut de. 1 11 30

Du même point G de dépreffion apparente de U, terme nord. 10 56

Par ces angles & par les différences de niveaux obfervées, j'ai conclu l'abaiffement des points fuivans au deffous de X, terme fud

U . . . . . . 44^{toifes} 5$^{\text{pieds.}}$			I . . . . 34^{toifes} 4$^{\text{pieds.}}$		
A 48 2			K 33 2		
G 37 3			L 26 3		
H 39 3			X 0 0		

De toutes ces *Données*, & par un calcul femblable à celui que j'ai indiqué *(art. I.)* pour la mefure de la Bafe d'*Yarouqui*, j'ai conclu qu'il falloit appliquer les équations fuivantes à la mefure actuelle de la Bafe de *Tarqui*.

* *Voyez* art. XIII.

M

1° 0^t,062 à y ajoûter, pour réduire la mesure actuelle par échelons à la ligne horizontale au niveau de *Chinan*, terme austral de la Base, ou à l'arc concentrique à la Terre, lequel on suppose passer à la hauteur de ce terme.

2° 0^t,013 à ôter de cet arc, pour le réduire à sa corde.

3° 0^t,165 à ajoûter à la longueur de la corde, pour convertir cette longueur en celle de la ligne inclinée qui mesure la distance d'un terme à l'autre de la Base.

4° 0^t,30 à soustraire, pour réduire la corde de l'arc, passant par *Chinan*, au niveau de *Carabourou*, plus bas que *Chinan* de 185 toises. On aura donc

Mesure actuelle de la Base de *Tarqui*, par marches à différens niveaux . . . . 5259^t,200
+ 0,062

Réduite à l'arc au niveau de *Chinan* 5259,262
— 0,013

A la corde du même arc 5259,249
+ 0,165

A la ligne droite d'un terme à l'autre 5259,414

Corde de l'arc au niveau de *Chinan* 5259,249
— 0,300

Réduite au niveau de *Carabourou* 5258,949

La Base de *Tarqui*, réduite au niveau de *Carabourou*, comme on y a réduit tous les autres côtés de Triangles, sera donc de 5258^t,949, ou de près de 5259 toises.

Les deux Termes extrêmes de cette Base répondent au centre de deux meules de moulin que j'y ai fait placer; & sur lesquelles j'ai gravé moi-même leur distance mutuelle en toises, suivant la mesure actuelle, ainsi que la direction de la Base par rapport aux régions du monde. J'ai eu soin de faire écorner ces deux pierres, pour qu'on ne fût pas tenté de les employer quelque jour à leur première destination. J'ai pris la même précaution à l'égard de celles qui sont placées au centre des fondemens de deux Pyramides que j'ai fait construire pour servir de Termes à notre première Base à *Yarouqui*, & dont j'aurai occasion de parler ailleurs.

Il reste à examiner si la toise qui a servi à mesurer la Base de *Tarqui*, est précisément la même que celle qui a mesuré la Base d'*Yarouqui*, ou de combien elle en diffère.

ARTICLE XXI.

Expériences sur les changemens de longueur d'une Toise de fer, exposée à différens degrés de chaleur.

ON sait que les métaux, en passant du froid au chaud, ou d'une moindre chaleur à une plus grande, se dilatent sensiblement. Chacun de nous a cherché à reconnoître l'effet que cette cause avoit pû produire sur les instrumens qu'il a employés. Il est ici question de la Toise qui a servi à toutes nos mesures ; avant que de rendre compte de mes expériences, je crois devoir dire un mot de cette Toise.

Nous avions emporté avec nous en 1735, une règle de fer poli, de dix-sept lignes de largeur sur quatre lignes & demie d'épaisseur. M. *Godin*, aidé d'un Artiste habile, avoit mis toute son attention à ajuster la longueur de cette règle sur celle de la Toise *étalon*, qui a été fixée en 1668 au pied de l'escalier du grand Châtelet de Paris. Je prévis que cet ancien étalon, fait assez grossièrement, & d'ailleurs exposé aux chocs, aux injures de l'air, à la rouille, au contact de toutes les mesures qui y sont préfentées, & à la malignité de tout mal-intentionné, ne feroit guère propre à vérifier dans la fuite la Toife qui alloit fervir à la mefure de la Terre, & devenir l'original auquel les autres devoient être comparées. Il me parut donc très-néceffaire, en emportant une Toife bien vérifiée, d'en laiffer à Paris une autre de même matière & de même forme, à laquelle on pût avoir recours s'il arrivoit quelqu'accident à la nôtre pendant un fi long voyage. Je me chargeai d'office du foin d'en faire faire une toute pareille. Cette feconde Toife fut conftruite par le même ouvrier, & avec les mêmes précautions que la première. Les deux Toifes furent comparées enfemble dans une de nos affemblées, & l'une des deux refta en dépôt à l'Académie : c'eft la même qui a été depuis portée en Lapponie par M. de *Maupertuis*, & qui a été employée à toutes les opérations des Académiciens envoyés au Cercle Polaire. Celle que nous emportâmes, & qui nous a toûjours fervi dans le voyage, eft reftée à *Quito*, entre les mains de M. *Godin*, & fera vrai-femblablement bien-tôt en France * ; mais celle du Nord eft revenue, & c'eft avec elle que j'ai fait, depuis mon retour, les expériences que je vais rapporter.

J'avois déjà fait à *Quito* plufieurs effais, tant fur notre Toife, que fur d'autres barres de fer, en les expofant alternativement au froid que produit le contact de la neige, & à la plus grande chaleur du Soleil. J'en ai fait d'autres à Paris depuis mon retour, en fuivant le même procédé. Je fupprime ici le détail des uns & des autres. Les variétés que j'ai rencontrées, & celles qui fe trouvent dans les réfultats de

---

* On a nouvelle certaine du départ de Mrs *Godin* & de *Juffieu* le cadet, de *Lima* pour *Buenos aires* par terre au mois d'Août 1748.

tous ceux qui ont fait les mêmes recherches, ont achevé de me convaincre qu'il y avoit peu de succès à espérer, en employant les méthodes ordinaires pour s'assurer d'une aussi petite quantité que celle dont il est ici question. En effet, quelle que soit l'attention de l'Observateur, & même quelqu'adresse qu'on lui suppose à tirer parti de la loupe, du compas, &c. les petites erreurs auxquelles, de l'aveu des plus habiles Artistes, on est encore exposé en opérant de cette sorte, feront toûjours, dans le cas présent, une partie considérable de la quantité qu'on se proposeroit de découvrir. J'ai donc cru que le moyen le plus sûr & le plus décisif, pour déterminer avec précision de combien s'alongeoit une barre de fer exposée à un certain degré de chaleur, étoit celui que j'avois déjà employé heureusement pour trouver la différence de longueur entre le Pendule à secondes sous l'Équateur, & le Pendule à secondes sous le Parallèle de Paris. Il n'étoit question, pour cela, que de faire de la Toise même un Pendule, & de déduire, par le calcul, son alongement, du moindre nombre de ses oscillations dans un temps donné.

Pour cet effet, j'ai adapté à l'une des extrémités de la Toise de fer qui a fait le voyage du Nord, une *suspension à couteau* semblable à celle de mon Pendule d'expérience que je décrirai ailleurs ; & encore plus parfaite. J'ai suspendu de la même manière une autre Toise pareille dans une chambre voisine ; en sorte, néanmoins, qu'en ouvrant la porte de communication, je pouvois, d'un certain point, les voir osciller toutes deux du même coup d'œil : j'ai rendu leurs vibrations isochrones : j'ai ensuite échauffé avec un poële le lieu où j'avois renfermé la Toise du voyage du Nord : j'ai observé combien

M iij

d'ofcillations la Toife expofée à l'air libre faifoit en un temps donné; & fur ce fondement, j'ai déterminé la diftance de fon centre d'ofcillation à l'axe de fa fufpenfion, de 582^{lig},56.

J'ai remarqué enfuite combien cette Toife anticipoit, ou accéléroit dans fes vibrations, fur l'autre Toife, depuis que celle-ci ofcilloit dans un air où le Thermomètre de M. de *Reaumur* étoit monté de 13 degrés jufqu'à 55 au deffus de la congélation. Par le nombre d'ofcillations dont la Toife échauffée tardoit fur la Toife expofée à l'air libre, j'ai conclu combien le centre d'ofcillation de la première avoit baiffé par la chaleur, & combien la Toife totale s'étoit alongée. Ce n'eft pas ici le lieu de rapporter tous les détails de trois expériences, qui ont été répétées en trois jours différens, & par divers degrés de chaleur. Il fuffit, quant à préfent, de dire, qu'aucune n'a duré moins de fix heures; & qu'en prenant un milieu entre les petites différences, & ayant égard à toutes les circonftances, j'ai trouvé que la chaleur, qui faifoit monter le Thermomètre de M. de *Reaumur* de dix parties, & qui, par conféquent, dilatoit la liqueur de la centième partie du volume qu'elle occupe lors de la congélation de l'eau, faifoit alonger une Toife de fer, femblable à celle qui a fervi à nos opérations, de 0^{lig},11$\frac{1}{2}$*: en forte que, fuppofant que les degrés d'extenfion, caufés par la chaleur dans le fer, croiffent dans le même rapport que ceux de la dilatation de l'efprit de vin (ce qui, dans les petites quantités, eft affez conforme à l'expérience) l'alongement de notre Toife, qui répond à un degré du Thermomètre, fera de 0^{lig},0115, c'eft-à-dire, de plus de $\frac{1}{100}$, ou plus exactement, de $\frac{1}{87}$ de ligne.

* Les trois réfultats m'ont donné 0^{lig},115, 0^{lig},118, & 0^{lig},119.

Ce réfultat s'éloigne beaucoup de celui des expériences que M. le Commandeur Don *George Juan* & M. *Godin* ont faites à *Quito* fur la dilatation des métaux; mais il s'accorde affez bien avec celles qu'ils firent dans le même temps fur leur condenfation [a].

La conclufion qu'on tire de ces expériences dans cet ouvrage eft, que l'extenfion du fer, caufée par les augmentations de chaleur depuis le degré marqué 13 fur le Thermomètre de M. de *Reaumur*, & au deffus, eft plus que double de la contraction caufée par le froid, qui fait baiffer la liqueur dans ce même inftrument au deffous du même degré 13, jufqu'au terme de la glace, & quelques degrés plus bas. On ne peut contefter des expériences plufieurs fois répétées, & qui portent le caractère de la plus fcrupuleufe exactitude, telle qu'on étoit en droit de l'attendre, en pareil cas, d'obfervateurs auffi éclairés & auffi exercés : mais je crois avoir un moyen de concilier des réfultats qui paroiffent fi peu conformes aux miens [b], & de les faire convenir

---

[a] *Obferv. aftronomic. y phyfic. Madrid 1748, lib. IV, pag. 96 y 97.*

[b] Les Thermomètres de métal, appliqués à certaines horloges, ont une marche fenfiblement uniforme, & analogue, au moins dans les petites variations, à celle des Thermomètres d'efprit de vin & de mercure, tant en montant qu'en defcendant. L'expérience prouve donc, ainfi que le raifonnement, que lorfque le Thermomètre de liqueur monte de dix degrés, une barre de métal ne s'alonge que d'une quantité à peu près égale à celle dont elle s'accourcit lorfque le Thermomètre baiffe de dix degrés. Si donc pour les expériences rapportées dans l'Ouvrage déjà cité, la Toife de fer s'eft plus alongée au Soleil à proportion, que le Thermomètre n'a monté, il faut que la Toife ait été expofée à un plus grand degré de chaleur que le Thermomètre; & c'eft auffi ce qui a dû arriver, lorfqu'on a couché horizontalement la Toife de fer fur un appui de pierre, de brique, ou même fur la terre déjà échauffée par les rayons du Soleil, reçûs prefque perpendiculairement à *Quito*. Il eft clair que la Toife

avec mes expériences, fans fuppofer gratuitement que la dilatation des métaux & leur condenfation fuivent des loix totalement différentes ; ce qui préfente au moins l'apparence d'une contradiction.

ARTICLE XXII.

Comparaifon de la longueur de la Toife lors de la mefure des deux Bafes.

PENDANT notre féjour dans la Province de *Quito*, nous avons remarqué que la chaleur augmentoit ou diminuoit, généralement parlant, dans la raifon du plus ou du moins d'élévation du fol au deffus du niveau de la Mer.

Le niveau d'*Oyambaro*, terme auftral de notre première Bafe, près de *Quito*, eft inférieur au niveau de *Ouaoua-tarqui*, terme feptentrional de notre feconde Bafe, près de *Cuenca*, d'environ treize toifes* : mais comme le terrein de la première Bafe a beaucoup plus de pente que celui de la feconde,

prenoit alors le plus grand degré de chaleur qui lui pût être communiqué par les rayons directs, & par les objets voifins qui en étoient pénétrés ; au lieu que le Thermomètre, & le mur vertical auquel il étoit attaché, recevoient d'autant plus obliquement les rayons du Soleil, que ceux-ci tomboient plus à plomb : le Thermomètre a donc dû moins monter à proportion, que la Règle de fer n'a dû s'étendre. Il n'en étoit pas de même dans l'expérience inverfe, lorfque le Thermomètre & la Toife paffoient de l'air tempéré d'une chambre, dans la neige, dont on les couvroit tous deux également, & dont ils recevoient le même degré de froid : les degrés de condenfation du métal & de la liqueur devoient alors être à peu près proportionnels ; auffi le réfultat de cette expérience approche-t-il beaucoup de celui des miennes.

* *Voyez pages 55 & 56.*

le

le milieu de celle-ci eſt plus élevé d'environ cent toiſes que le milieu de la prémière. Il eſt vrai qu'une ſi petite diffé-rence de hauteur pourroit à peine produire un effet ſenſible, ſi quelques autres circonſtances locales ne s'y joignoient. Quoi qu'il en ſoit, la température de l'air dans la plaine d'*Yarouqui*, où nous meſurâmes notre première Baſe, eſt, pour l'ordi-naire, plus chaude que dans la plaine de *Tarqui*, où nous meſurâmes la ſeconde.

Cela poſé, il ſemble que la Toiſe de fer, à laquelle nous rapportions nos meſures, auroit dû ſe contracter, du moins un peu, à *Tarqui*; & par conſéquent, que nous aurions dû compter un plus grand nombre de toiſes, en meſurant cette plaine, que ſi notre Toiſe de fer eût conſervé la même exten-ſion qu'à *Yarouqui*. Je ſuis néanmoins porté à croire qu'elle s'eſt pluſtôt alongée que racourcie dans le temps de la me-ſure de notre ſeconde Baſe à *Tarqui*; & voici les raiſons ſur leſquelles je me fonde.

Quand je dis que la plaine d'*Yarouqui* eſt ſenſiblement plus chaude que celle de *Tarqui*; cela doit s'entendre de la partie inférieure de la plaine d'*Yarouqui*, du côté où elle s'approche de *Carabourou*, terrein aride & ſablonneux, & le plus chaud de tout le canton.

C'eſt en partant de ce lieu, où étoit fixé le terme ſepten-trional de la Baſe, que nous commençâmes, M. *Bouguer* & moi, à en meſurer la longueur, en montant vers *Oyam-baro*, d'où M. *Godin* avoit commencé ſa meſure en deſcendant vers *Carabourou*. Il ſe paſſa pluſieurs jours ſans que nous pûſ-ſions, M. *Bouguer* & moi, comparer les perches de bois que nous poſions ſur le terrein, à la Toiſe de fer qui avoit ſervi à

N

les étalonner. Cette opération s'étoit faite précédemment à *Oyambaro*, terme auſtral de la Baſe, plus élevé de 126 toiſes que *Carabourou*, terme boréal, & ſitué au pied d'une montagne, dans une température d'air aſſez froide; juſques-là que nous y avons vû pluſieurs fois le matin, le Thermomètre ne marquer que trois ou quatre degrés au deſſus du terme de la glace; c'eſt-à-dire, près de vingt degrés moins qu'il ne marquoit ordinairement l'après-midi à *Carabourou*. Nous étions à peu près au tiers de notre meſure en montant, lorſqu'il nous arriva d'*Oyambaro* une Règle de fer de cinq pieds, laquelle, ainſi que nos perches, y avoit été ajuſtée ſur la Toiſe apportée de France. Nous comparâmes les jours ſuivans les perches à cette Règle: cela ſe faiſoit le matin avant que de nous mettre au travail, & dans le temps le plus froid de la journée. Comme nous approchions chaque jour d'*Oyambaro*, bien-tôt après nous allâmes nous y établir; & ce fut en ce lieu même que ſe firent déſormais les comparaiſons à la Toiſe originale. Nous eſſuyâmes alors des vents, de la pluie, & un temps aſſez froid, tandis que la difficulté du terrein, qui, vers cette extrémité de la Baſe, nous obligeoit à prendre des à-plombs preſque à chaque pas, retardoit encore notre marche. On peut donc ſtatuer que la Toiſe, à laquelle ont été rapportées nos meſures priſes ſur le terrein, lors de nos opérations de la Baſe d'*Yarouqui*, eſt, à très-peu près, la Toiſe du climat d'*Oyambaro*, c'eſt-à-dire, celle d'un lieu où la hauteur moyenne du Thermomètre différoit très-peu, & peut-être par défaut, de celle des caves de l'Obſervatoire de Paris, laquelle répond dans le Thermomètre de **M. de** *Reaumur*, à $10^{\rm d} \frac{1}{2}$ au deſſus de la congélation.

A *Tarqui*, nous n'avions point de Thermomètre; mais le temps fut très-beau pendant toute la durée de la mesure de cette seconde Base : nous opérâmes dans la saison la plus chaude de l'année, & nous étions souvent en sueur. Nous faisions porter avec nous une Toise étalonnée de fer brut, à laquelle nous comparions tous les jours nos perches sur le terrein même, à l'ombre à la vérité; mais en plein jour, & quelquefois à l'heure de la plus grande chaleur. Enfin, le jour que nous passâmes le marais, dont j'ai parlé plus haut, nous finîmes notre journée par mesurer plus d'un quart de lieue les pieds dans l'eau, ou dans un terrein où nos perches, imbibées d'eau, dûrent, comme l'expérience le fait voir, s'a-longer considérablement; & la nuit nous ayant surpris dans cette occupation, ce ne fut que le lendemain que nous pûmes les comparer à la Mesure de fer: or il est visible qu'elles devoient alors avoir perdu, en se séchant, une partie de leur extension.

Non seulement les faits que je viens d'alléguer me sont très-présens; je les trouve même détaillés sur mon Journal d'observations. La circonstance seule d'avoir mesuré l'espace de 600 toises, dans l'eau jusqu'à mi-jambes, sans ressentir ni incommodité, ni la plus légère impression de froid, suffit pour faire juger, par comparaison à d'autres expériences, que le Thermomètre devoit être alors à 20 degrés, & peut-être plus, au dessus du terme de la glace: d'où je conclus, que la hauteur moyenne du Thermomètre, pendant la mesure de notre Base à *Tarqui*, étoit au moins de 16 à 17 degrés, c'est-à-dire, plus grande de 6 à 7 degrés qu'à *Oyambaro;* que par conséquent la Toise de fer, & les perches de bois dont cette Toise a servi à fixer la longueur dans la plaine de

Tarqui, étoient plus longues que celles qui nous avoient servi dans la plaine d'*Yarouqui*; & qu'enfin cet alongement, en nous faisant compter moins de mesures, a dû nous faire trouver la Base de *Tarqui* plus courte, que si la Toise n'eût souffert aucune variation depuis la mesure de la première Base.

L'équation que cette observation me fournit, tendroit à rapprocher la valeur conclue, de celle qui a résulté de ma mesure actuelle de cette même Base; mais je me contenterai de n'appliquer aucune équation, ni en plus, ni en moins, pour la diversité de la température des deux terreins. En effet, quoi qu'il en soit de la discussion précédente, & sans entrer dans un détail, peut-être trop scrupuleux, il est certain, & on ne peut nier, 1.° Que nous n'ayons éprouvé, en mesurant la Base d'*Yarouqui*, un moindre degré de chaleur que l'ordinaire, vû la saison pluvieuse alors, & notre plus long séjour dans le voisinage d'*Oyambaro*. 2.° Que le temps sec & chaud qu'il fit lorsque nous mesurâmes à *Tarqui* la seconde Base, n'ait adouci le petit froid qu'on y ressent ordinairement: d'où il s'ensuit généralement, que ces deux températures, déjà assez peu différentes par elles-mêmes, doivent au moins s'être approchées, si elles n'ont pas même empiété, pour ainsi dire, l'une sur l'autre; & qu'ainsi on peut, sans inconvénient, les supposer égales. Enfin, soit qu'on prenne un terme moyen entre les plus grands degrés de chaud & de froid que nous avons éprouvés dans les plaines d'*Yarouqui* & de *Tarqui*, & qui sont à peu près 2 & 26 degrés au dessus du terme de la glace dans le Thermomètre de M. de *Reaumur*; soit qu'on s'en tienne au milieu entre 10 $\frac{1}{2}$ & 16 $\frac{1}{2}$ degrés, qui marquent les deux températures moyennes que je viens d'assigner aux terreins des deux Bafes, pour le temps où nous les avons mefurées, on aura à très-peu près le degré 13 au deffus de 0 ; & c'eft précifément celui que le Thermomètre de M. de *Reaumur* marquoit à *Paris* en 1735 , lorfque notre Toife de fer fut étalonnée fur celle du Châtelet par M. *Godin.*

Ce degré de chaleur peut être pris pour celui de la température moyenne de l'air en France, & me difpenfe par conféquent de toute réduction fur la longueur de notre mefure, pour la variation de la Toife par la différence des climats de *Paris* & de *Quito.*

ARTICLE XXIII.

Comparaifon de la mefure actuelle de la Bafe de Tarqui *à fa longueur calculée.*

LA mefure actuelle de la Bafe de *Tarqui*, réduite au niveau de *Carabourou*, a été trouvée de 5258ᵗ,949 , c'eft-à-dire, de près de 5259 toifes ; & par une fuite de Triangles, dont le premier côté eft la Bafe d'*Yarouqui*, fa valeur a été conclue de 5260ᵗ,03. Cette différence d'une toife & quelques pouces, entre la mefure actuelle & le réfultat du calcul, deviendroit moindre par l'équation qui convient à la diverfe température des terreins des deux Bafes, conformément aux remarques de l'Article précédent : mais comme ces remarques, toutes fondées qu'elles font, n'ont été faites qu'après coup, & qu'on pourroit imaginer que je n'en ferois ufage que parce qu'elles favoriferoient l'accord de notre mefure actuelle de la Bafe de *Tarqui* avec la valeur de cette même Bafe, conclue par le calcul de mes Triangles, je m'abftiendrai d'employer l'équation qu'elles pourroient me fournir.

N iij

J'aurois auſſi pû réduire la différence, d'une toiſe à une demi-toiſe, en employant le calcul d'une autre ſuite d'angles, dans lequel j'ai ſubſtitué à quelques-uns de nos Triangles principaux les Triangles auxiliaires, repréſentés par des lignes ponctuées. Mais ayant fait réflexion, que nous avions trois meſures différentes des mêmes Triangles, indépendantes l'une de l'autre, exécutées avec différens inſtrumens, & par divers Obſervateurs; enfin n'ayant pas jugé que mon ſyſtème de Triangles auxiliaires, où il n'y en avoit que ſept de nouveaux, fût aſſez différent du premier pour mériter le nom de nouvelle Suite de Triangles, j'ai ſupprimé dans cet Ouvrage le calcul que j'en avois fait, & j'abandonne encore l'avantage que j'en pourrois tirer, pour rapprocher mon réſultat de la meſure actuelle de la Baſe de *Tarqui.* A quoi bon, en effet, chercher à concilier cette différence; puiſque ſi nous avons été ſouvent d'accord dans la toiſe, & quelquefois dans le pied, ſur une longueur de 15 à 20 mille toiſes, conclue par des obſervations faites avec différens Quarts-de-cercle; il faut avouer qu'il nous eſt auſſi quelquefois arrivé, malgré toutes nos précautions, de trouver par les différentes meſures d'une même Suite de Triangles, des différences de deux, ou de près de trois toiſes ſur une pareille longueur, comme il s'en trouve, dans le cas préſent, une d'une toiſe ſur 5260 toiſes, entre la meſure actuelle & la meſure conclue?

Je ne ferai donc point de vains efforts pour diſſimuler une légère erreur, de laquelle il n'eſt pas poſſible de répondre ſur un auſſi grand nombre d'opérations combinées. Quand le calcul s'accorderoit parfaitement avec la meſure actuelle de la ſeconde Baſe, tout ce qu'on feroit en droit d'en conclurre,

Planche II,
fig. 1.

c'eſt que les erreurs ſe ſeroient probablement compenſées. Après une ſuite de 3 2 Triangles, qui meſurent une diſtance de quatre-vingts lieues, une toiſe ſeule de différence, ſur le dernier côté eſt peut-être plus propre à ſervir de preuve de l'exactitude des opérations, que de raiſon pour douter de leur juſteſſe.

Avant que de paſſer outre, il ne ſera pas hors de propos d'examiner quel changement cette différence d'une toiſe ſur la Baſe de *Tarqui* doit apporter à la longueur totale de la Méridienne.

ARTICLE XXIV.

Si toute erreur d'obſervation, qui fera trouver trop long le dernier côté conclu des Triangles de la Méridienne, doit auſſi néceſſairement faire trouver trop longue la Méridienne calculée.

Cette queſtion ne peut être décidée que par la conſidération des élémens qui entrent dans la détermination des deux quantités dont on ſe propoſe d'examiner la relation ; quantités, qui ſont dans le cas préſent, la Baſe de *Tarqui*, & la longueur conclue de la Méridienne.

Quant à la recherche de la longueur de la Baſe de *Tarqui*, ainſi que de celle de chaque côté de Triangle de la Méridienne, on y a toûjours procédé par une analogie de cette eſpèce. Le ſinus de l'angle oppoſé au côté précédemment connu, eſt à ce côté ; comme le ſinus de l'angle oppoſé au côté cherché, eſt à ce dernier côté. Il s'enſuit déjà de là, que chaque côté peut être exprimé par une fraction qui ait pour numérateur le produit de la première Baſe meſurée à *Yarouqui*, par les ſinus de tous

les angles oppofés aux côtés fucceffivement conclus; & pour
dénominateur, les produits des finus de tous les angles oppofés
aux côtés qui ont fervi à conclurre. On en peut encore tirer
cette conféquence, que la longueur de la Bafe de *Tarqui* dépend de la grandeur des finus des angles oppofés à tous les
côtés qu'on a conclus dans le calcul des Triangles précédens,
& de la petiteffe des finus des angles oppofés à ceux d'où
on a conclu.

Quant à la longueur de la Méridienne, elle a été déduite
de l'addition de fes différentes portions; & chacune de ces
portions l'a été d'une analogie différente de la précédente, &
où l'on a confidéré cette portion comme côté d'un Triangle
rectangle fictice, dont le côté conclu du Triangle obfervé étoit
l'hypothénufe.

Tout ceci, tant ce qui regarde les côtés conclus des Triangles
obfervés, que ce qui a rapport au calcul des portions correfpondantes de la Méridienne, deviendra plus clair par un
exemple.

Je choifis le Triangle XVII de la Méridienne. Je fuppofe
d'abord que dans ce Triangle repréfenté par DIZ, le côté
DI ait été conclu par la réfolution des Triangles précédens:
je veux en déduire,

1° La longueur du côté IZ. 2° La longueur de la portion correfpondante $i\zeta$ de la Méridienne.

Pour trouver la valeur de IZ, je fais cette analogie $fin.\ Z : DI$
$:: fin.\ D : IZ$; d'où je tire $IZ = \frac{DI \times fin.\ D}{fin.\ Z}$. Or au
lieu de DI qui fe trouve dans cette expreffion, on peut
fubftituer fa valeur tirée d'une femblable analogie, qui,
dans le Triangle précédent, a fervi à conclurre DI: &
ainfi

Planche 1,
fig. 6.

ainſi ſucceſſivement en remontant de Triangle en Triangle juſqu'à CO, première Baſe meſurée à *Yarouqui (Triang. I)*. Subſtituant donc de cette ſorte toutes les valeurs trouvées des côtés précédemment conclus, & nommant a, b, c, d, e, &c. les ſinus des angles oppoſés aux côtés conclus, α, β, γ, δ, ε, &c. les ſinus des angles oppoſés aux côtés qui ont ſervi à conclurre, on aura à la fin

$$I Z = \frac{CO \times a \times b \times c \times d \times e,\ \&c.}{\alpha \times \beta \times \gamma \times \delta \times \varepsilon}.$$

De même, ſi au lieu de la valeur du côté IZ on cherchoit celle du dernier côté des Triangles de la Méridienne, c'eſt-à-dire, de la Baſe de *Tarqui (Triang. XXXII)*, on auroit

$$\text{Baſe de } Tarqui = \frac{CO,\ \text{Baſe d'}Yarouqui,\ \times\ a \times b \times c \times d \times e\ \&c.}{\alpha \times \beta \times \gamma \times \delta \times \varepsilon\ \&c.} \quad \text{avec}$$

33 termes au numérateur, & un de moins au dénominateur.

Quant à la portion correſpondante $\iota\zeta$ de la Méridienne, c'eſt-à-dire, à la portion compriſe entre les perpendiculaires $I\iota$, $Z\zeta$, tirées des points I & Z ſur la Méridienne, on la trouvera en tirant par le point I une parallèle $I\eta$ à la Méridienne, & en formant le Triangle rectangle $IZ\eta$, dont le côté IZ connu par l'analogie précédente, ſera l'hypothénuſe; ce qui donnera cette autre analogie, *ſin. total* $: ZI :: ſin. IZ\eta$ $: I\eta = \iota\zeta$, d'où l'on tirera $\iota\zeta = \dfrac{ZI \times ſin.\ IZ\eta}{ſin.\ total}$.

Il s'enſuit de là, que la longueur conclue d'une portion quelconque $\iota\zeta$ de la Méridienne, laquelle correſpond à un côté de Triangle obſervé, dépend tout à la fois, de la grandeur de ce côté, & de la grandeur du ſinus de l'angle $IZ\eta$, complément de l'angle que fait ce même côté avec la Méridienne.

O

Il entre donc dans la détermination de la longueur des portions de la Méridienne, telles que $\iota\zeta$, un nouvel élément qui n'a contribué en rien à la détermination des côtés des Triangles obfervés ; & c'eft l'angle $Z\,I\zeta$ que le côté IZ fait avec la Méridienne. S'il étoit poffible de fuppofer cet angle exempt d'erreur, fous prétexte que nous avons fouvent vérifié, par des obfervations d'azimuth, la direction du côté IZ, par rapport aux régions du monde, dès-lors l'autre angle aigu du Triangle rectangle, feint fur ce même côté, feroit auffi exempt d'erreur ; le côté IZ de ce même Triangle rectangle, ou la portion correfpondante $\iota\zeta$ de la Méridienne, laquelle lui eft égale, ne pourroit plus varier que proportionnellement à IZ ; & par conféquent l'alongement de chaque portion de la Méridienne ne dépendroit plus que des mêmes caufes d'où s'enfuit l'alongement du côté correfpondant des Triangles obfervés. Mais cette fuppofition renfermeroit une forte de contradiction, en ce que toute erreur dans les angles des Triangles obfervés, doit, à moins d'une compenfation nullement vrai - femblable, en entraîner une dans l'angle que les côtés de ces Triangles font avec la Méridienne ; puifqu'on ne découvre la valeur de ce dernier angle, par exemple, de l'angle $Z\,I\zeta$, qu'en faifant à l'angle de la première Bafe avec la Méridienne, des additions & des fouftractions fucceffives d'autres angles obfervés.

La grandeur de chaque côté de Triangle, & celle de chaque portion de Méridienne, correfpondante à un côté, dépendent donc de deux fortes d'élémens ; les uns particuliers à l'une de ces grandeurs exclufivement ; les autres communs à toutes les deux, mais qui fe combinent de manières très-différentes dans la détermination de ces mêmes grandeurs. A moins donc que de parcourir toutes les fuppofitions poffibles, tant fur le nombre & la difpofition des Triangles, que fur la diverfe combinaifon des erreurs d'obfervation dans les angles, & d'en examiner tous les réfultats; on ne fauroit être en état de conclurre en général, que l'excès de longueur de la dernière Bafe calculée, doive entraîner un excès ·dans le calcul de la longueur de la Méridienne.

Mais, fi, reftreignant la queftion à notre Méridienne précifément, on a égard aux circonftances particulières de notre mefure, telles que la difpofition de nos Triangles, dont la fuite s'écarte peu de la direction de la Méridienne, leur forme oxigone, affez approchante, pour l'ordinaire, de l'équilatérale &c.; ces reftrictions feront qu'on aura beaucoup moins de cas à examiner, pour fe décider fur la queftion propofée. Enfin l'accord de nos différentes Suites de Triangles, & des différentes mefures d'une même Suite par divers obfervateurs & avec divers inftrumens, donnera aux erreurs d'obfervation des limites étroites, qui augmenteront beaucoup la probabilité des conclufions qu'on aura tirées.

Après d'affez longues recherches, auxquelles j'ai appliqué la théorie de M. *Cotes* *, je me fuis convaincu, que dans le plus grand nombre de cas, pris abftraitement, & fur-tout dans le plus grand nombre de·ceux qui font applicables à nos Triangles, l'alongement qu'une erreur dans l'obfervation de quelque angle, produit dans un côté conclu par le calcul, emporte néceffairement l'alongement de la portion correfpondante de la Méridienne calculée; d'où il s'enfuit que dans

---

* *De æftimatione errorum in mixtâ mathefi.*

la totalité de ces mêmes cas, il entraîne cet alongement avec une très-grande probabilité.

La forme que je me fuis prefcrite dans cet ouvrage ne me permet pas d'entrer ici dans le long détail d'une difcuffion géométrique qui n'a rien d'attrayant; & je crois que le lecteur me faura d'autant plus de gré de la lui épargner, que lorfqu'on veut, dans le cas préfent, rendre générales les propofitions démontrées, & éviter les équivoques, l'énoncé des théorèmes devient fouvent prefqu'auffi long & quelquefois auffi difficile à entendre que la démonftration même.

Je me bornerai donc à la confidération fuivante. Il n'eft pas à préfumer, que l'excès de longueur d'une toife, trouvé par le calcul fur la mefure actuelle de la Bafe de *Tarqui*, provienne des feules erreurs commifes dans l'obfervation des angles du dernier Triangle, ou même dans l'obfervation des angles des feuls Triangles qui précèdent immédiatement le dernier. Il faudroit pour cela fuppofer dans ces angles des erreurs trop confidérables, fur des angles ou, par les précautions dont on a rendu compte, ce feroit beaucoup, pour l'ordinaire, que de fuppofer 10 fecondes d'erreur. Il y a donc toute apparence que la plufpart des côtés calculés des Triangles antérieurs, qui ont fervi à conclurre la Bafe de *Tarqui*, ont péché plus ou moins en excès, c'eft-à-dire, ont été conclus trop grands. Mais nous venons de voir que l'alongement d'un côté de Triangles a dû produire le plus fouvent l'alongement de la portion correfpondante de la Méridienne : la plufpart des portions de la Méridienne doivent donc très-vrai-femblablement avoir été conclues trop longues, & à bien plus forte raifon cela doit-il être de la

Méridienne totale qui en eſt la ſomme.

Je conclus, en répondant directement à la queſtion que je me ſuis propoſée ; que toute erreur d'obſervation qui feroit trouver par le calcul le dernier côté d'une ſuite de Triangles plus long qu'il ne l'eſt réellement, ne fera pas néceſſairement, & dans tous les cas, attribuer trop de longueur à une ligne qui traverſeroit cette ſuite de Triangles, comme la Méridienne fait ici ; mais que dans le cas dont il eſt queſtion, il y a un très-haut degré de probabilité, ce qui fait preſque une certitude morale, que la même cauſe d'erreur qui a fait trouver la Baſe de *Tarqui* plus longue par le calcul que par la meſure actuelle, nous a fait auſſi conclurre notre Méridienne plus longue qu'elle ne l'étoit en effet. Il ne reſte plus qu'à évaluer cet excès.

ARTICLE XXV.

De combien une différence d'une toiſe ſur la Baſe de Tarqui *doit changer la longueur de la Méridienne.*

IL y a un nombre infini de ſuppoſitions d'erreurs poſſibles qui feroient toutes trouver par le calcul la Baſe de *Tarqui* trop longue d'une toiſe.

Comme il n'y a point de raiſon abſolument déciſive pour préférer l'une de ces ſuppoſitions à l'autre, il eſt à propos de prendre un milieu entr'elles : & ce milieu ſe peut chercher par différentes voies.

On pourroit ſuppoſer, mais gratuitement & ſans aucune vrai-ſemblance, que tous les angles qui précèdent le Triangle ſur la Baſe de *Tarqui,* ſont exempts d'erreur, & que l'erreur d'une toiſe, ou de $\frac{1}{5000}$, qu'on a trouvé de trop dans le calcul de cette Bafe, n'a été commife que dans les angles de ce dernier Triangle. Il eft clair, qu'en ce cas, la Méridienne calculée ne feroit alongée par cette erreur que dans fa portion correfpondante à la Bafe de *Tarqui*, & d'une quantité plus ou moins grande, fuivant l'angle de cette Bafe avec la Méridienne ; de forte que l'alongement total de la Méridienne, ou l'excès de fa longueur calculée fur fa longueur véritable feroit d'une toife, fi la Bafe de *Tarqui* étoit dirigée du Nord au Sud, ou parallèlement à la Méridienne; qu'il fe réduiroit à 0, fi la direction de la Bafe coupoit la Méridienne à angles droits, & qu'il eft d'environ cinq pieds, parce que cette Bafe décline en effet de la Méridienne de 3 2 degrés 2 5 minutes.

On pourroit également fuppofer, que toute l'erreur procède des angles du premier Triangle fur la première Bafe; que le premier côté conclu a été trouvé trop long de $\frac{1}{5000}$, & que tous les angles fuivans ont été bien obfervés. Dans cette fuppofition, tous les côtés auroient été alongés, ainfi que le premier côté & dans le même rapport : & le dernier qui eft la Bafe de *Tarqui*, ayant environ 5 0 0 0 toifes, le calcul lui eût donné une toife de trop; par conféquent 3 5 à 3 6 toifes de trop à la Méridienne, c'eft-à-dire à peu près $\frac{1}{5000}$ de fa longueur totale, laquelle diffère peu de 1 8 0 0 0 0 toifes.

Ces deux fuppofitions s'éloignent également de la vrai-femblance, & par des chemins directement oppofés. On peut donc les regarder comme deux cas extrêmes, & comme des efpèces de limites. Si on prend le milieu des deux réfultats entre une toife & 3 6, on aura environ 1 8 toifes pour l'excès de la Méridienne calculée fur la véritable.

Effayons une autre fuppofition. Que l'erreur ait commencé

dès les premiers Triangles : qu'elle ait été d'abord très-petite : qu'elle se soit ensuite accrue insensiblement toûjours dans le même sens, jusqu'à produire un peu plus d'une toise sur le dernier côté, long de 5260 toises, & qui est ici la Base de *Tarqui;* la quantité dont le calcul feroit trouver en ce cas la Méridienne totale trop longue, feroit à peu près égale à la somme d'une progression arithmétique croissante, de 36 termes; dont le premier feroit presque $=$ o, & dont le dernier feroit de près d'une toise. Or si l'on fait la somme des termes de cette progression, on la trouvera égale à près de 18 toises; c'est-à-dire, au nombre déjà trouvé en prenant un milieu entre les deux suppositions précédentes; & en effet, la dernière de ces suppositions ne pouvoit manquer de donner la moitié du résultat de celle qui a fait trouver 36 toises pour l'alongement total de la Méridienne; le cas de la première pouvant être représenté par un parallélogramme, qui, sur une longueur donnée, auroit pour hauteur une toise, & celui de la seconde, par un Triangle de même Base & de même hauteur, & par conséquent moitié du parallélogramme.

ARTICLE XXVI.

Autres manières de trouver l'équation de la longueur de la Méridienne pour une toise de différence sur la longueur de la Base.

Dans la vûe de faire de notre Base de *Tarqui* l'usage naturel auquel elle étoit destinée; & pour donner à cette Base, qui avoit été mesurée avec le même soin que celle d'*Yarouqui*, & sur un terrein plus favorable, autant de part qu'à la première dans la détermination de la longueur du degré; voici le plan que j'avois suivi en faisant mes premiers calculs de la Méridienne, en 1739 & 1740. Je pris pour fondement de ce calcul la Base mesurée à *Yarouqui*, *(Tr. 1)*, & je résolus tous les Triangles suivans vers le Sud, jusqu'au Triangle XIV, & au côté terminé par les Signaux de *Moulmoul* & d'*Ygoalata*, lequel est situé assez exactement au milieu de la longueur de notre arc de trois degrés. Je commençai ensuite un nouveau calcul, en partant de la Base mesurée de *Tarqui* à l'extrémité sud de la Méridienne; & prenant la mesure actuelle de cette Base pour premier côté, je résolus, en remontant vers le Nord, tous les Triangles jusqu'au même côté de *Moulmoul* à *Ygoalata*, déjà conclu par la Base d'*Yarouqui*. Je trouvai alors ce côté plus court d'environ une toise que par le premier calcul; ce qui provenoit de la même cause qui me fait trouver aujourd'hui la Base de *Tarqui* plus longue que la mesure actuelle. Enfin je pris pour la vraie longueur de ce côté, la longueur moyenne entre les deux qui avoient été conclues par les deux différentes Bases, ne voyant pas plus de raison de déférer à l'une qu'à l'autre.

Ce procédé me donne un moyen de corriger les côtés intermédiaires des Triangles des deux moitiés de la Méridienne. Je prends pour exemple sa moitié septentrionale depuis *Moulmoul* jusques à *Cotchesqui*. Je regarde la distance corrigée de *Moulmoul* à *Yoagolata* comme une troisième Base mesurée réellement: je calcule sur la longueur de cette nouvelle Base, les Triangles qui s'y appuient successivement, en remontant vers le Nord, jusqu'à celui qui se trouve à moyenne distance entre *Moulmoul* & *Cotchesqui*, au quart de la Méridienne du côté du Nord, par exemple, jusqu'au côté austral du Triangle VIII, entre

les

les Signaux de *Milin* & de *Papa-ourcou :* je compare la longueur de ce côté, trouvée par ce nouveau calcul, à celle qui avoit été trouvée en premier lieu en partant de la Bafe d'*Yarouqui*, & qui étoit un peu moindre : je prends le milieu des deux longueurs conclues pour la vraie ; & je regarde cette diftance, ainfi corrigée, comme une quatrième Bafe. Celle-ci me fert de même à corriger un autre côté à moyenne diftance entre celui-ci & la Bafe d'*Yarouqui ;* & ainfi de fuite, je corrige fucceffivement tous les côtés des Triangles, & à proportion les parties correfpondantes de la Méridienne ; je prends la fomme de celle-ci, pour avoir la longueur totale corrigée, & je trouve encore la Méridienne plus courte de 18 toifes que par le premier calcul. Ce procédé, quoique très-différent en apparence des précédens, me donne précifément le même réfultat ; & il doit le donner, puifqu'il renferme tacitement la fuppofition précédente d'une erreur accrue uniformément & du même fens.

Enfin une autre manière fort fimple de confidérer la chofe, & de faire pareillement fervir la mefure actuelle de la Bafe de *Tarqui* à la correction de la longueur de la Méridienne, trouvée par le premier calcul fait fur la Bafe d'*Yarouqui*, ce feroit de faire un calcul rétrograde, dont la Bafe de *Tarqui* calculée feroit le fondement ; puis de déduire de ce nouveau calcul la longueur de la Méridienne, de la même manière qu'on l'avoit d'abord déduite de la mefure actuelle de la Bafe d'*Yarouqui ;* & de prendre enfin pour longueur vraie de la Méridienne la longueur moyenne entre les deux qu'on auroit conclues par ces deux différentes voies. On voit que par ce procédé, les deux mefures des deux Bafes auroient également part

P

à la détermination de la longueur de la Méridienne & à celle de
la longueur du degré; mais il n'eſt pas même néceſſaire pour
cela de faire effectivement ce nouveau calcul; on peut s'en
épargner l'embarras, & cependant en trouver le réſultat par
les conſidérations ſuivantes.

Le calcul fait ſur la meſure actuelle de la première Baſe,
qui eſt celle d'*Yarouqui*, a fait conclurre la longueur de la ſeconde Baſe, c'eſt-à-dire, de la Baſe de *Tarqui*, d'une toiſe
de plus ſur 5 0 0 0, qu'on ne l'a trouvée par la meſure actuelle;
je néglige ici les fractions: & par le même calcul on a conclu
la longueur totale de la Méridienne, comme on a vû *art. XVIII*,
de près de 1 7 7 8 0 8 toiſes. Si donc on refaiſoit le calcul, en
rétrogradant de la ſeconde Baſe conclue à la première, il eſt
évident qu'on retrouveroit la vraie valeur de la première Baſe,
& la même longueur de la Méridienne: & ſi dans cette nouvelle ſupputation on prenoit pour fondement, non la ſeconde
Baſe conclue, mais ſa vraie longueur, telle que la donne la
meſure actuelle, c'eſt-à-dire, une longueur moindre d'une toiſe
ſur 5 0 0 0, que celle qu'on lui avoit attribuée; il n'eſt pas moins
clair qu'on trouveroit tous les côtés de Triangles plus courts
proportionnellement, ou de $\frac{1}{5000}$ plus courts que par le calcul
précédent. Il en ſeroit de même de toutes les parties correſpondantes de la Méridienne, & par conſéquent de la longueur
totale de cette Ligne. Et comme la cinq-millième partie de
1 7 7 8 0 8 toiſes eſt environ 3 6 toiſes, la longueur totale de
la Méridienne ſeroit donc par ce nouveau calcul de 1 7 7 8 0 8
toiſes — 3 6.

Si l'on prend enſuite le milieu des deux longueurs, l'une
de 1 7 7 8 0 8 toiſes, conclue par le calcul fait ſur la meſure

actuelle de la première Bafe, l'autre de 17780 8ᵗ — 36,
qu'on trouveroit en refaifant le calcul fur la mefure actuelle de la
feconde Bafe, on aura pour mefure moyenne 17780 8ᵗ — 18;
c'eft-à-dire, 18 toifes de moins que ce qu'on avoit trouvé
par le premier calcul.

Nous revenons donc toûjours à une même conclufion :
& en effet les fuppofitions précédentes, & ce nouveau procédé, ne diffèrent point dans le fond; & ce ne font qu'autant de divers afpects du même objet. Cette manière de le
confidérer eft peut-être la plus fimple de toutes; mais elle ne
s'eft préfentée à moi que la dernière.

J'ai fuppofé une toife entière d'erreur fur la Bafe de *Tarqui*,
conclue par la fuite du calcul de mes Triangles, depuis la
Bafe d'*Yarouqui*, quoique j'euffe, comme je l'ai remarqué,
différens moyens de réduire cette quantité à une beaucoup
moindre. J'ai regardé cette différence d'une toife comme le
produit d'une fuite d'erreurs toûjours croiffantes, & dans le
même fens; fuppofition qui paffe les bornes de la vrai-femblance.
Cependant tout ce qui s'enfuivroit de là, c'eft qu'il y auroit près
de 18 toifes, ou $\frac{1}{10000}$, à retrancher de la longueur totale de
notre arc du Méridien de trois degrés fept minutes, c'eft-à-dire,
moins de fix toifes par degré : or qu'eft-ce que fix toifes, quand
on confidère que chaque feconde d'erreur fur l'amplitude de
l'arc, quantité plus petite que celle dont aucune induftrie hu-
maine ait pû jufqu'ici répondre en pareil cas, produit néceffairement une erreur de feize toifes?

La différence de fix toifes par degré, qui réfulte de l'examen
précédent, ne fert donc qu'à prouver combien les erreurs qu'on
peut commettre dans la mefure géodéfique d'une Méridienne

tirent peu à conféquence, fur-tout quand on opère avec autant
de précautions que nous en avons apportées; & combien il
feroit à defirer qu'il en fût de même des erreurs auxquelles on
eft expofé dans la mefure aftronomique: c'eft-là une réflexion
qui fe préfente fans ceffe, & elle a été faite par tous ceux qui
ont un peu médité fur cette matière. Au refte, je n'ai employé
dans mes Tables de Triangles que le calcul direct fait fur la mefure de la Bafe d'*Yarouqui;* afin que toutes les parties de ce calcul
euffent une dépendance mutuelle, & que l'on pût voir ce que
les petites erreurs accumulées dans une fuite de 3 2 Triangles
produiroient de différence fur le dernier côté. Je n'ai regardé le
calcul fait par les deux Bafes, que comme un moyen naturel
de corriger la longueur de la Méridienne, & j'en ai fupprimé
tout le détail pour éviter la prolixité.

Je me fuis un peu étendu fur cette équation à la mefure de
la Méridienne, par deux raifons; la première, que la chofe
appartenoit très-directement à mon fujet, puifqu'il étoit queftion du changement qu'il y avoit à faire à la première valeur
du degré conclu de mes opérations; la feconde, que j'ai eu
lieu de croire que je ne ferois pas prévenu par M. *Bouguer*
fur ce point, comme je pourrai l'avoir été fur beaucoup d'autres; ayant jugé par ce qu'il a publié l'année dernière dans les
Mémoires de l'Académie 1744 *(page 287)* qu'il ne difcu-
toit point cette queftion, & ne faifoit point de correction à
la longueur de fa Méridienne conclue: & en effet il pouvoit d'autant plus s'en difpenfer, qu'il n'a trouvé entre fon
calcul & la mefure actuelle de la longueur de notre feconde
Bafe que deux ou trois pieds de différence; au lieu que par le
mien j'ai trouvé une toife, & que j'ai voulu voir ce qui

s'enfuivroit, en laiſſant ſubſiſter entièrement cette différence, quoique j'euſſe pû la diminuer de moitié.

ARTICLE XXVII.

Détermination de la longueur de l'arc compris entre les deux Obſervatoires, au Nord & au Sud de la Méridienne.

PAR la Table des diſtances des Signaux à la Méridienne & à ſa Perpendiculaire, qui ſe croiſent au centre de la Tour de la *Mercy* de *Quito*, on a trouvé (*article XIX*) que la ſomme des diſtances des Signaux de *Cotcheſqui* & de *Chinan* à cette Perpendiculaire, étoit de 177807ᵗ,87 : cette diſtance étant réduite au niveau de *Carabourou*. Telle eſt la longueur de la Méridienne, trouvée par le calcul ; mais il y a pluſieurs corrections à y faire, & pluſieurs équations à y appliquer, pour la réduire à la longueur vraie de l'arc du Méridien, compris entre les Parallèles à l'Équateur, qui paſſent par les obſervatoires de *Cotcheſqui* & de *Tarqui*, puiſque ces obſervatoires étoient ſitués à quelque diſtance des Signaux.

Premièrement, il y a 18 toiſes à retrancher de la longueur totale, pour la correction expliquée dans l'article précédent.

Secondement, il faut ajoûter 25 toiſes, pour réduire le point du Signal de *Cotcheſqui* au centre de l'obſervatoire de même nom ; ſavoir, 10 ½ toiſes, pour la quantité dont le lieu où répondoit le centre de notre Secteur à *Cotcheſqui* en 1740, étoit plus ſeptentrional que le Signal, & 14 ½ toiſes, dont le Secteur de M. *Bouguer* étoit encore plus reculé vers le Nord lors des obſervations ſimultanées à la fin de 1742, & au commencement de 1743, qui font celles dont je tirerai la valeur du degré.

Troifièmement, le Signal de *Chinan*, terme auftral de la Bafe de *Tarqui*, étoit plus fud que le lieu où nous obfervâmes à *Tarqui*, de 856 toifes & demie; ainfi que nous l'avons déterminé géométriquement avec beaucoup de précifion, par un Triangle formé exprès, dont un côté étoit une portion même de la Bafe de *Tarqui*, actuellement mefurée: il faut donc fouftraire cette quantité de la diftance précédemment trouvée.

Enfin, il y a encore environ huit toifes à retrancher, pour la quantité dont la Perpendiculaire tirée de l'obfervatoire de *Tarqui* fur le Méridien de *Quito*, s'écarte du Parallèle de *Tarqui* fur la diftance de 31344 toifes, dont cet obfervatoire eft éloigné de ce Méridien vers l'occident. Cette dernière correction eft la feule qui ait befoin d'être expliquée.

Planche I,
fig. 7.

Soit PQp le Méridien de *Quito*: foit Q la Tour de la *Mercy*, par où je fais paffer le Méridien de cette ville: foit C notre obfervatoire feptentrional *Cotchefqui*, & PCp fon Méridien: foit T notre obfervatoire auftral *Tarqui*, & PTp le Méridien de cet obfervatoire. *Cotchefqui*, lieu de nos obfervations feptentrionales, n'étant éloigné de l'E'quateur EA que de deux minutes, la Perpendiculaire CH, tirée de *Cotchefqui* fur le Méridien de *Quito*, fe confondra avec le Parallèle de *Cotchefqui*; mais *Tarqui* étant éloigné de 3 degrés 5 minutes de l'E'quateur, la Perpendiculaire TI, tirée de l'obfervatoire T fur le Méridien PQI, s'écarte du Parallèle TKR, de la quantité IK, qui eft l'excès de l'hypothénufe Tp du Triangle fphérique pTI fur le côté pI du même Triangle, dans lequel on connoît trois chofes: l'hypothénufe Tp, complément de ET latitude de *Tarqui;* l'angle droit TIp opposé à l'hypothénuse; & le côté TI, ou la Perpendiculaire tirée de T, observatoire de *Tarqui*, sur la Méridienne de *Quito*, laquelle est de 31344 toises *, & peut être prise pour un arc de grand cercle, ou même de l'Equateur à cause de sa proximité. On peut aussi réduire TI en degrés & minutes, sur le Parallèle de sa latitude $3^d\ 5'$; ce qui donnera l'angle TpI au Pole, & un nouveau moyen de résoudre le Triangle. Enfin on trouvera que KI, ou $Tp - pI$ est égal à 8 toises, qu'il faut retrancher, comme nous l'avons dit, de la longueur de l'arc mesuré, lequel, toute réduction faite, sera de 176950 toises.

Voici le calcul de toutes ces différentes équations.

Somme des distances calculées des Signaux de *Cotchesqui* & de *Chinan*, à la Perpendiculaire au Méridien de la Tour de la *Mercy* de *Quito*, trouvée art. XIX, & réduite au niveau du plus bas Signal.... 177807^t,87

Equation soustractive de $\frac{1}{10000}$, expliquée articles XXV & XXVI. 17,78

Donc, distance corrigée des Signaux de *Cotchesqui* & de *Chinan*, mesurée parallèlement à la Méridienne.. 177790,09

Ajoûtez pour la quantité, dont le centre du Secteur en 1740 à *Cotchesqui* étoit plus nord que le Signal... 10,56

Plus, pour la quantité, dont à la fin de 1742 & au commencement de 1743, lors des observations simultanées, le Secteur étoit plus nord qu'en 1740... 14,50

177815,15

Retranchez, à cause que le Signal de *Chinan* étoit plus sud que le centre de l'observatoire de *Tarqui*. . . 856,71

Reste . . . . 176958^t,44

* Le Signal de *Chinan*, terme austral de la Base de *Tarqui*, est, par la 1re Table art. XVIII, 32517^t,68 à l'occident du Méridien de *Quito :* d'où ôtant 1173^t,67, dont l'observatoire de *Tarqui* est plus oriental que le Signal de *Chinan* par le calcul mentionné *(page précéd.)*, il reste 31344 toises pour la différence des Triangles du Méridien de *Quito* & de l'observatoire de *Tarqui*.

Somme des distances des deux observatoires de *Cotchesqui* & de *Tarqui* à la Perpendiculaire au Méridien de *Quito* 176958ᵗ,44

Otez *K I*, écart de *T I*, Perpendiculaire tirée de l'observatoire de *Tarqui* à la Méridienne de *Quito*, ou quantité dont *T I* s'écarte sur une distance de 31344 toises du Parallèle *T K R* de *Tarqui* 7, 97

Distance des Parallèles des deux observatoires de *Cotchesqui* & de *Tarqui*, réduite au niveau de *Carabourou*, 1226 toises au dessus du niveau de la mer. . . 176950, 47

Il resteroit à réduire cette distance au niveau de la mer: mais comme cette réduction n'est importante que pour la valeur du degré, je remets à la faire après la détermination de l'amplitude de l'arc mesuré du Méridien, ce qui sera le sujet de la Seconde Partie; & je me contente de tirer de tout ce qui a été exposé dans la première, la conclusion suivante.

La longueur totale de la Méridienne, mesurée géométriquement, & réduite au niveau du plus bas de nos Signaux, 1226 toises au dessus du niveau de la mer, est donc, toute réduction faite, de 176950 toises.

Fin de la première Partie.

MESURE

DES
TROIS PREMIERS DEGRÉS
DU MÉRIDIEN
AU DELA DE L'ÉQUATEUR.

SECONDE PARTIE.

MESURE ASTRONOMIQUE
DE L'ARC DU MÉRIDIEN,
OU
DÉTERMINATION DE LA VALEUR DE L'ARC CÉLESTE
Qui répond à la Mesure géométrique.

APRÈS avoir déterminé, par des mesures actuelles & par
le secours de la Trigonométrie, la longueur d'un Arc
du Méridien terrestre, il reste à connoître l'amplitude de cet

Q

Arc ; c'eſt-à-dire, quelle portion il eſt de la circonférence de la Terre, ou combien il contient de degrés, de minutes, & de ſecondes.

L'Aſtronomie ſeule nous en fournit les moyens, & le plus ſimple eſt de faire aux deux extrémités de l'Arc, dont la longueur eſt déjà connue par les meſures trigonométriques, l'obſervation de la diſtance de quelqu'étoile au zénith. Il eſt évident que la différence des deux diſtances obſervées, ou leur ſomme, ſi l'étoile eſt entre les deux zéniths, ſera la valeur de l'Arc du Méridien, compris entre les deux obſervatoires.

C'eſt ainſi que nous avons déterminé l'amplitude de notre Arc, par un grand nombre d'obſervations réitérées à *Tarqui*, à *Cotchefqui*, & même à *Quito*. Cette ſeconde Partie eſt deſtinée à rendre compte de ces obſervations, & à en tirer les conſéquences, quant à la valeur du degré du Méridien.

ARTICLE I.

De l'ancien Secteur apporté de France ; des changemens qui y furent faits pour le rendre propre aux nouvelles obſervations.

Au mois de Mai 1739, dans le temps que nous étions prêts de terminer notre Meſure géométrique, à laquelle les trois Académiciens avoient travaillé conjointement & d'un commun accord, M. *Godin* déclara qu'il étoit réſolu de faire à part ſon obſervation aſtronomique, avec un nouvel inſtrument d'un plus grand rayon que celui que nous avions apporté

de France, & qui nous avoit fervi en 1736 & 1737 à l'obfervation de l'obliquité de l'Ecliptique.

Nous reftâmes, M. *Bouguer* & moi, en poffeffion de l'ancien Secteur de 12 pieds de rayon, lequel nous parut d'une
grandeur fuffifante pour déterminer l'amplitude de l'arc du
Méridien dont nous avions mefuré la longueur. Noûs convînmes feulement de faire à cet inftrument les changemens
néceffaires & convenables, pour corriger les défauts que nous
avions remarqués dans fa conftruction & fon ufage, en obfervant les Solftices.

Il étoit à propos de commencer par fupprimer le limbe
de 30 degrés, qui déformais n'étoit plus qu'un poids inutile,
& de lui fubftituer un nouveau limbe qui pût contenir 4 à
5 degrés; cet arc étant fuffifant pour mefurer les diftances au
zénith des étoiles que nous nous propofions d'obferver.

Notre première attention fe porta enfuite à éviter de tracer
fur ce limbe des divifions en degrés & en minutes, opération toûjours fujette à une grande incertitude, lors même
qu'elle eft pratiquée par l'Artifte le plus habile. C'eft à quoi
nous réufsîmes, guidés par les réflexions fuivantes. Au lieu du
grand appareil de cercles, de lignes & de points, qu'exige la
graduation ordinaire d'un inftrument d'Aftronomie, nous n'a-
vions befoin dans le cas préfent, où nous ne cherchions qu'une
diftance au zénith, que d'un feul arc terminé par deux points.
La diftance verticale de l'étoile que nous étions convenus
d'obferver étoit déjà à peu près connue par les Quarts-de-
cercle ordinaires, & par la feule carte de nos Triangles : ainfi
nous pouvions, parmi les arcs un peu plus grands ou un peu
plus petits que celui qui mefuroit la diftance de l'étoile au

zénith, choifir l'arc dont la corde feroit une partie aliquote
du rayon. Quant à la petite quantité en plus ou en moins,
dont cet arc différeroit de la vraie diftance verticale cherchée,
le Micromètre nous donnoit un moyen facile de la mefurer.
Tel eft l'efprit de la méthode qui nous a mis en état de nous
paffer d'une divifion en degrés & minutes; & même de fuppléer avec avantage à cette graduation. Je détaillerai ailleurs
le procédé & l'opération.

Ce ne fut qu'à *Cuenca*, vers la fin d'Août 1739, & après
avoir terminé notre mefure de la Bafe de *Tarqui*, que nous
penfâmes férieufement à la conftruction du nouveau Secteur, en mettant en exécution les différentes idées qui s'é-
toient préfentées, & qui depuis plufieurs mois faifoient le fujet
ordinaire de nos converfations dans les intervalles de notre
travail, pour la mefure des angles de la Méridienne. Il fut
d'abord queftion de changer l'ancienne fufpenfion de cet inftrument. En 1736 & 1737, lors de l'obfervation de l'obliquité de l'Ecliptique, il n'étoit porté que par un genou monté
fur un pied de Quart-de-cercle ordinaire, & qui n'avoit
aucune proportion avec la grandeur d'un rayon de 12 pieds.
Il y avoit fur cela deux partis à prendre : l'un de rendre le
Secteur mobile fur le pivot d'un axe vertical de douze pieds,
& cet axe ne pouvoit guère être que de bois dans un pays où
le fer eft précieux : l'autre, de fufpendre l'inftrument par le
centre même de l'arc, de la manière qui fera expliquée dans
l'article fuivant. Je fus d'avis de donner la préférence à ce dernier moyen, comme le plus facile; peut-être n'eft-il pas le
plus fûr : quoi qu'il en foit, il fut adopté pour lors.

M. *Bouguer* fe chargea de conduire dans l'exécution le

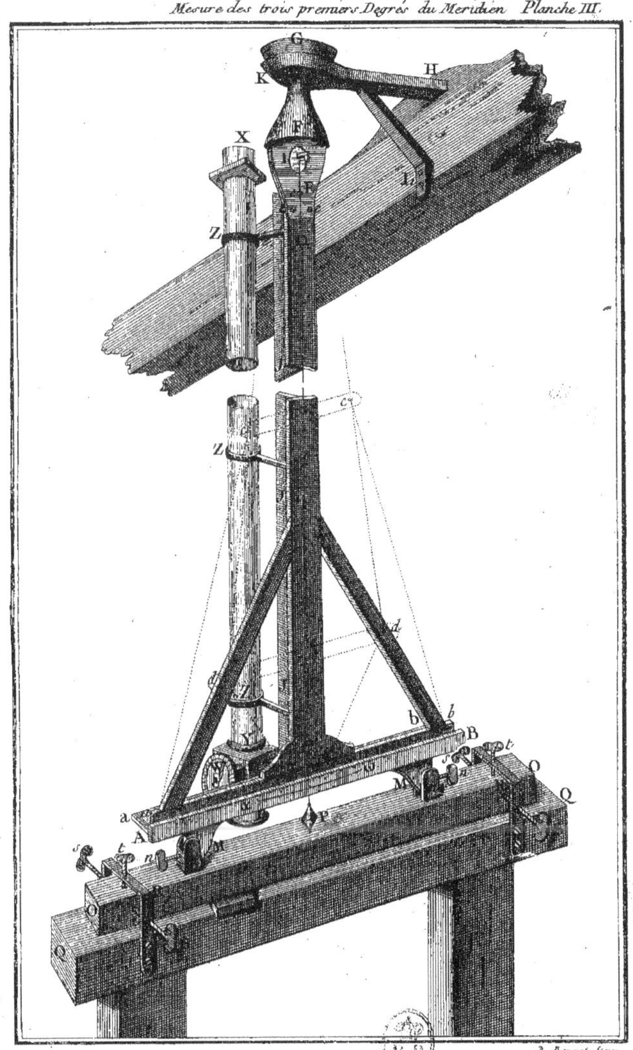

G
H
K
X
E
Z
F
Z
c
d
b b
B
t
O
M
Q
P
A
M
s
t
n

fieur *Hugo*, notre Horloger, très-capable déjà par lui-même de conftruire, & même d'imaginer un nouvel inftrument. J'affiftai dans les commencemens deux ou trois fois à fon travail; je hafardai même quelques avis: mais ayant jugé qu'en pareil cas la multitude des confeils pouvoit être plus préjudiciable qu'utile, je réfolus dès ce moment de m'abftenir d'en donner; & je me trouvai bien-tôt après dans l'impoffibilité de partager ce foin avec M. *Bouguer*. Nous nous vîmes alors expofés à un danger plus preffant que celui de nous tromper de quelques fecondes. Non feulement nous courûmes tous rifque de la vie dans l'émeute populaire du 29 Août 1739, dont la Relation a été publiée*; mais les auteurs du tumulte cherchant à fe juftifier, attaquèrent notre honneur, & je me trouvai obligé de le défendre. Les procédures judiciaires en divers Tribunaux, les feules lettres à l'Audience Royale de *Quito*, au Gouverneur de la Province, au Viceroi, & celles qu'il me fallut écrire dans le même temps en France, ne m'euffent pas laiffé affez de temps pour fuivre de près la conftruction de notre inftrument, ni les préparatifs de notre obfervation aftronomique; mais rien n'étoit moins néceffaire, puifque M. *Bouguer* s'en étoit chargé, & que je m'en rapportois plus à lui qu'à moi-même.

Il refte à donner la defcription de notre nouveau Secteur.

La planche III le repréfente en perfpective tout monté, & *Planche III.* tel que je le deffinai d'après nature, dans le temps de nos premières obfervations à *Tarqui* en 1739. Je prêtai dans le même temps mon deffein à M. *Verguin,* qui en fit une copie pour M. *Bouguer.*

* Lettre fur l'émeute populaire excitée à *Cuenca* au Pérou contre les Académiciens, &c. *Paris, M. DCC XLVI.*

ARTICLE II.

Description du Secteur.

Notre Secteur, dans sa nouvelle construction, n'étoit plus composé que de trois pièces principales ; d'un limbe de cuivre, d'un rayon formé d'une barre ou règle de fer qui joignoit le limbe au centre, & d'une pièce qui portoit le centre & se terminoit en un segment de sphère ou portion de boule par laquelle l'instrument étoit suspendu.

A B est une règle longue de deux pieds, large d'un pouce & demi, & de deux à trois lignes d'épaisseur. Cette règle étoit de cuivre, & appliquée avec des cloux de même matière, rivés sur une bande de fer *a b*, garnie par derrière d'une règle de chan a b. On s'étoit dispensé de donner au limbe une courbure circulaire ; mais sa largeur verticale étoit suffisante pour contenir la courbure d'un arc de cercle de sept à huit degrés. Au milieu de la bande de fer *a b*, qui soûtenoit le limbe, étoit attachée avec des tenons & des vis l'extrémité inférieure *C* d'une règle plate de fer *CD*, large de trois pouces, épaisse de deux lignes, & longue de douze pieds. Cette règle formoit le rayon du Secteur, & servoit à lier le limbe avec le centre de l'instrument : elle est représentée brisée dans la figure, pour éviter de donner à la planche trois fois autant de hauteur qu'elle en a, comme l'eût exigé sans cela, la proportion des parties du dessein. La règle *C D* étoit de deux pièces, lesquelles, au milieu de la longueur du rayon, se recouvroient l'une l'autre de quelques pouces, & s'unissoient par le moyen de plusieurs tenons & clavettes chassées à force : cette même barre CD avoit auffi une règle de chan JJJ qui lui étoit adoffée dans toute fa longueur, pour la contenir & l'empêcher de s'arquer.

L'extrémité fupérieure du même rayon s'élargiffoit vers D, & recevoit fur fa face antérieure, aplatie & limée en retraite, une pièce de cuivre EFG, avec laquelle elle étoit affemblée par trois fortes vis $e\,e\,e$. Un peu plus haut, la pièce de cuivre étoit percée en I d'un trou difpofé pour recevoir un cylindre de même matière, fait au tour, & qui fervoit de centre à l'inftrument. Ce centre ne différoit en rien de celui d'un Quart-de-cercle ordinaire. La même pièce de cuivre EF fe prolongeoit en G, & prenoit une forme conique qui fe terminoit par le haut en un fegment de fphère, ou portion de boule, laquelle étoit embraffée par un carcan ou collier K, pratiqué à l'extrémité d'une potence de fonte KH, avec fon fupport L: le tout fermement arrêté à une poutre de l'obfervatoire. La partie fupérieure du carcan K étoit évafée, pour recevoir & laiffer rouler librement la demi-boule qui y étoit engagée. Cette demi-boule, qui faifoit les fonctions du genou dans les planchettes d'Arpenteur, fervoit de point de fufpenfion à l'inftrument; & par fon moyen il pouvoit facilement fe tourner & s'incliner en tout fens.

La bande de fer $a\,b$, fur laquelle le limbe AB étoit rivé, portoit à fa partie inférieure deux pièces faillantes MM, ou tenons plats qui fervoient à retenir le Secteur dans la fituation qu'on vouloit lui donner. Ces deux tenons étoient reçûs dans les fentes ou couliffes de deux taffeaux de fer $m\,m$, enchaffés dans une pièce de bois OO, & pouvoient y être mûs parallèlement au plan du limbe par le moyen de deux vis $n\,n$,

qui agiffoient en fens contraire; & qui, en conduifant doucement l'un ou l'autre des deux tenons *M*, faifoient mou-
voir le Secteur fur fon centre dans le plan du limbe, &
donnoient toute la facilité poffible de changer l'inclinaifon
de l'inftrument, d'une auffi petite quantité qu'on vouloit.

La pièce de bois *O O*, à laquelle étoient fixés les deux
taffeaux à couliffes *m m*, étoit couchée fur un banc folide *Q Q*,
dont les pieds étoient enfoncés en terre de quatre pieds de profondeur; aux deux bouts de ce banc étoient arrêtés deux crampons de fer *R R* en forme de double équerre ou d'étriers, fous
lefquels paffoit la pièce qui portoit les barres des taffeaux. Ces
étriers étoient garnis chacun de trois vis, une en avant *S*, une
en arrière *s*, & l'autre en deffus *t*: les premières fervoient à mou-
voir doucement la pièce de bois, parallèlement à elle-même,
en avant & en arrière, fuivant qu'on en avoit befoin pour
caler l'inftrument. Les vis *t t* d'au deffus de chaque étrier fervoient à la comprimer fur le banc, & à la fixer dans la fituation qu'on lui avoit une fois donnée: les deux premières vis
S s, deftinées principalement à la faire changer de direction,
concouroient auffi à l'affujétir dans celle où on vouloit la fixer.

La lunette *X Y* étoit embraffée par des fourchettes de fer
rivées fur le rayon *C D*. *W* repréfente le Micromètre adapté
à la lunette pour mefurer les minutes & fecondes, dont la
diftance de l'aftre au zénith étoit, ou moindre, ou plus grande
que la moitié de l'arc * α ω tracé fur le limbe. Enfin *P* défigne
le poids fufpendu librement par un cheveu ou un fil de *Pite*
I E D C au centre *I* de l'inftrument.

* On expliquera dans l'article fuivant pourquoi l'arc tracé fur le limbe
étoit double de la diftance de l'aftre au zénith.

ARTICLE

ARTICLE III.

De l'Observatoire de Tarqui. *Détermination de la valeur des parties du Micromètre. Préparatifs communs à toutes nos observations de l'amplitude de l'Arc.*

LE 29 Septembre 1739, je me rendis de *Cuenca* à *Tarqui,* où M. *Bouguer* & moi choisîmes le lieu qui nous parut le plus propre pour faire notre observation aſtronomique. C'étoit une grande pièce au raiz-de-chauſſée, nouvellement bâtie, & deſtinée à faire la chapelle d'une maiſon de campagne à cinq lieues au Sud de *Cuenca,* & à un quart de lieue du terme auſtral de la ſeconde Baſe que nous venions de meſurer.

Le lendemain 30, nous examinâmes la valeur des parties du Micromètre de la lunette de douze pieds qui devoit être appliquée au Secteur. Pour cet effet nous nous tranſportâmes à une extrémité de la Baſe déjà meſurée; & ayant fait placer à l'autre extrémité deux mires, éloignées l'une de l'autre de 80 pieds, ſur une ligne qui faiſoit avec la Baſe un angle droit, & qui, par conſéquent, à la diſtance où nous étions de 5260 toiſes, étoit le ſinus d'un angle de 8′ 43″ $\frac{2}{3}$, nous trouvâmes que cet angle répondoit à 1196 parties du Micromètre, ſelon l'eſtime de M. *Bouguer,* & à 1193 ſelon la mienne. Nous prîmes le milieu entre ces deux nombres, & nous conclûmes que mille parties étoient la corde d'un angle de 7′ 18″ 24‴. Sur ce fondement, je fis une Table de la

R

valeur des parties du Micromètre, & elle m'a servi depuis pour toutes les observations où la même lunette a été employée, tant cette année, que les suivantes. On voit par cette Table, qu'une partie du Micromètre répondoit à 26 tierces; c'est-à-dire, qu'il falloit presque trois parties pour faire une seconde; & cette quantité étoit, comme on vient de le voir, toute la différence que nous avions trouvée sur un angle de près de neuf minutes, M. *Bouguer* & moi, avec des yeux fort diversement conformés.

Le premier Octobre, on commença à disposer la charpente qui soûtenoit le toit de notre Observatoire, pour recevoir les pièces de fer & de fonte destinées à suspendre le Secteur. Je laissai M. *Bouguer* à *Tarqui* occupé de ces préparatifs, & j'allai le 2 à *Cuenca*, pour les affaires dont j'ai parlé, & pour faire finir le limbe de notre Secteur. Le sieur *Hugo* le porta le 4 à *Tarqui*, où j'arrivai le 6 à midi, & où je trouvai l'instrument monté. Tout étoit prêt de notre part pour l'observation, lorsque le Ciel se couvrit de nuages, & se déroba pendant un assez long temps à nos regards.

L'arc que M. *Bouguer* avoit tracé s'étoit trouvé, vû l'examen qu'il en avoit fait après l'avoir terminé par deux points, plus grand que la dix-huitième partie du rayon, d'une petite quantité que M. *Bouguer* avoit évaluée.

Le 8, aidé de M. *Verguin*, je remesurai ce même arc, & je vérifiai le rapport de sa corde au rayon; non que j'eusse le moindre scrupule sur la justesse d'une opération où M. *Bouguer* avoit donné tous ses soins, & dans laquelle même il avoit été secondé par M. *Verguin*, le sieur *Hugo*, & un autre aide adroit & intelligent; mais parce que me trouvant chargé de la

même commiffion que M. *Bouguer*, je me crus obligé de m'affûrer par moi-même de tous les faits dont j'étois refponfable, pour
en pouvoir dépofer comme témoin oculaire. Je trouvai l'excès
du rayon fur la corde de l'arc, répétée dix-huit fois, le même,
à $\frac{1}{12}$ de ligne près, que M. *Bouguer* l'avoit eftimé, & nous prîmes un milieu entre nos deux déterminations. Les jours fuivans,
nous travaillâmes à régler la Pendule par des hauteurs correfpondantes, & à déterminer, puis à vérifier, par plufieurs obfervations, une Méridienne qui étoit marquée par un filet de
cheveux noués bout à bout, tendu d'un mur de l'Obfervatoire
à l'autre, dans une longueur de plus de 20 pieds.

Les deux extrémités de ce fil, chargées chacune d'un poids
fuffifant pour tendre le cheveu, portoient fur deux crampons
de fer, où l'on avoit fait un trait de lime, qui fervoit de repaire
pour placer le fil toûjours au même endroit: le cheveu ainfi
tendu dans l'alignement de la Méridienne, fervoit à diriger
le limbe du Secteur dans le plan du Méridien; il fuffifoit pour
cela de rendre le limbe parallèle au fil. Cette opération fe
faifoit par le moyen des vis de régie *s*, *S*, qui fervoient à changer la direction du limbe; & le cheveu le rafoit à une fi petite
diftance, qu'on pouvoit, à la vûe feule, juger du parallélifme.
Cependant, pour nous en affûrer avec plus de précifion, nous
nous fervions d'une échelle de lignes parallèles très-fines, tirées
à un quart de ligne de diftance les unes des autres, & tracées
fur le dos d'une carte à jouer. On préfentoit le côté de cette
carte alternativement aux deux extrémités du limbe, immédiatement au deffous du cheveu; & on examinoit à laquelle des
lignes tracées il répondoit. On ne pouvoit guère fe tromper
d'une demi-divifion, ou de $\frac{1}{4}'$, ce qui, vû la longueur du limbe de

Planche III.

2 5 pouces, nous affuroit de fa direction, au moins à 1 $\frac{1}{2}'$ près.

Comme la manière de tracer l'arc fur le limbe, & de le vérifier, fut à peu près la même dans cette première obfervation, & dans les autres poftérieures ; que le procédé en eft fort fimple, & qu'il n'exige point de divifions du limbe de l'inftrument en degrés & en minutes : je crois qu'il eft à propos de l'expofer ici avec quelque détail, & de mettre ainfi le Lecteur en état de juger de l'exactitude que nous pouvions nous en promettre.

ARTICLE IV.

De l'Arc tracé fur le Secteur. Manière d'obferver la diftance d'une E'toile au Zénith, fans le fecours des divifions ordinaires.

L'ÉTOILE ε d'*Orion*, de la feconde grandeur, & qui nous avoit déjà fervi à la vérification du Secteur par le renverfement, dans le temps de nos obfervations des folftices, nous parut la plus propre pour la mefure de l'amplitude de l'arc du Méridien.

Comme la longueur mefurée de cet arc de trois degrés étoit prefque toute au delà de l'Equateur, notre étoile, qui avoit 1^d 24' de déclinaifon auftrale, fe trouvoit répondre vers le milieu de l'arc, & à peu près à égale diftance des zéniths de fes deux points extrêmes.

Nous favions déjà auffi, foit par la mefure de nos Triangles depuis les lieux dont la latitude nous étoit connue, foit par des obfervations faites avec des Quarts-de-cercle ordinaires, que l'étoile devoit être éloignée du zénith de *Tarqui* d'environ

1^d 41'; & par conséquent que lorsque la lunette seroit pointée à l'étoile, le fil-à-plomb tomberoit à 1^d 41' de l'axe de la lunette, & qu'il tomberoit à pareille distance du côté opposé lorsqu'on retourneroit l'instrument pour la vérification. Nous n'avions donc besoin, pour observer la distance de l'étoile au zénith dans les deux situations du Secteur, que d'un arc de 3^d 22', c'est-à-dire, double du précédent. Or en ouvrant les Tables des sinus, on voit qu'il ne manque que 15 secondes à cet arc pour que sa corde soit précisément la dix-septième partie du rayon; & ce petit excès pouvoit facilement se mesurer avec le Micromètre. Ainsi toute la difficulté se réduisoit à trouver le moyen de tracer exactement sur le limbe de notre Secteur un arc de 3^d 22' 15", ou plustôt la corde de cet arc; c'est-à-dire, une ligne égale à la dix-septième partie du rayon *.

Ceux qui ne se font pas contentés d'opérer sur le papier, n'ignorent pas combien il est difficile de diviser très-exactement une ligne donnée en un certain nombre de parties sans aucun reste: ils savent qu'on ne peut se flatter d'y réussir que par un tâtonnement long & pénible; & d'autant plus long & plus difficile, que le nombre des parties de la division est plus grand. Heureusement nous n'étions pas astreints à faire le rayon de notre instrument précisément d'une certaine longueur, & la largeur de notre limbe permettoit de donner à ce rayon un pouce de plus ou de moins. C'est-là ce qui lève toute la difficulté de l'opération; au lieu de tâtonner long-temps pour trouver, par la division d'un rayon donné, la

---

* Nous nous servîmes, pour les premières observations, de la 18e partie du rayon, & ensuite de la 17e: on en verra bien-tôt la raison.

valeur d'une corde qui en soit une certaine partie aliquote, on peut procéder sûrement, en prenant pour corde une grandeur approchée de celle qu'on cherche, & en la multipliant le nombre de fois requis. Voici le détail de la manière dont nous avons toûjours fait cette opération.

On ouvroit un compas à *arc-de-cercle*, ou, en termes d'Horlogerie, un compas d'*arrêt*, fait exprès pour cet usage, d'une quantité telle, qu'étant portée dix-sept fois sur le rayon depuis le centre, elle dût, à la dernière fois, tomber à quelque point de la surface du limbe. Par exemple, dans le cas dont il est ici question, on ouvroit le compas de 8 pouces 6 lignes, qui, multipliés par 17, font 12 pieds 6 lignes. Cette ouverture de compas une fois déterminée, on la rendoit invariable par le moyen d'une vis destinée à cet effet.

On portoit cette même ouverture de compas dix-sept fois, le long d'une soie tendue sur une règle de bois de plus de douze pieds de long, bien dressée & couchée horizontalement; & afin que les pointes du compas n'enfonçassent pas dans le bois, la règle étoit garnie de petites plaques de métal d'égale épaisseur, posées aux distances convenables, pour recevoir ces pointes. Cette opération ayant été répétée jusqu'à ce qu'on se fût bien assuré du point où tomboit le compas après le dix-septième intervalle parcouru, la distance comprise entre les deux points extrêmes des dix-sept intervalles, déterminoit la la longueur précise du rayon du Secteur, & on mettoit à part le compas d'*arrêt* ouvert de la 17e partie de cette longueur; alors on élevoit la règle verticalement contre un mur, & avec un compas à verge de douze pieds, d'un bois léger & bien sec, on prenoit exactement entre les deux pointes de ce compas dans cette fituation vérticale, la diftance des deux points extrêmes marqués fur la règle. Tout cela, vû la hauteur de l'inftrument, qui étoit de douze pieds, exigeoit, comme on voit, l'appareil d'une échelle affez haute, & le concours de deux perfonnes intelligentes. La mefure du rayon étant bien prife fur la règle entre les deux pointes du compas à verge, dont l'une pouvoit recevoir un mouvement très - doux par le moyen d'une vis, un des deux opérants tranfportoit ce compas toûjours dans la même fituation verticale, & pofoit une de fes pointes fur le centre du Secteur tout monté, en foûtenant le compas; tandis que le fecond promenoit légèrement l'autre pointe fur le limbe, & traçoit un arc de cercle. Enfin on limitoit cet arc par deux points, qu'on marquoit à égale diftance de part & d'autre du rayon avec l'ouverture du compas d'*arrêt*, laquelle étoit reftée en dépôt exprès pour cela.

Tout ceci étant bien exécuté, il eft évident que fi l'on place le Secteur dans le plan du Méridien, & fi on l'incline en forte que le fil-à-plomb tombe fur un des points extrêmes de l'arc tracé, que je fuppofe ici de 3^d $22'$ $15''$, la lunette fe trouvera dirigée à 1^d $41'$ $7''\frac{1}{2}$ du zénith; c'eft-à-dire, à une diftance égale à la moitié de l'arc; & que par conféquent l'étoile paffera dans la lunette, & ne paroîtra éloignée du fil horizontal que de la petite quantité dont fa diftance au zénith fera ou plus petite ou plus grande que la moitié de l'arc tracé: quantité qui dans l'un & dans l'autre cas peut fe mefurer exactement par le Micromètre.

J'ai fuppofé, pour plus de fimplicité, que l'axe optique de la lunette répondoit précifément au milieu de l'arc; mais cette circonftance n'eft pas néceffaire, pourvû qu'on retourne l'inf-

trument, comme nous l'avons toûjours pratiqué : car alors
la diſtance au zénith eſt autant augmentée dans une des ſituations du Secteur, qu'elle eſt diminuée dans l'autre ; & la moitié
de la Somme des deux diſtances eſt la vraie.

Nous avons quelquefois obſervé la diſtance de la même
étoile au zénith ſur deux différens arcs, tracés par la méthode
précédente ; ce qui faiſoit l'effet de deux inſtrumens différens.
A *Tarqui*, par exemple, nous obſervâmes les premiers jours
avec un arc de $3^d\,11'\,5''\frac{1}{5}$, dont la corde étoit à peu près la
dix‑huitième partie du rayon, & qui avoit été tracé par
M. *Bouguer* d'abord en arrivant, avant que de s'être bien aſſuré
de la latitude du lieu. Pour faire paſſer l'étoile plus près du
centre de la lunette, nous traçâmes depuis un nouvel arc de
$3^d\,22'\,15''$, dont la corde étoit exactement la dix‑ſeptième
partie du rayon.

C'eſt ainſi qu'en traçant à chaque différente diſtance au zénith
que nous obſervions, un nouvel arc dont la corde étoit ſous-
multiple du rayon, nous avons ſuppléé par un moyen fort
ſimple, au défaut d'un inſtrument auſſi parfait que le Secteur de
M. *Graham*, duquel les Académiciens, qui ont fait le voyage
de Lapponie, ont eu l'avantage de ſe ſervir. D'ailleurs, la
diviſion en degrés & minutes, dans laquelle la probabilité
des erreurs croît à proportion de la difficulté, & du nombre
des opérations, nous étoit inutile. Nous n'avions beſoin que
d'un ſeul arc à chaque fois, & notre manière de le tracer
portoit avec elle ſa vérification. J'ignore ſi ce moyen de ſe
ſervir d'une partie aliquote du rayon, pour tenir lieu de graduation ſur un inſtrument, a été pratiquée en d'autres occa-
ſions. C'eſt à M. *Godin* que j'en ai ouï parler le premier, avant

notre

notre départ de France. M. *Caſſini de Thury* l'a auſſi propoſée en 1736. L'uſage de cette méthode ſemble d'abord borné à la meſure des arcs dont les cordes ſont ſous-multiples du rayon ; mais il peut s'étendre beaucoup plus loin à l'aide du Micromètre, dont l'application aux inſtrumens aſtronomiques eſt dûe à M. le Chevalier de *Louville,* & eſt, ſans contredit, une des plus utiles inventions de l'Aſtronomie moderne.

Mém. de l'Académie, 1736, page 209.

ARTICLE V.

Des différentes obſervations aſtronomiques faites dans la Province de Quito *, pour déterminer l'amplitude de l'arc du Méridien.*

JE ne rappellerai point ici l'hiſtoire de nos obſervations aſtronomiques, deſtinées à conclurre l'amplitude de l'arc du Méridien, ni les motifs qui nous ont engagés à les répéter à diverſes repriſes, en différens temps, & en différens lieux. Je les ai ſuffiſamment expliqués dans l'Introduction hiſtorique, qui eſt à la tête de cet ouvrage.

Je ne deſtine cet article qu'à expoſer l'ordre, le temps & le lieu de ce grand nombre d'obſervations dont je donnerai le détail, le réſultat & la critique dans les articles ſuivans. Je ne fais ici que les mettre ſommairement ſous les yeux du Lecteur, pour prévenir les équivoques, & la confuſion que la multiplicité de ces obſervations pourroit occaſionner.

Premières obſervations à Quito *en 1737.*

L'étoile ϵ d'*Orion*, qui n'étoit éloignée du zénith de *Quito* que de 1^d 10′, nous ayant paru propre à vérifier l'erreur de

S

la poſition de la lunette de notre Secteur, après l'obſervation
des deux ſolſtices de Décembre 1736 & Juin 1737, nous
obſervâmes, M. *Godin*, M. *Bouguer* & moi, en Janvier &
Juillet 1737, la diſtance de cette étoile au zénith. Nous
n'avions pas alors pour but de faire ſervir ces obſervations
à la détermination de l'amplitude de l'arc du Méridien ; cependant comme elles peuvent être employées à cet uſage, je crois
devoir les rapporter ainſi que les autres. Quant à leur détail, je
n'en ferai qu'un article avec les autres obſervations faites à
Quito en 1740, 1741 & 1742.

Premières obſervations au Sud de la Méridienne,
à Tarqui, *en 1739.*

Nous commençâmes le 18 Octobre 1739 nos premières
obſervations pour l'amplitude de l'arc du Méridien, au Sud de
la Méridienne, à *Tarqui,* cinq lieues au delà de *Cuenca,* par
3^d $5'$ de latitude auſtrale : elles durèrent juſqu'au 13 Janvier
1740. Dans cet intervalle de temps, nous fîmes trois Suites
d'obſervations indépendantes l'une de l'autre. J'entends ici par
Suite, un nombre ſuivi d'obſervations de la même étoile, faites
dans les deux ſituations du Secteur, dirigé alternativement au
Nord & au Sud ; & j'appelle Suites indépendantes, celles qui
ſont diſtinguées l'une de l'autre, par quelque changement,
ou fait ou ſurvenu à l'inſtrument, dans l'intervalle des deux
Suites ; ſoit en démontant le Secteur, ſoit en traçant un nouvel
arc, ſoit en changeant la ſituation de la lunette, ou celle de
l'objectif.

Outre l'étoile ε d'*Orion*, nous obſervâmes alors & ordinairement depuis, deux autres étoiles, θ d'*Antinoüs*, & α du *Verſeau*;

mais comme ε d'*Orion* eſt celle que nous avons ſuivie le plus conſtamment, que c'eſt celle dont nous avons un plus grand nombre d'obſervations, & la ſeule qui nous en ait fourni aux deux extrémités de l'arc de correſpondantes & ſimulta-nées, dont nous ſommes convenus de déduire la valeur du degré du Méridien; je ne donnerai le détail que de celles de cette étoile.

Premières obſervations au Nord de la Méridienne, à Cotcheſqui, *en 1740*.

De *Tarqui* nous paſſâmes, M. *Bouguer* & moi, à l'extré-mité auſtrale de la Méridienne, en un lieu appelé *Cotcheſ-qui.* Nous commençâmes à y obſerver le 19 Février 1740, & nous ceſſâmes le 25 Avril ſuivant.

Secondes obſervations à Quito *en 1740 & 1741*.

M. *Bouguer* fit remonter à *Quito* le même Secteur qui nous avoit ſervi aux deux extrémités de l'arc du Méridien, & obſerva en ſon particulier à *Quito*, la diſtance de la même étoile, ou des trois étoiles au zénith, au mois de Sept. 1740.

Il recommença & termina une nouvelle Suite d'obſerva-tions au mois d'Octobre ſuivant; je n'ai eu communication que du réſultat de cette Suite, non plus que de celui de la précédente.

J'obſervai auſſi en mon particulier dans le même lieu, après avoir remeſuré l'arc & ſa corde, la diſtance de l'étoile ε d'*O-rion* au zénith, au mois de Novembre, & juſqu'au 30 Dé-cembre de la même année. Je ne pûs apercevoir les deux autres étoiles, qui paſſoient de jour: les mauvais temps, les

S ij

pluies, & d'autres obstacles traversèrent beaucoup cette observation, qui ne fut pas même terminée.

Le 30 Décembre, M. *Bouguer* changea la lunette de longueur, pour l'accommoder à sa vûe, & recommença une nouvelle Suite d'observations qui dura jusqu'au 2 Février 1741.

Il s'en faut 14 à 15 minutes que *Quito* ne soit à l'extrémité septentrionale de l'arc du Méridien dont nous avons mesuré la longueur ; mais la distance entre le Parallèle de la latitude de *Quito*, & celui de *Cotchesqui*, terme nord de notre Méridienne, étant connue en toises, les observations de *Quito* peuvent être rapportées à celles qui ont été faites au Nord de la Méridienne.

Je ne mets point en ligne de compte les observations que je fis à *Quito*, pendant une grande partie de l'année 1741, des trois mêmes étoiles, & de plusieurs autres, avec une lunette fixe de 15 pieds. Le but de ces observations étoit seulement d'examiner les changemens de distance au zénith, & non les distances absolues, que je n'eusse pû conclurre qu'en retournant la lunette : ce qui n'étoit pas possible dans le cas présent, puisqu'elle étoit scellée dans un mur avec deux bras de fer.

Secondes observations au Sud de la Méridienne, à Tarqui, *en 1741.*

Pendant que j'observois à *Quito* les variations apparentes de ces étoiles, suivant nos conventions, M. *Bouguer* retourna *Tarqui* au mois de Février 1741, & y fit, à différentes reprises, un grand nombre d'observations de leurs distances au zénith : elles composent cinq Suites différentes. Il commença le 5 Mars, & finit d'observer le 4 Décembre 1741.

Troifièmes & dernières obfervations à Quito *en 1742.*

Je me préparai à la répétition que j'allois faire, après M. *Bouguer,* à *Tarqui,* au Sud de la Méridienne, de nos anciennes obfervations de 1739, par celles que je fis à *Quito* en 1742, avant mon départ pour *Tarqui,* de nos trois étoiles, depuis le 5 Mai jufqu'au 31 Juillet. ε d'*Orion* paffoit au Méridien en plein jour; je ne perdis cette étoile de vûe, que lorf-qu'elle paffa à une heure & demie après midi, & je la revis à dix heures & demie du matin, quand elle eut devancé le Soleil. Je ne ceffai d'obferver que lorfqu'il me fallut démonter le Secteur pour l'envoyer à *Tarqui.*

Troifièmes & dernières obfervations au Sud de la Méri-dienne, à Tarqui, *en 1742 & 1743, correfpon-dantes à celles de* Cotchefqui, *& fimultanées.*

Je me rendis à *Tarqui* à la fin de Septembre 1742. Ce ne fut qu'à la fin de Novembre que je pûs commencer à y obferver utilement; je continuai mes obfervations jufques en Mars & Avril 1743.

Secondes & dernières obfervations au Nord de la Méri-dienne, à Cotchefqui, *en 1742 & 1743, corref-pondantes à celles de* Tarqui, *& fimultanées.*

Pendant que j'obfervois feul à *Tarqui* en 1742, M. *Bou-guer* répétoit au Nord de la Méridienne, avec un nouveau Secteur, les obfervations que nous y avions faites enfemble en 1740 avec celui qui me fervoit actuellement à *Tarqui.* M. *Bouguer* avoit commencé à obferver à *Cotchefqui* dès le mois d'Août 1742; & il finit au mois de Janvier 1743,

Dans cet intervalle de temps, nous eûmes plufieurs obfervations correfpondantes de la même étoile, faites les mêmes
nuits & à la même heure aux deux extrémités de l'arc.

Ce fera uniquement de ces dernières obfervations, faites
dans le même temps aux deux bouts de la Méridienne, que
je tirerai, comme nous en fommes convenus, M. *Bouguer*
& moi, la valeur du degré du Méridien; mais ce ne fera
qu'après avoir examiné le degré de confiance que mérite chacune de nos diverfes Suites d'obfervations, & avoir expofé les
raifons que nous avons eues de rejeter les anciennes, faites
fucceffivement aux deux extrémités de l'arc (fur-tout celles
de *Tarqui* de 1739) pour nous en tenir aux obfervations
fimultanées de 1742 & 1743. Je ferai voir auffi que toutes
les autres, à l'exception de celles de *Tarqui* en 1739, ne
diffèrent guère dans leur réfultat, de celui des obfervations
fimultanées, qui méritent la préférence à tous égards.

Pour mettre le Lecteur à portée de comparer facilement
nos diverfes obfervations, j'en donnerai autant de Tables, que
nous avons fait d'obfervations différentes; & je réduirai chacune en particulier au temps des obfervations fimultanées, en
prenant pour leur époque le premier Janvier 1743.

Cette réduction fervira à faire mieux juger de la juftefse
des obfervations, par leur plus ou moins de conformité. On
verra, par exemple, que telle obfervation qui paroiffoit différer de 8 fecondes d'une autre de la même Suite, & faite
deux mois auparavant, en diffère à peine d'une feconde après
la réduction; & réciproquement, que celles qui paroiffoient
le mieux s'accorder, font quelquefois celles qui, réduites à la
même époque, diffèrent le plus entr'elles.

J'emploie pour cette réduction trois équations différentes.

La première, pour corriger le changement que cause dans la hauteur de l'étoile, la précession des Équinoxes, qui est l'effet de la révolution de l'axe de la Terre autour des Poles de l'Ecliptique. Cette équation est connue depuis plusieurs siècles, & tous les Astronomes sont d'accord, à très-peu près, sur sa quantité; sur-tout pour de courts intervalles de temps: je l'ai supposée d'un degré en 72 ans.

La seconde équation, qui est celle qu'exige l'aberration de la lumière, est dûe aux observations délicates, & aux subtiles recherches de M. *Bradley,* dont l'ingénieuse théorie, exposée dans les Transactions philosophiques, ann. 1728, n.° 406, traitée par M. *Manfredi* dans les Commentaires de l'Institut de Boulogne en 1730, & étendue par M. *Clairaut* dans les Mémoires de l'Académie de 1737, est aujourd'hui adoptée par tous les Astronomes.

La troisième équation est celle qui résulte de la nutation de l'axe de la Terre; c'est encore une découverte de M. *Bradley,* mais plus récente que la précédente. L'une & l'autre ont été également confirmées par les observations de M. le *Monnier,* faites avec le Secteur de M. *Graham,* & rapportées dans les Mémoires de l'Académie de 1745. On peut voir l'exposé de cette nouvelle théorie dans l'extrait du Mémoire de M. *Bradley* par M. l'Abbé de la *Caille,* publié dans les Mémoires de *Trévoux* du mois d'Octobre 1748.

En réduisant, comme je l'ai fait, toutes les observations jour par jour, je ne laisse aucun doute au Lecteur, qui a sous les yeux les élémens du calcul, & qui peut les vérifier aisément, ainsi que les conséquences que j'en tire.

La diftance apparente de l'étoile au zénith fe conclud en ajoûtant au demi-arc, qui a fervi à l'obfervation, la quantité moyenne obfervée avec le Micromètre, dans les deux fituations inverfes du Secteur, Si cette quantité eft négative, il faut la fouftraire du demi-arc, au lieu de l'y ajoûter.

ARTICLE VI.

Premières obfervations à Tarqui, *extrémité auftrale de la Méridienne, en Novembre & Décembre 1739, & Janvier 1740.*

JE ne puis rendre un compte plus exact de nos premières obfervations à *Tarqui*, ni mettre dans un plus grand jour les attentions avec lefquelles nous procédâmes dès ce premier travail, qu'en donnant ici la copie du procès verbal même que M. *Bouguer* dreffa de ces obfervations, & qu'il fit certifier par un Notaire à *Cuenca*, auffi-tôt qu'elles furent terminées, au mois de Janvier 1740. On en jugera mieux combien de femblables opérations font délicates, & combien il eft diffi-cile, en pareil cas, d'éviter l'erreur; puifque, malgré toutes nos précautions, nous ne pûmes nous en garantir dans ce premier effai.

Procès verbal des obfervations faites à Tarqui *en 1739.*

C'eft M. *Bouguer* qui parle.

« Nous trouvant obligés, M. de la *Condamine* & moi, de
» faire à part les obfervations aftronomiques, qui doivent ap-
» prendre en parties de la circonférence de la Terre, la valeur
» de l'arc du Méridien, dont nous avons déjà mefuré la valeur

en

en toises; nous nous déterminâmes à faire la première de ces «
obfervations dans une maifon de campagne appartenante à «
N. . . . . , fituée dans un des enfoncemens de la «
plaine de *Tarqui*, dans laquelle nous avons mefuré la Bafe «
dont nous avons déjà communiqué la longueur actuelle, de «
même que la fituation, à M. *Godin*, en lui faifant part des «
angles de tous les Triangles qui fervent à la lier avec les «
autres ftations de la Méridienne. L'endroit de cette maifon, «
que nous avons choifi, eft éloigné de notre Bafe de cinq «
cens trente toifes & démie du côté dè l'orient, fur une per- «
pendiculaire qui rencontre la Bafe à treize cens cinquante- «
trois toifes de fon extrémité auftrale. Cet endroit eft une Salle «
fermée, dans laquelle nous avons fait faire un retranchement «
avec des nattes, afin d'être encore plus difpenfés de mettre «
un garde-filet au fil-à-plomb, ou de faire defcendre, comme «
nous le faifions quelquefois à *Quito* à l'obfervation de l'obli- «
quité de l'Ecliptique, le plomb dans un vafe plein d'eau. «
L'inftrument, qui eft formé de diverfes règles de fer, & «
qui a douze pieds de rayon, fe trouva entièrement monté «
dès le commencement d'Octobre dernier. Nous avions véri- «
fié, M. de la *Condamine* & moi, en nous fervant de toute la «
longueur de notre Bafe, la valeur des parties du Micromètre, «
que j'avois déjà examinée en particulier, en comparant le jeu «
de ce Micromètre avec la longueur d'environ onze pieds «
onze pouces du foyer de l'objectif. Nous avions difpofé la «
lunette parallèlement au rayon, en l'ajuftant fur un objet éloi- «
gné, auquel on vifoit par le limbe & par le centre; nous «
nous étions auffi affurés que les foies du Micromètre étoient «
perpendiculaires au limbe; puifqu'elles convenoient avec un «

T

» fil-à-plomb fufpendu à une affez grande diftance, pendant
» que l'inftrument étoit couché, & le limbe mis de niveau.
» Enfin nous avions marqué avec le plus grand foin, & en
» prenant pour corde la dix-huitième partie du rayon, avec une
» petite fraction que nous difcutâmes fcrupuleufement, un arc
» de 3^d 11′ 1 $\frac{1}{5}$″, vers le milieu duquel répondoit la lunette; &
» nous avions outre cela une Pendule déjà réglée par des hau-
» teurs correfpondantes que chacun de nous avoit prifes, & que
» M. *Verguin* a enfuite principalement continué de prendre.
» Ainfi tout ce qui dépendoit de nous étoit entièrement dif-
» pofé, & il ne nous manquoit plus qu'un ciel favorable pour
» l'obfervation.

» Diverfes confidérations, qu'il eft inutile de rapporter ici,
» nous avoient invité à nous fervir de l'étoile de la feconde
» grandeur, qui eft au milieu de la ceinture d'*Orion*, & que
» *Bayer* a défignée par ε. Mais le temps, qui de jour ne nous
» accordoit qu'à peine quelques hauteurs pour régler la Pen-
» dule, nous étoit encore plus contraire de nuit; *& pendant*
» *plus d'un mois, nous n'avons fait autre chofe que reconnoître*
» *les changemens qu'il falloit faire à la direction de l'inftrument*, &
» nous affurer enfuite, qu'il étoit exactement dans le plan du Mé-
» ridien. Nous remarquâmes auffi quelque défaut de folidité dans
» le Micromètre, à quoi il nous fallut remédier; ce qui nous fit
» perdre quelques obfervations dont nous étions contens.

» Nous dirigeâmes l'inftrument par le moyen d'une Méri-
» dienne, tracée avec exactitude, & indiquée par un affemblage
» de cheveux, long de plus de dix-huit pieds, & tendu, quand
» nous l'avons voulu, d'un côté de l'obfervatoire à l'autre fur
» deux petits crampons attachés aux murailles oppofées : cette

précaution nous a valu la facilité d'examiner chaque jour si «
le limbe, qui a environ 25 pouces de longueur, étoit exac- «
tement parallèle à la Méridienne, en mesurant scrupuleuse- «
ment la distance de l'un à l'autre avec une échelle divisée en «
très-petites parties; & nous avons pû, lorsque nous avons «
tourné & retourné l'instrument, le remettre infailliblement «
dans la même direction à moins d'une demi - minute près. «
J'avois aussi reconnu le 27 & le 29 d'Octobre, en comparant «
par la Trigonométrie sphérique, l'instant auquel j'avois observé «
du côté de l'orient des hauteurs de θ d'*Antinoüs* & de ε «
d'*Orion*, avec l'instant que ces étoiles passèrent par le fil ver- «
tical de la lunette, que ces passages se firent au temps même «
de la médiation; & M. de la *Condamine* trouva la même chose «
par des hauteurs correspondantes, qu'il réussit à obtenir la «
nuit du 10 au 11 Novembre. «

L'étoile que nous avions choisie étant éloignée du zénith «
de notre observatoire de *Tarqui* vers le Septentrion, d'envi- «
ron 1 degré 40 $\frac{1}{2}$ minutes, notre manière d'opérer devant nous «
fournir immédiatement le double de cette distance, l'arc de «
3^d 11′ 1$\frac{1}{5}''$ se trouvoit trop petit. Le Micromètre nous a fourni «
le surplus de chaque côté pendant que nous avons fait tomber «
successivement le fil - à - plomb sur les deux termes de l'arc. «
Voici ces excès tels que nous les avons obtenus, M. de la «
Condamine & moi; nous étions convenus d'observer alterna- «
tivement, & nous avons cependant presque toûjours eu le «
loisir de regarder l'un & l'autre dans la lunette à chaque ob- «
servation. »

Premières observations de la distance de l'étoile ε d'Orion au zénith de l'observatoire de Tarqui, faites par le moyen d'un arc de 3^d 11' 1"$\frac{1}{5}$.

Le limbe de l'instrument étant tourné vers l'orient.

Le 12 Novembre 1739 . . . . 1055 parties microm. additives.

Le 13 Nov. 1054

Le limbe étant tourné vers l'occident, & l'instrument calé sur l'autre terme de l'arc.

Le 15 Novembre. . . . . 318 parties additives.

Le 19 Nov. 314

Le 27 Nov. 318

« Selon ces observations, l'arc marqué sur le limbe étoit
» trop petit d'un peu plus de 1371 parties du Micromètre,
» qui valent 10' 1"; & par conséquent la distance apparente
» de l'étoile ε d'*Orion* au zénith, étoit au mois de Novembre
» dernier, de 1^d 40* 31".

» Cette détermination étant achevée, nous voulûmes pousser
» la certitude plus loin, & que les quantités fournies par le
» Micromètre devinssent soustractives, d'additives qu'elles étoient,
» ou que la lunette fût pointée au dessous de l'étoile, au lieu
» d'être pointée en dessus; afin que les nouvelles observations
» fussent absolument indépendantes des premières. Nous mar-
» quâmes pour cela sur le limbe un intervalle, dont la corde
» étant exactement la dix-septième partie du rayon, étoit de
» 3^d 22' 15". Cet arc étant trop grand, & les quantités que
» devoit fournir le Micromètre, négatives, les petites erreurs,
» s'il y en avoit, & qui pouvoient venir, ou du Micromètre,
» ou de la disposition de la lunette, devoient nécessairement
» se trouver en sens contraires, & se manifester par conséquent
» mieux. Nous craignions, en opérant trop servilement de la

même manière, de faire naître dans nos réfultats une confor- «
mité qui nous trompât; au lieu que nous n'étions pas fâchés, «
& nous nous le propofions même, d'y apercevoir, s'il le «
falloit, des différencés qui pûffent nous inftruire. «

Secondes obfervations, faites par le moyen d'un arc
de 3ᵈ 22′ 15″.

Le limbe de l'inftrument étant tourné vers l'occident.

Le 8 Décembre 1739. . . . . 65 ½ parties microm. négatives.
Le 9 . . . . 65 ½
Le 12. . . . . 64 ½

Le limbe étant tourné vers l'orient, & l'inftrument calé fur l'autre
extrémité de l'arc.

Le 13 Décembre matin . . . . 72 parties microm. négatives.
Le 13 Décembre foir. 72

Le limbe retourné vers l'occident.

Le 14 Décembre. . . . . 70 parties microm. négatives.

Ces fecondes obfervations nous apprennent que le nouvel «
arc étoit trop grand de 138 parties du Micromètre, qui va- «
lent 1′ 1½″, & que la diftance de l'étoile au zénith eft de 1ᵈ «
40′ 37″; & fi on prend le milieu entre les deux réfultats pré- «
cédens, il vient 1ᵈ 40′ 34″ pour la diftance apparente dont «
il s'agit. «

Mais cette différence de 6 fecondes, qui fe trouve dans «
nos deux conclufions, & *dont une partie doit être attribuée à* «
des erreurs qui ne font erreurs que parce que nous n'en favons pas «
précifément la caufe, peut venir auffi un peu de quelque paral- «
laxe que nous avons remarqué dans les fils du Micromètre; «
& qui *nous avoit obligé de mettre un diaphragme proche de l'œil.* «
Quoique l'incertitude que caufât ce défaut, lorfqu'on prend «

» le milieu entre les deux déterminations, ne fût que de 3″,
» & qu'il n'en tombât que le tiers (une feconde) fur la gran-
» deur du degré terreftre, nous avons cru que nous ne devions
» pas, dans une circonftance fi importante, négliger de le cor-
» riger, puifque nous le connoiffions. Le quinze Décembre, en
» touchant feulement au porte-objectif, j'accourcis la lunette
» d'environ une ligne; & l'obfervation faite le lendemain m'ayant
» appris, par une moindre parallaxe qu'avoient encore les fils,
» mais en fens contraire, que j'avois produit un trop grand
» accourciffement, je travaillai le 17 à en détruire une partie : la
» lunette, de cette forte, n'a pas été racourcie d'une ligne, &
» ce changement n'a pû en apporter aucun de fenfible dans la
» valeur des parties du Micromètre, comme il eft facile de
» s'en convaincre, fur-tout à l'égard de la petite quantité que
» nous avions à mefurer. Mais foit qu'en touchant à la lunette,
» je lui euffe donné quelque facilité à fe déranger, ou foit que
» l'inftrument eût reçû quelque coup entre les obfervations,
» nous avons enfuite eu le chagrin de ne pas profiter de plu-
» fieurs belles nuits qu'il a fait pendant le refte du mois de
» Décembre. Il feroit inutile de faire ici le détail de tous les
» accidens qui nous font arrivés. C'eft principalement dans cette
» rencontre que nous avons éprouvé combien étoit prudente
» la réfolution que nous avions prife dès les commencemens,
» de faire des obfervations indépendantes les unes des autres;
» pour voir fi elles donnoient le même réfultat; de changer
» même l'état de l'inftrument, & de le tourner plufieurs fois
» dans le cours des obfervations. Cette attention, qui devient
» plus néceffaire à mefure que l'inftrument eft plus grand, &
» qu'il eft formé d'un plus grand nombre de pièces, devoit

nous apprendre si le nôtre, qui a une brisure au milieu du «
rayon, & dont les deux parties sont jointes par plusieurs vis «
& plusieurs clavettes, souffroit quelque dérangement, malgré «
ce que nous avions fait pour le rendre solide, & les précau- «
tions presque superstitieuses avec lesquelles nous le touchions. «
Enfin après l'avoir examiné une dernière fois depuis le haut «
jusqu'au bas le 29 Décembre, & nos soupçons ne pouvant «
tomber que sur la lunette, quoiqu'elle fût arrêtée en trois en- «
droits, nous lui fîmes diverses ligatures avec du fil de fer assez «
fort; ce qui nous a valu les observations suivantes. «

Troisièmes observations, faites par le moyen de l'arc
de 3ᵈ 22′ 15″

Le limbe vers l'occident.

Le 30 Décembre 1739 . . . . . . 75 ½ parties microm. négatives.

Le limbe tourné vers l'orient.

Le 2 Janvier 1740 . . . . 83 parties microm. négatives.

Le limbe retourné vers l'occident.

Le 6 Janvier 1740 . . . . 60 parties négatives.
Le 9 Janv.. 62

Il suit de ces observations, que l'arc de 3ᵈ 22′ 15″ est «
trop grand de 149 parties, qui valent 1′ 5″; & la distance «
de l'étoile au zénith est donc de 1ᵈ 40′ 35″. Cette troisième «
détermination tient le milieu entre les deux, 1ᵈ 40′ 31″ & «
1ᵈ 40′ 37″, que nous avions déjà trouvées en même temps «
qu'elle est plus voisine de la seconde : aussi regardions-nous les «
deux premières comme deux espèces de limites; *nous ne* «
doutions pas que si l'une péchoit en excès, l'autre ne le fît «
en défaut, & nous devions, outre cela, ajoûter plus de foi «

» à la feconde, puifque le Micromètre n'eft jamais plus exact
» que lorfqu'il mefure de plus petites quantités. Enfin on peut
» maintenant, fans que cela apporte guère plus d'une demi-fe-
» conde de différence fur la grandeur du degré terreftre, prendre
» le milieu entre les trois réfultats, ou le prendre feulement entre
» les deux dernièrs. Ce fecond parti nous paroiffant préférable,
» nous nous arrêtons à $1^d\ 40'\ 36''$ pour la diftance apparente dont
» l'étoile ε d'*Orion* eft éloignée du zénith de notre obfervatoire de
» *Tarqui*, du côté du Septentrion, à la fin de 1739; & ajoûtant
» une feconde pour la réfraction, il nous vient $1^d\ 40'\ 37''$ pour
» la diftance vraie. FAIT à *Tarqui*, le dix Janvier mil fept cens
» quarante. *Signé BOUGUER* »; & enfuite eft écrit:

» Je certifie la vérité des faits contenus dans le rapport pré-
» cédent. Je n'ai pû affifter à quelques-unes des opérations pré-
» paratoires, dont il eft fait mention au commencement de
» cet écrit; mais j'en ai eu connoiffance dans le temps, & de
» plus, j'ai remefuré le 8 Octobre dernier la valeur du premier
» arc, tracé en mon abfence, de $3^d\ 11'\ 1''$, en comparant la
» corde à la longueur du rayon, & nos mefures fe font accor-
» dées dans la demi-feconde. Nous répétâmes encore cette véri-
» fication enfemble avant que de marquer le nouvel arc, dix-
» feptième partie du rayon, dont nous nous fommes fervis dans
» nos deux dernières Suites d'obfervations. La nuit du 10 au 11
» Novembre, j'eus plufieurs hauteurs correfpondantes de l'étoile
» ε d'*Orion*, qui nous affurèrent qu'elle paffoit par le fil vertical
» de la lunette à une feconde près de l'heure vraie de fa média-
» tion: le refte a été fait enfemble, & de concert, à *Tarqui*,
» le onze Janvier 1740. La fanté de M. *Bouguer* l'ayant obligé
» de preffer fon départ, & nos obfervations étant ainfi terminées,

j'ai

j'ai fouhaité d'avoir, avant que de démonter l'inftrument, en- «
core une diftance de l'étoile ε d'*Orion* au zénith, en retournant «
le limbe une feconde fois du côté de l'orient, pour fervir de «
confirmation à celle du 2 Janvier, la feule que nous avions dans «
cette fituation du limbe pendant le cours de nos troifièmes obfer- «
vations. Le 13 Janvier au foir, aidé de M. *Verguin*, j'obfervai «
la diftance au zénith de la même étoile ε, de 95 parties du Mi- «
cromètre négatives, au lieu de 83 que nous avions trouvées le 2 «
Janvier. En prenant le milieu de cette dernière obfervation, «
dont j'ai été content, & de celle du 2 Janv. dont nous le fûmes «
auffi, & qui diffèrent entr'elles de cinq fecondes, la diftance de «
l'étoile au zénith, tirée de nos troifièmes obfervations, fe trou- «
vera diminuée d'une feconde un quart. Cette diftance fera, à un «
quart de feconde près, moyenne entre celle qui réfulte de nos «
premières & fecondes obfervations, & elle ne changera le réful- «
tat ci-deffus adopté, que d'environ une demi-feconde. Avant «
que de démonter l'inftrument, nous avons repris, M. *Verguin* «
& moi, la mefure du rayon, & celle de la corde de l'arc, que «
nous avions trouvée être exactement la dix-feptième partie du «
rayon : cette corde, prife avec l'ouverture d'un compas *à arc* «
à plufieurs reprifes, & portée dix-fept fois d'un bout à l'autre «
du rayon, excédoit à la dernière fois le rayon de $\frac{28}{100}$ de ligne, «
ou les $\frac{4}{5}$ d'une partie égale de mon compas de proportion. FAIT «
à *Tarqui*, le 15 J.ᵉʳ matin 1740. *Signé* LA CONDAMINE; «
& plus bas eft encore écrit: «

Je fouffigné, certifie la vérité de tous les faits rapportés ci- «
deffus, tant pour avoir affifté à tout, que pour y avoir aidé. J'ai «
auffi eu le loifir de regarder à la lunette dans prefque toutes «
les obfervations, & j'ai vû l'étoile fuivre le fil du Micromètre. «
FAIT à *Tarqui*, le 15 J.ᵉʳ 1740. *Signé* VERGUIN. »

V

ARTICLE VII.

Table d'observations de l'Étoile ε d'Orion,

Faites en commun à Tarqui *en 1739, réduites au premier Janvier 1743.*

Première Suite d'observations, faites par le moyen d'un Arc de 3ᵈ 11′ 1″,2, dont la corde étoit de 4″ plus grande que la 18ᵉ partie du rayon.

SITUATION du Secteur.	DATE des Observations.	QUANTITÉS observées avec le Micromètre.	ÉQUATIONS POUR LA			RÉDUCTION au 1 Janvier 1743.	QUANTITÉS moyennes.	RÉSULTAT.
			Précession des Équinoxes	Aberration de la Lumière.	Nutation de l'Axe terrestre.			
Le limbe tourné à l'orient. {	12 Nov. 1739.	+ 7′ 42″,5	+ 9″,9	— 6″,9	+ 8″,7	+ 7′ 54″,2	} + 7′ 54″,0	
	13	+ 7 42, 1	+ 9, 9	— 6, 8	+ 8, 7	+ 7 53, 9		} + 0ᵈ 10′ 25″,5
à l'occident. {	15	+ 2 19, 4	+ 9, 9	— 6, 6	+ 8, 7	+ 2 31, 4	} + 2 31, 5	
	19	+ 2 17, 7	+ 9, 9	— 6, 1	+ 8, 7	+ 2 30, 2		
	27	+ 2 19, 4	+ 9, 8	— 5, 1	+ 8, 7	+ 2 32, 8		

Arc du Secteur 3 11 1,2

Double distance observée au Zénith . . . . . 3ᵈ 21′ 26″,7

Premier Résultat. Distance apparente de ε d'Orion au Zénith de *Tarqui* du côté du Nord, conclue pour le 1ᵉʳ Janvier 1743 . . . . 1 40 43,3

Seconde Suite d'observations faites avec un Arc de 3ᵈ 22′ 15″, dont la corde étoit la 17ᵉ partie du rayon.

SITUATION	DATE	QUANTITÉS	Précession des Équinoxes	Aberration de la Lumière.	Nutation de l'Axe terrestre.	RÉDUCTION	QUANTITÉS moyennes.	RÉSULTAT.
à l'occident. {	8 Déc. 1739.	— 28″,7	+ 9″,6	— 3″,6	+ 8″,5	— 14″,2	} — 0′ 14″,2	
	9	— 28, 7	+ 9, 6	— 3, 4	+ 8, 5	— 14, 0		} — 0ᵈ 0′ 30″,6
	12	— 28, 3	+ 9, 6	— 3, 0	+ 8, 5	— 13, 2		
	14	— 30, 7	+ 9, 6	— 2, 7	+ 8, 5	— 15, 3		
à l'orient. {	13 matin.	— 31, 6	+ 9, 6	— 2, 9	+ 8, 5	— 16, 4	} — 0 16, 4	
	13 soir.	— 31, 6	+ 9, 6	— 2, 9	+ 8, 5	— 16, 4		

Arc du Secteur 3 22 15

Double distance observée au Zénith . . . . . . 3ᵈ 21′ 44″,4

Second Résultat. Distance apparente de ε d'Orion au Zénith de *Tarqui* du côté du Nord, conclue pour le 1ᵉʳ Janvier 1743 . . . . 1 40 52,2

Troisième Suite d'observations avec le même Arc, après avoir changé la situation de l'Objectif.

SITUATION	DATE	QUANTITÉS	Précession des Équinoxes	Aberration de la Lumière.	Nutation de l'Axe terrestre.	RÉDUCTION	QUANTITÉS moyennes.	RÉSULTAT.
à l'occident. {	30 Déc. 1739.	— 33″,0	+ 9″,5	— 0″,3	+ 8″,4	— 15″,4	} — 0′ 10″,4	
	6 Janv. 1740.	— 26, 3	+ 9, 5	+ 0, 8	+ 8, 4	— 7, 6		} — 0ᵈ 0′ 30″,7
	9	— 27, 2	+ 9, 4	+ 1, 2	+ 8, 4	— 8, 2		
à l'orient. {	2 Janv. 1740.	— 36, 4	+ 9, 5	+ 0, 1	+ 8, 4	— 18, 4	} — 0 20, 3	
	13	— 41, 7	+ 9, 4	+ 1, 7	+ 8, 4	— 22, 2		

Arc du Secteur 3 22 15

Double distance observée au Zénith . . . . . . 3ᵈ 21′ 44,″3

Troisième Résultat. Distance apparente de ε d'Orion au Zénith de *Tarqui* du côté du Nord, conclue pour le 1ᵉʳ Janvier 1743 . . . . 1 40 52,1

Remarques sur les observations de la Table précédente.

Dans la Table qui précède, chaque trait horizontal qui coupe la colonne des dates des observations, sert à indiquer que le Secteur a été retourné dans l'intervalle des deux observations séparées par le trait. Le reste de la Table parle assez aux yeux, & n'a pas besoin d'explication.

On voit par cette Table, que les observations faites en 1739 à *Tarqui*, étant réduites à l'époque du premier Janvier 1743, le premier des trois résultats diffère des deux suivans de 9″; au lieu que la différence n'est réputée que de 6″ dans le procès verbal, qui a été dressé dans un temps où les loix de l'aberration de la lumière nous étoient inconnues.

On voit aussi que le second & le troisième résultats, qui paroissoient, suivant le même procès verbal, différer entr'eux de deux ou de trois secondes, selon qu'on tenoit compte ou non de l'observation du 13 Janvier 1740, s'accordent à moins d'une seconde, depuis que les équations ont été appliquées.

En général, les équations employées pour la réduction de ces observations, au premier Janvier 1743, les rapprochent de quelques secondes du résultat de nos observations simultanées, à l'époque desquelles je les ai réduites. Mais la distance de l'étoile au zénith, tirée de celles que j'examine ici, est, toute déduction faite, encore trop grande de 27 à 28 secondes par le premier résultat, & de 18 par le second; en sorte que l'erreur moyenne est de 22″$\frac{1}{2}$ au moins.

L'état d'imperfection où étoit alors notre Secteur; sa facilité à se déranger quand on le retournoit, de quoi nous nous sommes plusieurs fois convaincus depuis; les divers défauts

V ij

que nous y remarquâmes dès-lors, & que j'examinerai plus en
détail ; la différence de 9 fecondes entre le premier réfultat
& les deux derniers ; celle de 7 fecondes entre l'obfervation
du 30 Décembre 1739 & celle du 6 Janvier 1740, employées dans le dernier réfultat : enfin , & plus que tout le
refte, la diftance de la même étoile au zénith, trouvée conftamment de 20 & tant de fecondes plus grande par M. *Bouguer*
pendant fept à huit mois en 1741, en obfervant fur différens
arcs ; & par moi pendant autant de temps en 1742 & 1743,
avec un nouvel arc & un nouveau rayon, & en prenant les nouvelles précautions qui feront expliquées ; tout cela eft plus que
fuffifant pour nous affurer que l'erreur eft certainement dans
les obfervations de 1739. Mais il refte à en démêler la
fource. Les erreurs, dont il eft permis d'ignorer la caufe,
doivent varier en plus & en moins : fi celle dont il s'agit ici
étoit de cette efpèce, il n'y a nulle vrai-femblance que cette
erreur eût été conftante pendant le cours de plufieurs mois ;
& que trois différentes Suites d'obfervations, indépendantes
l'une de l'autre, faites fur différens arcs avec une lunette
dont l'objectif a été changé de place, & avec un inftrument
tourné & retourné plufieurs fois en fens contraire, fe fuffent ac-
cordées à donner une diftance au zénith inégale à la vérité, mais
toûjours confidérablement moindre qu'elle ne parût en 1739.
Le hafard, que je prends ici pour une combinaifon inconnue de
caufes variables, n'admet point une fi grande uniformité ; ou,
pour parler plus exactement, ce feroit-là un cas unique entre
une infinité de cas très-peu vrai-femblables. Cependant, puifqu'il
feroit poffible, on pourroit le fuppofer réel, s'il ne s'agiffoit que
d'une très-petite quantité ; mais 20 fecondes & plus en font

une trop confidérable, pour n'être que la fomme de ces petites erreurs dont les obfervateurs les plus attentifs ne peuvent quelquefois fe garantir. C'eft ce qui m'a engagé à examiner fcrupuleufement les différentes caufes qui ont pû nuire à la juftefle de ces obfervations, & à évaluer les effets de ces caufes. Je parle ici de celles qui ne fe préfentent pas au premier coup d'œil, & auxquelles ont fait ordinairement peu d'attention. Je vais rendre compte de cet examen, que je terminerai en propofant ce que je crois le plus vraifemblable & le plus propre à expliquer pourquoi l'erreur de nos premières obfervations en 1739, nous avoit fait conftamment trouver la diftance de l'étoile au zénith, plus petite que la véritable.

ARTICLE VIII.

Examen des différentes caufes qui peuvent nuire à la juftefle des obfervations.

Des effets du froid & du chaud fur notre Secteur.

J'AI remarqué dans la defcription du Secteur *(art. II)*, que fon limbe étoit formé d'une règle de cuivre, attachée avec des clous de même métal, rivés fur une bande de fer, laquelle étoit foûtenue d'une règle de chan pareillement de fer; ainfi, quoique la matière propre du limbe fût plus fufceptible de dilatation & de condenfation que la bande de fer qui lui fervoit d'appui, ce dernier métal réfiftant à l'effort du cuivre, ne lui permettoit pas de fe dilater, ni de fe contracter plus que le fer même. On peut donc regarder notre Secteur, dont le limbe ne faifoit qu'une très-petite partie, comme s'il étoit tout d'une même matière : or on voit que dans ce cas, toutes fes parties fe dilateroient & fe condenferoient proportionnelle-ment; & par conféquent, qu'il ne changeroit pas de figure, par les alternatives du chaud & du froid.

Mais quand on fuppoferoit que le limbe de cuivre auroit eu la liberté de prendre toute l'extenfion que la chaleur pou-voit lui donner, il n'en réfulteroit encore qu'une très-petite variation dans l'arc qui a fervi aux obfervations : car le rayon & les autres parties de l'inftrument, qui font de fer, s'alon-geant en même temps que le cuivre, & par la même caufe, le changement de figure qui furviendroit à l'inftrument, ne feroit caufé que par l'excès de la dilatation du cuivre qui forme le limbe, fur celle du fer qui lui eft adoffé.

J'ai trouvé par les expériences dont j'ai déjà parlé, que l'alongement du fer qui répondoit à une différence de dix degrés de chaleur, indiquée par le Thermomètre de M. de *Reaumur* (c'eft-à-dire, à une augmentation de la centième partie du volume qu'occupe la liqueur lors de la congélation), étoit de 0,^{ligne} 0 1 2 fur la longueur d'une toife.

Si, d'après ces expériences, & en fuppofant que le rapport de la dilatation du fer à celle du cuivre eft comme 8 à 1 1, on prend la peine de calculer de combien la partie de notre limbe de cuivre, qui répondoit à l'arc de 1 degré $\frac{2}{3}$, a dû s'alonger plus que le fer, & quelle différence cet alongement a dû pro-duire fur l'amplitude de cet arc; on trouvera que la différence répond à peine à une demi-feconde pour dix degrés de va-riation dans le Thermomètre : ce qui, comme on voit, n'eft qu'une quantité imperceptible.

Que fera-ce fi l'on fait attention que dans les lieux frais & bas, où nous avons toûjours fait nos obfervations, & dont nous avions foin d'interdire l'accès à l'air extérieur, le Thermomètre varioit à peine du tiers de la quantité fuppofée? On voit bien que quand même on admettroit un plus grand rapport entre les dilatations du fer & du cuivre, les variations n'iroient jamais qu'à une petite fraction de feconde; & par conféquent il eft démontré que l'action du froid & du chaud fur notre Secteur n'a pû caufer que des changemens fort au deffous de ceux que les bornes de nos fens nous permettent d'apercevoir.

Cette température toûjours à peu près égale de nos obfervatoires, & les précautions que nous avons toûjours eues de ne découvrir l'ouverture du toit, qui répondoit à la lunette, qu'au moment de l'obfervation, doivent autant nous raffurer fur la crainte du relâchement des foies pofées au foyer du Micromètre, que fur les effets de la dilatation du limbe par la chaleur. D'ailleurs, la fituation du Secteur approchoit fi fort de la verticale, que la projection de la courbure, produite par le poids des fils relâchés, ne pouvoit jamais différer fenfiblement de la ligne droite.

ARTICLE IX.

Suite de l'examen des différentes caufes &c.

De la flexion de l'Inftrument dans le plan du Limbe.

JE confonds ici la flexion de l'inftrument avec celle de la lunette, & elles ne doivent pas être diftinguées dans notre

Secteur, non plus que dans celui de M. *Graham,* qui a servi aux observations du Nord. Quelque différent que fût le nôtre dans sa construction, de celui-ci, ils avoient tous deux cela de commun, que la lunette, dans l'un & dans l'autre, étoit précisément de la même longueur que le rayon de l'instrument, & pouvoit être prise pour le rayon même. Celle de notre Secteur étant, comme je l'ai expliqué *(article I I)*, appliquée le long de la barre de fer qui formoit le rayon, participoit à tous ses mouvemens. C'est du moins ce que je suppose quant à présent ; & il ne s'agit dans cet article que d'examiner combien la barre de fer, qui formoit le rayon du Secteur, lequel étoit adossé à la lunette, & que je ne distingue pas ici de la lunette même, a dû fléchir & se courber par son propre poids pendant nos observations, & de combien cette courbure a pû changer l'amplitude de l'arc observé sur le limbe.

Je cherche d'abord si l'erreur qu'a pû causer cette flexion a dû augmenter ou diminuer la distance apparente de l'étoile au zénith. Il s'agit de la flexion dans le plan du limbe, ou dans le plan du Méridien, ce qui revient ici au même.

Planche I, fig. 8.   Il faut remarquer que de la manière dont notre instrument étoit suspendu, ses deux extrémités étoient appuyées, l'une sur le colier *K* de suspension, l'autre sur l'une des vis de régie *n, n ;* & par conséquent la convexité de la courbure devoit être en dessous, au contraire de ce qui seroit arrivé si le Secteur eût été suspendu par son centre de gravité, vers le milieu de la longueur de son rayon, comme lors de notre observation de l'obliquité de l'Ecliptique en 1736 & 1737. On voit bien que les effets de la courbure doivent être totalement opposés dans ces deux cas.

La

La Figure repréfente le rayon vifuel dirigé à l'aftre dont on obferve la diftance au zénith; & pour éviter la confufion, l'on n'y a pas diftingué la lunette du rayon CA, fur lequel elle eft appliquée. Si ce rayon vient à fléchir par fon propre poids, fuivant la courbe CEA; le limbe, ou pluftôt la ligne AB qui le repréfente ici, & qui fait un angle droit avec le rayon CA, deviendra d'autant plus oblique à l'égard du fil-à-plomb CP, que la courbure CEA fera fuppofée plus grande. Cette même ligne fera, par exemple, tranfportée par la flexion du rayon, de AB en Ab. Le fil-à-plomb coupera donc le limbe du Secteur en b, à une plus grande diftance de A que dans fa première fituation AB; & par conféquent il marquera un plus grand nombre de degrés fur le limbe, quoique l'angle ACB, entre le rayon vifuel AC & le fil-à-plomb Cb, demeure le même.

Pour ne pas embrouiller la Figure, on a auffi fuppofé que le point A reftoit le même après la flexion du rayon. Quoique cette flexion doive le rapprocher du point C, c'eft d'une quantité qui ne fauroit mériter qu'on y faffe la moindre attention, puifqu'elle ne feroit que de $\frac{1}{850}$ de ligne, dans le cas où la flèche DE de la courbure feroit d'une ligne entière.

La courbure du rayon, par la nature de la fufpenfion de notre Secteur, devoit donc augmenter la diftance apparente au zénith: ainfi la flexibilité de l'inftrument, moins folide dans les premières obfervations qu'il ne l'a été depuis, n'a nullement contribué en 1739 à nous faire trouver la diftance de l'étoile au zénith de *Tarqui* moins grande que la véritable. C'eft une réflexion que je communiquai à M. *Bouguer* en lui écrivant de *Tarqui* à *Quito* en 1742, & en lui propofant mes conjectures, fur le défaut de nos anciennes obfervations.

X

Mais en quelque fens que fe trouvât l'erreur caufée par la flexion du rayon, elle ne pouvoit jamais être d'une dangereufe conféquence, vû la conftruction particulière de notre Secteur, dans lequel la lunette étoit égale au rayon, & l'objectif répondoit au centre.

Pour m'affurer qu'on pouvoit négliger cette erreur, & avant que d'avoir tenté aucune expérience fur la flexion des barres de métal, j'avois fait une fuppofition forcée & hors de la vrai-femblance, & cherché quelle feroit l'erreur dans ce cas. J'avois fuppofé qu'en écartant la lunette de la ligne verticale d'un degré & demi, ce qui étoit l'inclinaifon moyenne qui convenoit à nos obfervations, la flexion du rayon, caufée par fon propre poids, lui feroit prendre une courbure CEA telle que EA fît un angle de 10 minutes avec la fituation primitive du rayon CA; ce qui donneroit $2\frac{1}{2}$ lignes à la flèche DE; & j'avois trouvé dans cette fuppofition, que la diftance apparente au zénith feroit augmentée de moins d'une demi-feconde : réfultat très-conforme à ce que M. de *Maupertuis* * a remarqué fur ce fujet.

Je jugeois que la flexion du rayon étoit beaucoup moindre que je ne l'avois fuppofée; mais pour ne rien admettre gratuitement, j'ai, depuis ce temps-là, mefuré la courbure d'une barre de fer plate, pofée horizontalement, & foûtenue par fes deux extrémités, en forte que fa longueur entre les deux appuis étoit de douze pieds : j'ai fait enfuite couper cette barre ; & j'ai mefuré la courbure d'une portion longue de fix pieds que j'en avois retranchée. J'ai conclu des mefures actuelles, doublées par le renverfement de la barre, que la flèche de l'arc de cette

* Figure de la Terre déterminée &c. Difcours &c. *page 67.*

dernière courbure étoit environ la dix-septième partie de l'autre flèche; ce qui approche beaucoup du rapport des quatrièmes puissances des longueurs que les flexions doivent suivre; comme M. *Daniel Bernoulli* l'a déduit de plusieurs expériences ingénieuses, & l'a démontré dans la Pièce qui a remporté le prix de l'Académie en 1743. J'ai fait d'autres épreuves sur la même barre, en la posant tantôt à plat sur sa plus grande largeur, tantôt de chan sur sa plus étroite dimension; & j'ai trouvé que les flèches des différens arcs de courbure d'une même barre, posée sur sa face la plus large ou la plus étroite, suivoient assez exactement la raison inverse des quarrés de la dimension qui se trouvoit posée verticalement dans chaque expérience.

Les mesures de notre Secteur étant connues, on peut conclurre des expériences précédentes la courbure qu'a dû contracter son rayon.

La barre qui formoit le rayon de notre Secteur ayant trois pouces de large sur douze pieds de long, il a résulté de toutes mes expériences, à quelques variétés près, qui ne peuvent manquer de se rencontrer dans le physique, que la flèche de la courbure que la barre devoit prendre dans une position horizontale de chan, n'étoit que d'environ une ligne : mais en approchant cette barre de la situation verticale, le poids qui cause sa courbure agit par un levier plus court; & ce levier se raccourcit comme le sinus de l'angle d'inclinaison avec la verticale. Donc en supposant que la courbure diminue dans le même rapport, celle du Secteur, dirigé à $1\frac{1}{2}$ degré du zénith, ne sera plus que la 38ᵉ partie de celle qu'il avoit étant posé horizontalement. La flèche de la courbure horizontale étoit de 1 ligne; elle ne sera plus que de $\frac{1}{38}$ de ligne, c'est-à-dire, presque la centième partie de ce que je l'avois fuppofée, en donnant 2 ½ lignes de longueur à *D E*. L'erreur, qui eût été en ce cas d'une demi-feconde, & par conféquent imperceptible, fera donc déformais cent fois trop petite pour être aperçûe. J'ai donc pû négliger fans fcrupule dans le calcul précédent le poids de la lunette, ainfi que celui de la règle de chan adoffée au rayon du Secteur; & cela quand on voudroit fuppofer la flexion du tout, double ou triple, ou même décuple de celle que prendroit la barre toute feule.

Il s'enfuit de tout ceci, que ni la flexion du rayon provenante de fon propre poids, ni celle d'une lunette de même longueur, appliquée fur le rayon, & faifant pour ainfi dire corps avec lui, n'ont pû caufer aucune erreur fenfible dans nos obfervations.

J'ai épargné au Lecteur le détail des calculs précédens, & de plufieurs autres qu'il m'a fallu faire, à quoi il n'y a de mérite que le courage néceffaire pour en furmonter l'ennui.

ARTICLE X.

Continuation du même fujet.

De la flexion du rayon dans le plan perpendiculaire à celui de l'inftrument; & du parallélifme de la lunette à ce même plan.

Tout ce qui a été dit jufqu'ici de la flexion du rayon, ne regarde que celle qui peut fe faire dans le plan du Secteur.

Quant à la flexion dans le fens perpendiculaire à ce même plan, elle ne pourroit être d'une conféquence dangereufe, qu'autant qu'elle altéreroit la figure de l'inftrument, en changeant la pofition du centre à l'égard de l'arc; & c'eft ce qui n'a pû

arriver dans notre Secteur: car suppofant, contre toute vrai-
femblance, que la barre de fer *D C,* qui portoit la lunette, fe
fût courbée en avant ou en arrière, malgré la règle de chan *J J* Planche II.
qui foûtenoit cette barre, la courbure, quelque confidérable
qu'elle eût pû être, n'eût pas changé le vrai rayon du Sec-
teur, c'eft-à-dire, la diftance du centre *I* à l'arc α ω, tracé fur
le limbe ; puifque cet arc a toûjours été décrit, l'inftrument
étant déjà monté, & fufpendu verticalement, dans la même
fituation où il a été maintenu depuis, laquelle a été conftatée
à chaque obfervation, en examinant fi le fil-à-plomb pendant librement du centre rafoit le limbe fans y toucher.

La pofition du centre à l'égard de l'arc ne pouvant varier;
la lunette, parallèle ou non au plan du Secteur, confervera toûjours la même fituation à l'égard de ce plan, pourvû qu'elle **y**
foit fermement attachée. Mais ce n'eft point affez pour un
Obfervateur exact d'être affuré que l'angle de fa lunette, avec
le plan de fon Secteur, eft conftant, & qu'il ne peut changer
d'une obfervation à l'autre : il faut réduire cet angle à zéro , &
rendre la lunette exactement parallèle au plan du Secteur; ou
tout au moins il faut pouvoir mefurer cet angle avec précifion,
pour être en état de calculer de combien le défaut de parallélifme de la lunette, peut changer la diftance apparente de l'étoile
au zénith.

La vérification au zénith par la demi-révolution du Secteur
fur fon axe, eft une opération difficile & peu ufitée. Elle n'a
guère été employée jufqu'ici, qu'à reconnoître de combien la
lunette étoit écartée, dans le plan du Secteur, du commencement de la graduation ; ce qui eft ordinairement le point le
plus important à vérifier dans les obfervations.

X iij

Mais ce moyen imaginé par M. *Picard*, peut servir à reconnoître de combien la lunette s'écarte du plan du limbe, tout aussi bien qu'il sert à vérifier, si, dans le plan du limbe, elle s'éloigne du commencement des divisions. Je suppose la Méridienne tracée, le limbe du Secteur bien arrêté dans le plan du Méridien, la lunette pointée à la hauteur où doit passer l'étoile, l'instrument bien calé. Tout étant ainsi disposé, on attendra l'heure de la médiation qu'on aura calculée d'avance. Si la lunette fait un angle avec le plan du Secteur, & par conséquent avec le Méridien, l'étoile passera dans la lunette plustôt ou plus tard que l'heure du calcul; plustôt, si la lunette est pointée trop à l'orient; plus tard, si elle incline vers l'occident. Supposé que ce soit de quatre secondes, on en pourra conclurre, dans le pays où nous étions, que l'angle de la lunette, avec le plan du Secteur, est d'une minute. Cet angle sera plus ou moins grand, à proportion du nombre de secondes dont le passage de l'étoile dans la lunette avancera ou retardera sur l'heure de la médiation.

Pour une plus grande sûreté, on retournera l'instrument en sens contraire : l'étoile, comme on le voit, doit passer au fil vertical de la lunette, dans une des situations du Secteur, autant de secondes avant l'heure de sa médiation, que de secondes après, dans la situation inverse. S'il y avoit quelque différence, ce seroit une preuve d'erreur dans l'heure calculée, ou dans la direction du plan du Secteur. On a des moyens de vérifier l'une & l'autre.

L'angle de la lunette, avec le plan du limbe, étant une fois connu, on aura tout ce qu'il faut pour calculer de combien on a pû être trompé sur la distance apparente de l'étoile au zénith, & juger par-là si l'erreur mérite considération. En ce cas, il sera plus commode de corriger la déviation même de la lunette, en touchant à l'objectif, & en l'approchant ou en l'éloignant du plan de l'inftrument, de la petite quantité néceffaire pour rendre l'axe optique de la lunette parallèle au plan du Secteur. Cette quantité, toûjours proportionnelle à la longueur du rayon, fera aifée à trouver. Dans notre Secteur de douze pieds de rayon, elle étoit d'une ligne, pour 8 fecondes de différence dans l'heure de la médiation.

Si l'on avoit commencé à obferver, avant que d'avoir une Méridienne tracée, il feroit encore poffible de mefurer l'angle de l'axe de la lunette avec le limbe, pourvû qu'on eût l'heure de la médiation de l'étoile avec beaucoup de précifion; comme, par exemple, fi l'on s'en étoit affuré par plufieurs hauteurs correfpondantes de la même étoile. Voici en ce cas comme on pourroit y réuffir. On dirigeroit d'abord la lunette à l'aftre, en forte qu'il paffât au centre des fils à l'inftant précis de la médiation : par-là on feroit fûr que l'axe optique de la lunette feroit exactement dans le plan du Méridien : enfuite deux fils-àplomb attachés aux deux extrémités de la lunette, pourroient fervir à rendre ce plan fenfible, & à reconnoître s'il eft parallèle à celui du Secteur. Mais plus l'aftre eft voifin du zénith, moins cette méthode eft praticable.

Si notre Secteur n'eût pas été dirigé exactement dans le plan du Méridien lors de nos obfervations de 1739, ou fi l'étoile n'eût pas été obfervée à l'heure précife de la médiation, nous euffions trouvé, par cela feul, une fauffe diftance au zénith; mais on a vû dans le procès verbal ci-deffus, avec quel fcrupule le concours de ces deux circonftances a été obfervé. Leur omiffion n'a donc pû avoir aucune part au défaut de ces obfervations; & je puis, par conféquent, me difpenfer d'évaluer la quantité d'une erreur que nous n'avons point commife.

Les réflexions précédentes, & d'autres du même génre, n'ont dû fe préfenter & fe développer qu'à mefure que les circonftances, les difficultés, & la répétition fréquente des obfervations, y ont donné lieu : ainfi il n'eft pas étonnant que nos premiers effais fe foient reffentis du peu d'expérience que nous avions tous alors dans une forte d'obfervation rare & peu familière aux Aftronomes les plus exercés. Au refte, l'application nouvelle que je viens de faire, de la méthode de M. *Picard* pour vérifier l'inftrument au zénith par le renverfement, a dû fe préfenter tôt ou tard à ceux qui, comme nous, ont été dans le cas de faire un grand nombre d'obfervations de diftances d'étoiles au zénith. Ainfi quoique cet Aftronome, & ceux qui ont obfervé dans les mêmes circonftances que nous, n'aient pas prefcrit explicitement la vérification du parallélifme de la lunette au plan du Secteur, laquelle fe déduit des mêmes principes que la vérification ordinaire; je me garderois bien d'en conclurre qu'ils ne l'ont pas employée, & qu'ils n'ont pris aucune précaution contre les erreurs de l'inclinaifon de la lunette fur le plan de l'inftrument.

ARTICLE XI.

Continuation du même fujet.

De la caufe qui a pû augmenter la diftance apparente de l'étoile au zénith, à Tarqui en 1739.

J'OMETS ici l'examen de plufieurs caufes d'erreur, différentes des précédentes, & le détail des attentions que nous avons eües pour nous en garantir; parce qu'il en fera fait mention

dans

dans le procès verbal des obfervations faites à *Cotchefqui* en 1740, & dans l'article où je rendrai compte des nouvelles pré-cautions que j'ai prifes en obfervant à *Tarqui* en 1742 & 1743. Il fuffit de remarquer ici que toutes ces fources d'erreur, tant celles qui ont fait le fujet des articles précédens, que celles qui me reftent à examiner, étoient également propres à augmenter & à diminuer la diftance apparente de l'étoile au zénith ; outre que les variations qu'elles pouvoient occafionner dans cette diftance n'auroient produit que quelques fecondes de plus ou de moins. On ne peut donc imputer à aucune de ces caufes le défaut de nos premières obfervations, par lefquelles la dif-tance de l'étoile au zénith de *Tarqui* nous parut conftamment de 19 à 27 fecondes plus petite en 1739 qu'en 1741, 1742 & 1743. Tâchons de développer le principe de cette erreur conftante dans le même fens : c'eft en partant de faits certains, que je vais effayer de remonter à fa fource.

Si jamais on a pû regarder une obfervation comme très-exacte ; c'eft, fans contredit, celle de la diftance de l'étoile ε d'*Orion* au zénith de *Tarqui*, à laquelle nous nous fommes arrêtés, & dont je vais bien-tôt rendre compte. Cette détermi-nation, fruit de près de deux années de travail, eft conforme au réfultat de plufieurs Suites d'obfervations indépendantes l'une de l'autre, faites à diverfes reprifes pendant le cours de l'année 1741 par M. *Bouguer :* je l'ai trouvée la même à la fin de l'année fuivante, & pendant plufieurs mois en 1743, avec le Secteur nouvellement reconftruit, & par un nouvel arc ; tellement que la différence entre le réfultat de M. *Bouguer* & le mien, eft à peine de deux fecondes, lorfqu'on a égard à toutes les équations connues. Nous avions, lui & moi, redoublé de foins,

Y

d'attentions & de fcrupules dans ces dernières obfervations; & la folidité de l'inftrument étoit alors à toute épreuve. Tant d'uniformité dans des circonftances fi différentes, & un fi grand nombre de confirmations, ne laiffent plus lieu à aucun doute. Nous pouvons donc regarder la diftance de ϵ d'*Orion* au zénith de *Tarqui*, obfervée en 1741, 1742 & 1743, comme la véritable. Ceci pofé, voici comme je raifonne.

Planche I, fig. 9.

Nous n'avons pû trouver en 1739 la diftance de cette même étoile au zénith, conftamment plus petite que la vraie, que parce que l'arc $A\omega$, tracé fur le limbe, & terminé par le fil-à-plomb CP, cet arc, que nous prenions pour mefure de la diftance verticale obfervée, étoit plus petit que l'arc qui la mefuroit réellement. Or pour que cela foit arrivé, il faut néceffairement que le rayon vifuel Ac_*, dirigé de l'œil à l'étoile, ait été tranfporté (par quelque caufe que ce puiffe être) de AC en Ac. En ce cas, & non autrement, l'angle apparent ACP, entre le rayon CA du Secteur & le fil-à-plomb CP, aura été plus petit que l'angle vrai entre le rayon vifuel Ac, dirigé à l'étoile, & la ligne verticale cp; alors quoique la vraie diftance de l'étoile au zénith fût mefurée par l'arc Ao, on aura pris l'arc $A\omega$ pour fa mefure, & par conféquent on aura jugé la diftance au zénith trop petite. Pour qu'on ait commis la même erreur dans les deux fituations de l'inftrument, il faut que tout ce que je viens de fuppofer foit encore arrivé lorfque le Secteur ayant été retourné en fens contraire, & le point A reftant au même lieu, le point α s'eft trouvé répondre au point ω, & réciproquement.

Jufqu'ici je n'ai tiré que des conféquences néceffaires & évidentes; il me refte à chercher ce qui a pû tranfporter conſtamment le rayon viſuel de *A C* en *A c* dans les deux ſituations inverſes du Secteur.

En examinant *(art. I X & X)* les effets de la flexion de notre inſtrument en différens plans, je n'ai pas diſtingué la lunette du rayon, ſur lequel elle étoit appliquée; & j'ai comparé à cet égard notre Secteur à celui de M. *Graham,* dans lequel il n'y a d'autre rayon que la lunette même qui porte le limbe; ce qui fait que la lunette & le rayon peuvent rigoureuſement y être pris l'un pour l'autre. Il eſt vrai que nous avons pû ſuppoſer la même choſe de notre inſtrument, à l'égard de nos dernières obſervations en 1741, 1742 & 1743; parce qu'alors les fourchettes de fer Z Z ſervant de ſupport à la lu-   Planche III. nette, avoient été raccourcies de moitié au moins, parce qu'on en avoit multiplié le nombre, & qu'enfin la lunette avoit été affermie ſur le rayon avec de nouvelles précautions dont il ſera parlé plus bas. On a pû auſſi confondre la lunette avec le rayon dans le nouveau Secteur de huit pieds de rayon, qui ſervit à *Cotcheſqui* en 1742 à M. *Bouguer,* vû l'attention expreſſe qu'il apporta ſur ce point, dont nous avions reconnu toute l'importance. Mais il faut avouer qu'il n'en étoit pas de même dans le temps de nos premières obſervations à *Tarqui* en 1739: alors la lunette, dans une longueur de douze pieds, n'étoit ſoûtenue que par trois fourchettes aſſez foibles, & dont la diſtance au corps de l'inſtrument étoit de ſept pouces; ce qui faiſoit un long levier, à l'extrémité duquel le poids de la lunette pouvoit agir ſenſiblement. Voyons quel a dû en être l'effet.

Ces fourchettes ou ſupports étant perpendiculaires au plan du Secteur, c'étoit ſur-tout dans le ſens de leur direction que devoit s'exercer l'action du levier; &, à cet égard, elle devoit se réduire à approcher la lunette du plan du Secteur, toûjours parallèlement à elle-même, & plus ou moins près, selon que le poids de la lunette eût fait plier plus ou moins les fourchettes: comme deux *régles parallèles* s'approchent d'autant plus, que les traverses qui les joignent deviennent plus obliques. Or on voit que ce mouvement de la lunette ne pouvoit rien changer à la distance apparente de l'étoile au zénith, pourvû qu'il se fît parallèlement au plan du Secteur; comme il ne nous est pas permis d'en douter, puisque l'étoile passoit en effet à l'heure calculée de sa médiation, dans les deux situations inverses de l'instrument, ainsi que le procès verbal en fait foi.

Ce n'est donc pas la flexion dans le plan perpendiculaire au limbe; & c'est seulement la flexion dans le plan du limbe, qui a pû transporter le rayon visuel de AC en Ac: transport qu'il est nécessaire d'admettre pour expliquer comment la distance au zénith a pû être trouvée constamment trop petite. Voyons ce que les supports trop longs de la lunette ont pû opérer en ce sens. Qu'on suppose que la fourchette supérieure étoit plus foible que les autres: il se sera fait nécessairement un pli au tuyau de la lunette vers le point E, à quoi le poids de la monture de l'objectif aura pû contribuer *. Cette supposition n'a rien de contraire à la vrai-semblance; & si on l'admet, tout s'expliquera très-naturellement. $C\alpha\omega$ représente le plan du Secteur; C est le centre; $\alpha\omega$ est l'arc tracé sur le limbe; CA, le rayon sur lequel la lunette étoit appliquée, à 7 pouces de

Planche I, fig. 9. (marginal note)

---

* Cette monture étoit composée d'un bout de tuyau de cuivre, de trois plaques de même métal, dont deux assez épaisses, & de quatre vis: le tout enté à l'extrémité d'un tube d'une simple feuille de fer blanc, de deux pouces de diamètre.

diſtance, dans un plan parallèle au plan du Secteur & perpendiculaire à celui de la Figure; ce qui empêche d'y pouvoir
repréſenter les trois ſupports qui répondoient aux points *1, 2, 3*,
du rayon *CA*. Le pli que nous ſuppoſons, qui ſe ſera fait à la
lunette vers *E* par la foibleſſe du ſupport *3*, & peut-être par le
poids de la monture de l'objectif, aura tranſporté l'extrémité de
la lunette de *C* en *c:* la même choſe ſera arrivée lorſque l'inſtrument aura été retourné ſur ſon axe *CA*, & que le point *α* &
le point *ω* auront mutuellement changé de place : le tout ſans
que le centre *C* du Secteur, d'où pend le fil-à-plomb, ait
changé de ſituation. Dans l'une & dans l'autre poſition du
Secteur, l'angle apparent *ACp*, compris entre le rayon *AC*
& le fil-à-plomb *CP*, qui battoit ſur le limbe au point *ω* ou au
point *α*, aura été plus petit que l'angle véritable *A c p*, compris entre le rayon viſuel, tranſporté par la flexion de la lunette
de *AC* en *Ac*, & la verticale *c p* parallèle à *CP*. Cette cauſe
agiſſant conſtamment, & tendant également dans les deux
ſituations de l'inſtrument, à augmenter la diſtance apparente
de l'étoile au zénith, doit avoir produit une erreur conſtante,
& du même ſens : laquelle ſe combinant avec d'autres petites
erreurs variables, aura paru tantôt plus, tantôt moins grande;
mais toûjours dans le ſens où agiſſoit la cauſe principale & domi-
nante. Toute erreur ſemblable, & procédant d'une courbure de
la lunette par ſon poids, ne peut être reconnue par le renverſement*: c'eſt ce que M. de *Maupertuis* a déjà remarqué &
expliqué. Cette opération ne peut ſervir qu'à vérifier la poſition d'une lunette ſuppoſée inflexible.

Il faut avouer que l'étoile que nous obſervions ne paſſant

---

* **Figure** de la Terre déterminée &c. Diſcours &c. *page 67 & 68.*

guère qu'à 1 ⅔ degré du zénith à *Tarqui,* il n'eſt pas aiſé de con‑
cevoir que la lunette, dans une ſituation qui différoit ſi peu
de la verticale, ait pû s'arquer par ſon propre poids, en y
ajoûtant même celui de la monture de l'objectif; mais j'avoue
que je ne vois point d'autre manière d'expliquer le tranſ‑
port réel & conſtant du rayon viſuel, de *AC* en *Ac.* M.
Bouguer l'aura peut‑être fait plus heureuſement. Quoi qu'il
en ſoit, il eſt certain que depuis que les fourchettes ont été
raccourcies, que leur nombre a été augmenté, & que la lunette
a été affermie & aſſurée par pluſieurs liens dans toute ſa lon‑
gueur ſur le rayon du Secteur; la diſtance au zénith a été trouvée
conſtamment plus grande qu'auparavant, & toûjours ſenſible‑
ment la même à chaque obſervation.

Au reſte, comme une demi‑ligne répondoit ſur le limbe de
notre Secteur à une minute de degré, il ſuffit que le bout objectif
de la lunette ait varié d'un ſixième de ligne, pour avoir produit
une erreur conſtante de 20 ſecondes dans la diſtance au zénith.

ARTICLE XII.

Premières obſervations faites à Cotcheſqui, *extrémité
ſeptentrionale de la Méridienne; en Février, Mars
& Avril 1740.*

Aussi-tost que nous eûmes terminé notre travail à une
extrémité de la Méridienne, nous nous hâtâmes de paſſer à
l'autre, pour mettre le moindre intervalle poſſible entre nos
obſervations aux deux bouts de l'arc meſuré. J'obſervois encore
à *Tarqui* le 13 Janvier 1740; & dès le 12 Février ſuivant, le

Secteur étoit prêt pour l'obfervation, à plus de quatre-vingts lieues de diftance; quoiqu'il eût fallu le porter à bras, par des chemins difficiles, & que M. *Bouguer* eût été obligé de s'arrêter plufieurs jours à *Quito*, pour faire faire à cet inftrument plufieurs réparations qui avoient été jugées néceffaires. Les réponfes qu'il me fallut faire à mon arrivée en cette ville, aux lettres que je reçûs du Viceroi &c. fur les affaires dont j'ai parlé, m'y retinrent deux ou trois jours après le départ de M. *Bouguer.* Je l'allai joindre à fix lieues de *Quito*, fur la montagne de *Mohanda*, où nous étions convenus de terminer notre mefure du Méridien du côté du Nord. Je le trouvai tout établi, & l'inftrument déjà monté à *Cotchefqui*, maifon de campagne où il s'étoit arrêté, & qui eft fituée à la vûe de notre première Bafe & de nos premiers Triangles, avec lefquels il étoit aifé de lier notre nouvel obfervatoire. Je vérifiai le 18 la grandeur de l'arc tracé par M. *Bouguer.* Les jours fuivans, nous commençâmes à obferver.

Au lieu de m'étendre fur ces obfervations, je ferai beaucoup mieux de tranfcrire ici le détail qu'en a donné M. *Bouguer* dans un procès verbal qu'il a rédigé à *Cotchefqui* même, & fait certifier & légalifer à *Quito* par trois Notaires, comme le précédent l'avoit été à *Cuenca* par le Corps de Ville.

Extrait du Procès verbal des Obfervations faites à Cotchefqui *en 1740.*

J'ai cru devoir fupprimer dans cet extrait quelques détails étrangers aux obfervations qui font la matière du procès verbal.

« …. On avoit *(c'eft M. Bouguer qui parle)* affez reconnu à *Tarqui* lorfqu'on démonta *(l'inftrument)*, que fes affemblages ne «

» pouvoient fouffrir aucun changement *(a)*; & que s'il y avoit
» quelque dérangement à craindre, il ne pouvoit venir que de la
» lunette, appliquée à une trop grande diſtance du plan du
» Secteur. Cependant je fis non feulement raccourcir les four-
» chettes qui foûtenoient cette lunette, les réduifant à 3 $\frac{1}{2}$ pouces,
» d'environ 7 qu'elles avoient ; mais je fis fortifier la briſure du
» milieu du rayon du Secteur par deux nouvelles bandes de
» fer, arrêtées chacune par pluſieurs vis ; & je fis outre cela
» fouder à *Cotchefqui* le Micromètre même à la lunette, après
» avoir déjà mis de fortes ligatures de fil de fer. Il n'eſt pas
» befoin d'inſiſter fur toutes les autres précautions que j'ai prifes
» enfuite avec le même foin que je l'avois fait à l'autre extré-
» mité, foit pour rendre la lunette parallèle au plan de l'inſ-
» trument, foit pour rendre les foies du Micromètre perpen-
» diculaires au limbe, foit pour les mettre exactement au foyer
» de l'objectif pour les objets céleſtes, foit enfin pour tracer
» fur le limbe un arc dont la corde fût une partie aliquote
» exacte du rayon. Ayant reconnu dès le 14 Février, par une
» détermination un peu anticipée *(b)*, mais qui s'eſt trouvée
» pluſtôt confirmée que corrigée par le Triangle que nous avons
» formé depuis, & dont M. de la *Condamine* & moi venons
» actuellement de mefurer les angles, que notre obfervatoire
» étoit à un peu moins de 425 toifes plus au Nord que le
» Signal de *Tanlagoa*, je favois très-exactement notre latitude,

(a) Si nous l'avons cru alors, nous nous fommes bien défabufés depuis
fur cet article.

(b) Par une autre détermination plus directe & faite plus à loifr, nous
trouvâmes depuis, chacun de notre côté, feulement 414 ou 415 toifes.
Voyez Table I des Triangles, Tr. XXXIII, Col. XI.

& que

& que le double de la diſtance de l'étoile ε d'*Orion* à notre «
zénith, que les obſervations nous fourniroient immédiatement, «
feroit d'environ 2^d $52'$: c'eſt pourquoi je me determinai à «
donner pour corde à l'arc la 20e partie du rayon; ce qui «
rendoit cet arc de 2^d $51'$ $54\frac{1}{4}''$, & le Micromètre devoit fup- «
pléer au reſte. Pendant que toutes ces choſes ſe faiſoient, on «
travailloit à obtenir une Méridienne dans notre obſervatoire «
en réglant une Pendule par des hauteurs correſpondantes, que «
M. *Verguin* s'étoit chargé de prendre, & qu'il a auſſi toûjours «
priſes depuis. Cette Méridienne, indiquée comme à *Tarqui* «
par un long aſſemblage de cheveux, fut vérifiée encore le 17 «
Février par des hauteurs priſes le matin, deſquelles je me ſervis «
pour conſtater l'état de la Pendule; & tout étant diſpoſé le «
même jour...... Nous convînmes, M. de la *Condamine* & «
moi, d'obſerver alternativement. Voici nos obſervations. «

*Premières obſervations de la diſtance de l'étoile ε d'*Orion *au zénith*
de Cotcheſqui, *faites par le moyen d'un arc de* 2^d $51'$ $54\frac{1}{4}''$.

Le limbe de l'inſtrument étant tourné vers l'occident.	Le 19 Février 1740	28 part. add. microm.
	Le 21.	22
	Le 22.	17
Le limbe étant tourné vers l'orient.	Le 1ᵉʳ Mars 1740	29 part. add. microm.
	Le 2	21
	Le 5	33
	Le 8	28
	Le 9	28

Nous retournâmes enſuite l'inſtrument, en préſentant le «
limbe vers l'occident, dans l'intention de joindre quelques nou- «
velles obſervations à celles des 19, 21 & 22 Février, & de «
nous démontrer à nous-mêmes qu'il n'y avoit eu aucun déran- «
gement; mais un vent très-fort qui s'éleva la nuit du 9 au «

Z

» 10 Mars, & qui continua jufqu'au 11 matin, renverfa non
» feulement le cuir qui fermoit l'ouverture du toit de l'obfer-
» vatoire, en rompant diverfes cordes, mais un fecond cuir qui
» étoit beaucoup au deffous; & qui étant appliqué fur un chaffis,
» couvroit immédiatement l'inftrument : ce vent fit, pour ainfi
» dire, pleuvoir les tuiles; nous en trouvâmes divers éclats tout
» autour de l'inftrument, avec des fragmens de chaux ou de
» mortier; & on ne pût pas empêcher le 10 matin, pendant
» que nous étions tous occupés à réparer ces défordres caufés
» pendant la nuit, & à tâcher de les prévenir pour une autre
» fois, qu'une tuile entière ne tombât en notre préfence, non
» pas fur le Secteur, mais fur le banc qui l'arrête par en bas,
» & qui pouvoit lui tranfmettre une partie du coup : je ne fais
» pas même s'il ne fit que du vent; car une muraille, dans un
» autre endroit de la maifon, s'écroula pendant la nuit; deux
» pendules, que nous avions dans l'obfervatoire, fe dérangèrent,
» & la révolution diurne de l'une, réglée fur le temps moyen,
» changea de près d'une minute. Tout cela nous fit craindre quel-
» que changement dans l'inftrument, & il y en eut un effecti-
» vement qui fut tel, que quoiqu'il n'intéreffât en rien la foli-
» dité ou la fermeté de fes parties, comme je le reconnus par
» l'examen que j'en fis, & par la manière dont le moindre coup
» d'ongle faifoit frémir tout le Secteur, l'étoile qui paffoit toû-
» jours au deffus du fil fixe du Micromètre, paffa enfuite en
» deffous, lorfque le limbe fut tourné vers l'occident. Ainfi
» nous fûmes obligés de tirer un premier réfultat des huit obfer-
» vations que nous avions : elles nous apprirent que notre arc
» de 2^d 51′ 54$\frac{1}{4}$″ étoit trop petit de 50 parties du Micromètre,
» qui valent prefque 22″, le double de la diftance apparente

de l'étoile ε d'*Orion* au zénith étoit donc de 2$^{\rm d}$ 52′ 16″, & «

cette diftance de 1$^{\rm d}$ 26′ 8″, qu'il faut augmenter de 1″ pour la «

réfraction ; le temps nous a enfuite été extrêmement contraire, «

jufque-là qu'on a eu beaucoup de peine à régler la Pendule.   «

Secondes obfervations.

Le limbe étant tourné vers l'occident.
{ Le 11 Mars 1740 . . . . 44 part. fouftr. microm.
{ Le 15 Mars 33

Le limbe tourné vers l'orient.
{ Le 16 Mars . . . . 71 part. add. microm.
{ Le 19 Avril 63
{ Le 20 Avril 70

Le limbe retourné vers l'occident.
{ Le 25 Avril. . . . . 35 part. nég.

Nous trouvons par les fecondes obfervations, qu'il ne fau- «

droit ajoûter que 31 parties, qui valent, à très-peu près, 13$\frac{1}{2}$ «

fecondes, à notre arc de 2$^{\rm d}$ 51′ 54$\frac{1}{4}$″ : il ne viendroit donc «

que 1$^{\rm d}$ 26′ 4″ pour la diftance apparente de l'étoile au zénith, «

& 1$^{\rm d}$ 26′ 5″ pour la diftance vraie. Plufieurs raifons nous «

obligeroient, ce femble, à déférer un peu plus à ce fecond «

réfultat qu'au premier ; outre que toutes les obfervations qui «

nous le fourniffent ont été faites de jour, fans qu'il ait été «

néceffaire d'éclairer les fils, la détermination eft plus complète, «

l'inftrument ayant été tourné & retourné, & nous fommes «

fûrs qu'il n'y a point eu de dérangement dans l'intervalle. Mais «

ayant mefuré le 26 d'Avril la corde de l'arc, & l'ayant com- «

parée au rayon en la multipliant vingt fois, nous trouvâmes «

qu'elle formoit une quantité plus grande d'environ $\frac{9}{10}$ de ligne. «

Nous ne démontâmes l'inftrument que le lendemain au foir, «

après avoir remefuré fon rayon, & avoir examiné fi fon centre «

n'avoit pas changé ; & reconnu auffi que toutes les parties «

» avoient toute la folidité poffible. Lorfque nous eûmes le limbe
» entre les mains, nous eûmes plus de commodité à bien me-
» furer la corde, & nous trouvâmes encore que répétée 20 fois,
» elle formoit une quantité plus grande que le rayon ; non pas
» de $\frac{9}{10}$ ligne, mais d'environ $\frac{8}{11}$ ligne. Lorfque je limitai l'arc
» le 17 Février, je le fis le matin, quand la chaleur étoit à
» peu près la même qu'au temps de l'obfervation, qui fe fai-
» foit un peu après fept heures du foir : au lieu que les compa-
» raifons des 26 & 27 Avril fe firent dans le temps de la journée
» où le limbe, qui étoit fait de cuivre rouge, avoit dû acquerir
» par la chaleur, quoique toûjours à l'ombre, le plus d'exten-
» fion qu'il fe pouvoit, par rapport à l'affemblage des barres
» de fer qui formoient le rayon : ainfi cette extenfion peut
» avoir eu quelque part à la différence que nous avons trouvée.
» Il faut néanmoins que le dérangement que fouffrit l'inftru-
» ment le 10 Mars, y ait beaucoup plus contribué : car à peine
» la chaleur devoit-elle caufer une différence d'un fixième ou
» d'un feptième de ligne fur la longueur totale ; mais il n'importe
» que le changement vienne de l'une ou de l'autre caufe : nous
» l'avons remarqué à peu près vers le temps où fe faifoient alors
» les obfervations, & il faut donc y avoir égard ; car tous nos
» examens réitérés tendent à le confirmer unanimement & fans
» variation fenfible. L'arc étant trop grand d'environ $\frac{4}{110}$ ligne,
» il doit valoir, vû les dimenfions de notre Secteur, environ
» $4\frac{1}{2}''$ plus que nous ne l'avions fuppofé, & c'eft un peu plus
» de 2 fecondes à ajoûter au fecond réfultat ; ce qui donne 1ᵈ
» 26′ 7″ pour la diftance vraie de l'étoile au zénith. Comme
» cette feconde détermination ne diffère après cela que de 2 fe-
» condes de la première 1ᵈ 26′ 9″, il devient indifférent, ou de

s'arrêter au milieu , ou de déférer un peu plus à la feconde. »
Nous prenons 1ᵈ 26′ 8″; & telle étoit la diftance vraie du «
côté du Sud de l'étoile *ε* d'*Orion* au zénith de *Cotchefqui*, vers «
le milieu du mois dernier. «

En prenant le milieu entre les obfervations faites à *Tar-* «
qui, ce qui me paroît le parti le plus fûr après y avoir mieux «
penfé, & vû auffi l'obfervation que M. de la *Condamine* «
obtint le 13 Janvier , l'étoile étoit éloignée du zénith de «
Tarqui, du côté du Nord, de 1ᵈ 40′ 35″, & tout l'arc de la «
Méridienne, compris entre les obfervatoires de *Tarqui* & de «
Cotchefqui, eft de 3ᵈ 6′ 43″. Il ne refte plus qu'à augmenter «
cette quantité du changement qu'a pû recevoir la déclinaifon «
de l'étoile depuis le commencement de Janvier de cette année, «
jufque vers le 15 de Mars : ce changement eft très-connu , & «
d'ailleurs la fituation de l'étoile le rend très-petit. Il faut auffi «
avoir égard aux changemens qui peuvent naître ou de la paral- «
laxe de l'orbe annuel, ou de la nutation de l'axe même de la «
Terre. Je propofai à M. *Godin* , étant à *Cuença*, de faire pointer «
fur l'étoile une lunette rendue fixe, & fcellée contre un mur, «
pendant le cours de nos obfervations , afin de voir les varia- «
tions auxquelles l'étoile feroit fujette : il me répondit qu'il y «
avoit déjà penfé, qu'il fe chargeoit de l'exécution. . . . C'eft «
une chofe à examiner; mais comme on le peut faire par-tout, «
& que d'ailleurs il y a lieu de croire que tous ces change- «
mens font à peine fenfibles, puifqu'ils ont échappé aux yeux «
de plufieurs Aftronomes auffi attentifs qu'habiles, *nous avons* «
cru devoir terminer nos opérations au Pérou, & regarder l'objet «
de notre miffion comme entièrement rempli. FAIT à *Quito*, auffi- «
tôt mon retour du Signal de *Tanlagoa* , le 6 Mai 1740. «
Signé B O U G U E R. *Au deffous eft écrit* » :

Z iij

» Je certifie les faits contenus dans le préfent écrit, de la
» plufpart defquels j'ai été témoin & participant, les obferva-
» tions ayant été faites alternativement entre M. *Bouguer* & moi.
» Je n'ai pû me rendre que quelques jours après M. *Bouguer* à
» *Cotchefqui,* ayant été retenu à *Quito,* & obligé de vaquer, en
» qualité d'exécuteur teftamentaire, à des affaires qui intéref-
» foient la mémoire de feu M. *Seniergues* Chirurgien de la Com-
» pagnie, & l'honneur de la Nation ; ainfi je n'ai pas affifté
» aux difpofitions préliminaires qui ont précédé la monture de
» l'inftrument & de la lunette, perfuadé d'ailleurs que je ne pou-
» vois mieux faire que de m'en rapporter entièrement à M.
» *Bouguer;* mais j'arrivai à *Cotchefqui* avant la première obfer-
» vation, & je crus que pour pouvoir dépofer des faits avec
» connoiffance de caufe & comme témoin oculaire, je devois
» vérifier par moi-même la grandeur du rayon de notre Sec-
» teur, & fon rapport à la corde de l'arc qui devoit mefurer la
» diftance de l'étoile au zénith; ce que j'exécutai le 18 Février
» dernier. Je trouvai le rayon égal à vingt fois la corde, fans dif-
» férence fenfible de la mefure que M. *Bouguer* lui avoit pro-
» curée, laquelle fut auffi vérifiée dans le même temps par
» M. *Verguin;* ce qui fert de confirmation à l'exactitude de cette
» première mefure. Il n'eft pas moins certain (quelle qu'en puiffe
» être la caufe) que le rayon s'eft trouvé plus court de près de
» $\frac{3}{4}$ de ligne, quand nous le remefurâmes les 27 & 28 Avril
» dernier après notre dernière obfervation. Nous avons cherché
» à douter d'un fait auquel nous nous étions fi peu attendus;
» ce qui a rendu nos examens plus fcrupuleux, & nos doutes
» n'ont cédé qu'à l'évidence. J'ofe même affûrer que la quan-
» tité dont nous avons jugé le rayon raccourci, n'eft nulle-
» ment exagérée, non plus que la différence que je trouvai à

Tarqui le 1 5 Janvier dernier dans notre première mesure, «
que j'estimai alors de $\frac{28}{100}$ de ligne, & dont j'ai fait mention «
dans le rapport ou procès verbal de notre observation. Enfin «
ce n'est qu'après nous être vûs forcés d'admettre ce change- «
ment de longueur du rayon, que nous avons fait réflexion «
qu'il rapprochoit nos deux déterminations. Quant à ce que «
nous n'appliquons qu'à la dernière l'équation qui résulte de «
cette variation, indépendamment des raisons rapportées par «
M. *Bouguer,* qui portent à croire que le changement s'est fait «
(du moins la plus grande partie) tout-à-coup, & entre les «
deux observations, il est certain que quand on voudroit sup- «
poser qu'il s'est fait successivement & proportionnellement au «
temps écoulé entre les deux observations du 1 9 Février & «
du 2 5 Avril, ce qui semble ne pouvoir se concilier avec la «
solidité de l'assemblage de toutes les parties de l'instrument, «
que nous reconnûmes en le démontant : la première déter- «
mination ne seroit pas sensiblement affectée du changement «
supposé successif; au lieu que la dernière, tirée d'observations «
dont le cours a duré près de deux mois, se trouveroit chargée «
de presque tout l'effet produit par le raccourcissement du rayon. «
A *Quito,* le 6 Mai 1740. *Signé* LA CONDAMINE. *En-* «
suite est écrit ce qui suit : «

Je soussigné, certifie la vérité de toùs les faits ci-dessus «
rapportés, tant pour avoir assisté à tout dès le commence- «
ment, que pour y avoir aidé. J'ai eu aussi le loisir de regarder «
à la lunette dans plusieurs observations. FAIT à *Quito,* le «
6 Mai 1740. *Signé* VERGUIN ».

ARTICLE XIII.

Table d'Observations de l'Étoile ε d'Orion, faites en commun à Cotchefqui en 1740.

Réduites au premier Janvier 1743, & au nouvel obfervatoire, 14 ½ toifes plus au Nord qu'en 1740.

Première Suite d'Obfervations, dans lefquelles l'arc étoit de 2ᵈ 51′ 54″,2, & fa corde 1/20 du rayon.

SITUATION du Secteur.	DATE des Obfervations.	QUANTITÉS obfervées avec le Micromètre	ÉQUATIONS POUR LA			Obfervations réduites au 1 Janv. 1743.		
			Préceffion des Équinoxes	Aberration de la Lumière.	Nutation de l'Axe terreftre.			
Le limbe tourné à l'orient.	19 Fevr. 1740.	+ 12″, 3	— 9″, 0	— 5″, 8	— 8″, 4	— 10″, 9	} — 13″, 5	
	21	+ 9, 6	— 9, 0	— 5, 9	— 8, 4	— 13, 7		
	22	+ 7, 4	— 9, 0	— 5, 9	— 8, 4	— 15, 9		} — 24″,9
à l'occident.	1 Mars 1740.	+ 12, 7	— 8, 9	— 6, 4	— 8, 2	— 10, 8	} — 11″,4	
	2	+ 9, 2	— 8, 9	— 6, 5	— 8, 2	— 14, 2		
	5	+ 14, 5	— 8, 9	— 6, 6	— 8, 2	— 8, 8		
	8	+ 12, 3	— 8, 8	— 6, 7	— 8, 1	— 11, 5		
	9	+ 12, 3	— 8, 8	— 6, 7	— 8, 1	— 11, 5		

Arc du Secteur . . . . 2ᵈ 51′ 54″,2 ½

Double diftance au Zénith obfervée . . . . . 2ᵈ 51′ 29″,3 ½

Diftance apparente au Zénith, du côté du Sud, obfervée en 1740 . . . . . . 1 25 44, 6 ½

Réduction à l'obfervatoire de 1743 . . . . + 0, 9

Premier Réfultat. Diftance appar. de ε d'*Orion* au Zénith de *Cotchefqui* vers le Sud, le 1ᵉʳ Janv. 1743 . . . 1ᵈ 25′ 45″,6

Seconde Suite. *L'arc plus grand que dans la précédente de 4½″ & par conféquent de 2ᵈ 51′ 58″,7.*

à l'occident.	11 Mars	— 19″,3	— 8″,8	— 6″,8	— 8″,1	— 43″, 0	} — 39″,2	
	15	— 14, 5	— 8, 7	— 6, 9	— 8, 1	— 38, 2		
	25 Avril.	— 15, 3	— 8, 4	— 5, 3	— 7, 5	— 36, 5		} — 31″8
à l'orient.	16 Mars	+ 31, 1	— 8, 7	— 6, 9	— 8, 1	+ 7″, 4	} + 7″,4	
	19 Avril	+ 27, 6	— 8, 4	— 5, 8	— 7, 6	+ 5, 8		
	20	+ 30, 7	— 8, 4	— 5, 8	— 7, 6	+ 8, 9		

Arc du Secteur, augmenté de 4″,5 par l'examen du 29 Avril . . . . 2ᵈ 51′ 58″,7

Double diftance au Zénith obfervée 2 51 26, 9

Diftance apparente au Zénith, du côté du Sud, obfervée en 1740 . . . 1 25 43, 5

Réduction à l'obfervatoire de 1743 . . . . . . + 9

Second Réfultat. Diftance appar. de ε d'*Orion* au Zénith de *Cotchefqui* du côté du Sud, le 1ᵉʳ Janv. 1743 . 1ᵈ 25′ 44″,4

Remarques

Remarques fur les obfervations de la Table précédente.

Ces obfervations nous avoient donné d'abord 1^d 26′ 7″ pour la diftance·*apparente* moyenne de l'étoile ε d'*Orion* au zénith de *Cotchefqui*, en 1740 *(p. 164 & 165): il* faut en retrancher 23″ pour réduire cette diftance au 1er Janv. 1743, toutes les équations fe trouvant négatives; comme on le voit en détail par la Table précédente. On trouvera donc la diftance au zénith de *Cotchefqui* de 1^d 25′ 44″ pour le premier Janvier 1743, & de 1^d 25′ 45″ quatorze toifes & demie plus au Nord, à l'endroit où M. *Bouguer* opéra, dans le temps de nos obfervations correfpondantes & fimultanées.

On a vû par le procès verbal des obfervations faites à *Cotchefqui* en 1740, que les fourchettes de fept pouces qui portoient la lunette avoient été accourcies de moitié depuis les premières obfervations de 1739 à *Tarqui :* mais le nombre n'en avoit pas encore été augmenté; & l'inconvénient, dont j'ai examiné les fuites dans l'article XI, pouvoit fubfifter en partie. Il devoit feulement être fort diminué : auffi ne trouvâmes-nous en 1740, la diftance au zénith trop petite, à *Cotchefqui,* que de quelques fecondes; au lieu qué nous l'avions trouvée en 1739 à *Tarqui,* de 19 & de 27 fecondes moindre que la véritable.

Ce ne fut qu'en Septembre 1741, lorfque M. *Bouguer* multiplia le nombre des fupports de la lunette, que le Secteur acquit toute la folidité néceffaire. Du moins c'eft depuis cette époque, que toutes les obfervations faites à différentes reprifes avec cet inftrument, quoique par divers Obfervateurs & fur différens arcs, ont commencé à donner conftamment une même diftance au zénith; ce qui a continué pendant le

A a

refte de 1741, en 1742 & 1743, prefque fans variation, autre que celle qui réfulte de la fomme des équations pour la préceffion des équinoxes, & l'aberration de la lumière. C'eft ce qui fera prouvé évidemment en fon lieu.

Quoi qu'il en foit, la diftance de l'étoile ε d'*Orion* au zénith de *Cotchefqui*, obfervée en 1740, & réduite au 1er Janvier 1743, ne différera que de 3 ou 4 fecondes de celle qui réfulte de nos obfervations fimultanées; & cette petite différence, diftribuée fur notre arc de 3 degrés 7 minutes, ne feroit guère que d'une feconde par degré.

De-là on pourroit être tenté de conclurre qu'il n'étoit pas néceffaire de répéter nos obfervations à *Cotchefqui;* mais après l'expérience d'une erreur de 23 fecondes à *Tarqui*, dans le moyen réfultat de trois Suites d'obfervations, que nous regardions comme exactes *(Voy. Proc. verb. page 135)*, nous étoit-il permis de préfumer qu'il n'y auroit rien à réformer à celui de *Cotchefqui*, tiré de deux Suites feulement d'obfervations, dont l'une même eft incomplète? Ce n'étoit qu'en les répétant avec de nouvelles précautions, que nous pouvions juger du degré de foi qu'elles méritoient; & les raifons qu'il y avoit d'ailleurs *(Voy. Introd. hiftoriq. à l'année 1742)* pour obferver en même temps aux deux extrémités de l'arc du Méridien, étoient fi fortes, que nous n'euffions pas été excufables, fi nous euffions négligé de donner à notre détermination de la valeur du degré, un caractère fingulier d'authenticité, en prenant une précaution qui n'avoit jamais été employée, & qui, de l'aveu même de M. *Bouguer (Mém. de l'Acad. 1744, pages 292 & 293), tranche toutes les difficultés.*

ARTICLE XIV.

Observations diverses de l'étoile ε d'Orion, faites à Quito, en deux différens endroits; en 1737, 1740, 1741 & 1742.

Réduites au premier Janvier 1743, & à la Tour de la Mercy.

DATES & lieux des Observations.	DISTANCES au Zénith observées du côté du Sud	ÉQUATIONS POUR LA			Observations réduites au 1 Janvier 1743.	Équations pour la diff. latit. des observatoir.	Observations réduites à la Tour de la Mercy.
		Précession des Équinoxes	Aberration de la Lumière.	Nutation de l'Axe terrestre.			
A l'Observatoire de Sainte Barbe.							
1737. 15 Janv.	1ᵈ 10′ 38″,2	— 18″,9	— 2″,0	— 12″,6	1ᵈ 10′ 4″,7	— 4″,9	1ᵈ 9′ 59″,8
15 Juill.	1 10 34,9	— 17,3	+ 4,8	— 12,5	1 10 9,9	— 4,9	1 10 5,0
A l'Observatoire de la Mercy.							
1740. 15 Sept.	1 10 19,8	— 7,3	+ 9,9	— 6,7	1 10 15,7	0,0	1 10 15,7
15 Oct.	1 10 20,4	— 7,0	+ 9,2	— 6,2	1 10 16,4	0,0	1 10 16,4
1741. 15 Janv.	1 10 31,1	— 6,2	— 2,1	— 5,7	1 10 17,1	0,0	1 10 17,1
1742. 15 Juill.	1 10 13,0	— 1,5	+ 4,9	— 1,4	1 10 15,0	0,0	1 10 15,0

Remarques sur les observations de la Table précédente.

Je me suis contenté de marquer dans la Table précédente, le résultat de cinq différentes Suites d'observations, faites à *Quito* en différens temps & par différens Observateurs. Il eut été trop long de rapporter en détail toutes les observations dont chaque Suite étoit composée. Les dates ont été fixées dans la Table, à un jour à peu près également éloigné du commencement & de la fin du temps où l'on a observé : par exemple, on a daté du 15 Janvier les observations faites dans le cours de Janvier; & ainsi des autres.

Voici quelques remarques sur chacun de ces résultats en particulier ; & sur-tout à l'égard des deux premiers, qui dans

la Table font rapportés au 1 5 Janvier & au 1 5 Juillet 1737.
L'un & l'autre ont été tirés d'obfervations qui nous font communes, à M. *Godin*, M. *Bouguer* & moi, & qui n'ont pas
été faites dans le deffein formel d'en conclurre la valeur du
degré. Nous n'avions alors pour but que de vérifier la pofition de la lunette du Secteur, après l'obfervation des Solftices
de Décembre 1736 & Juin 1737 ; mais comme nous obfervâmes pour cette vérification la diftance verticale de l'étoile
ε d'*Orion*, la même qui a toûjours été obferyée depuis, pour
déterminer l'amplitude de l'arc du Méridien, l'on peut faire
fervir ces premières obfervations au même ufage.

Notre Secteur de douze pieds de rayon, avec lequel elles
furent faites en 1737, étoit en ce temps-là tel que nous l'a-
vions apporté de France à *Quito*, pour pouvoir obferver, fous
l'Équateur même, le Soleil dans les deux Tropiques, & en
conclurre l'obliquité de l'Ecliptique. Le limbe comprenoit
alors un arc de 3 0 degrés, divifé en minutes. L'inftrument
étoit fufpendu vers fon milieu par un genou cylindrique,
comme un Quart-de-cercle ordinaire, & porté fur un pied
deftiné à un de ces inftrumens.

Quelque foin que nous priffions dans le temps de ces premières obfervations pour faire répondre le fil-à-plomb précifément fur un point de la divifion, il n'étoit pas poffible de l'y
maintenir long-temps. Il y a bien de l'apparence que le poids
confidérable du total des pièces dont étoit alors formé le Secteur, faifoit quelquefois céder infenfiblement les vis de fon
pied, trop foible pour le corps de l'inftrument. D'ailleurs, la
nature de fa fufpenfion par un feul point, & la grande furface que le limbe & fes arc-boutans préfentoient au vent,

auquel le Secteur étoit fort expofé, le rendoient fujet à une trépidation qui fe renouveloit & augmentoit à la moindre agitation de l'air.

En effet, je ne crois pas que dans le temps dont je parle, nous ayons confommé une feule obfervation, fur un des points marqués fur le limbe, de minute en minute, defquels feuls nous avions compté faire ufage : & nous n'avons pû nous paffer du fecours des tranfverfales; auxquelles l'ouvrier n'avoit pas apporté, à beaucoup près, la même attention qu'aux points.

Toutes ces raifons ont fouvent rendu notre eftime incertaine; & elle l'eût été bien davantage, fi elle n'eût été faite à l'inftant même de l'obfervation. Tandis que M. *Godin* avoit l'œil à la lunette, & tournoit l'index du Micromètre jufqu'à ce qu'il eût atteint l'étoile avec le fil mobile, nous nous relevions alternativement, M. *Bouguer* & moi, pour eftimer la minute & la feconde où répondoit le fil-à-plomb. Je n'ai donc pas balancé à préférer le nombre eftimé dans ce moment, à celui que nous avons quelquefois tous vû, une ou deux minutes après, & qui différoit du premier de plufieurs fecondes, une fois entr'autres de 1 0″ très-évidemment.

Deux autres circonftances peuvent encore nous faire naître quelque doute fur l'exactitude des deux premiers réfultats de la Table. Premièrement, les obfervations fur lefquelles ils font fondés ont été faites avec l'ancien Secteur de 3 0 degrés, fur des divifions tracées par l'ouvrier, & defquelles nous ne pouvions pas répondre; au lieu que toutes les autres obfervations ont été faites fur des arcs tracés par nous-mêmes, & dont nous connoiffions exactement la valeur. Secondement, le Secteur n'a jamais été tourné qu'une fois pendant le cours

de chacune de ces deux Suites d'obſervations ; au lieu que
dans toutes les autres, l'inſtrument a non ſeulement été détourné, mais remis au moins une fois dans ſa première ſituation.

Si à toutes ces cauſes d'erreur, particulières aux deux réſul-
tats de Janvier & de Juillet 1737, on joint celles qui ſont
expoſées dans les articles V I I I & ſuivans, & celles qui nous
reſtent à examiner ; au lieu d'être ſurpris que deux obſervations,
qui ont précédé toutes les autres de pluſieurs années, & qui
ont été faites avec un autre inſtrument, ne s'accordent pas
parfaitement avec les ſimultanées, auxquelles tout nous engage
à donner la préférence ; on s'étonnera peut-être avec raiſon
qu'elles ne s'en éloignent que de quelques ſecondes.

Au reſte le réſultat du 15 Juillet eſt celui des deux de
1737, qui approche le plus du réſultat des obſervations ſimultanées. *Orion* paſſoit alors de jour, & l'on ne fut pas obligé d'é-
clairer les fils de ſoie * du foyer de la lunette : ce qui, tout le
reſte étant égal, doit vrai-ſemblablement avoir rendu cette
dernière obſervation plus ſûre que la précédente ; & d'autant plus
qu'au mois de Janvier, on éclairoit les fils du Micromètre d'une
manière incommode, en approchant de l'objectif une bougie
qu'on étoit obligé de placer preſque dans l'axe de la lunette,
& qui déroboit ſouvent la vûe de l'étoile. D'ailleurs cette
bougie, malgré l'enveloppe de papier dont on tâchoit de lui
faire un abri, étoit expoſée à l'action du vent, & ſa flamme
agitée cauſoit dans la lunette des réfractions irrégulières. Dans

---

* Au lieu de fil d'argent, notre Micromètre n'étoit garni que de fils
de ſoie ſimples, moins ſolides, mais plus commodes pour obſerver de jour ;
en ce qu'étant beaucoup plus fins que ceux d'argent, ils ne cachent pas l'étoile
par leur épaiſſeur, même en plein jour.

toutes les obfervations poftérieures, les fils ont été éclairés plus commodément, par une ouverture faite au bas de la lunette, proche de l'oculaire.

Je ne dois pas non plus oublier de remarquer, que les obfervations de la diftance d'ε d'*Orion* au zénith de *Quito*, au mois de Janvier 1737, furent notre coup d'effai en ce genre, & qu'elles ont, pour ainfi dire, fervi de prélude à toutes celles de même nature, qui nous ont depuis fi fort exercés jufques en 1743. Au refte, je ne pûs affifter à celles dont il eft ici queftion que jufqu'au 19 Janvier 1737 que je partis pour *Lima* *; mais j'en revins à temps, pour prendre part aux obfervations du Solftice de Juin de la même année.

Il a fallu ajoûter près de 5 fecondes pour réduire les deux diftances de l'étoile au zénith, en Janvier & Juin 1737, au même lieu que les quatre fuivantes, qui ont été obfervées en 1740, 1741 & 1742 : parce que l'endroit où ont été faites les premières obfervations, & qui eft marqué *K* fur le plan de *Quito*, eft plus feptentrional, de 75 toifes que la Tour de la *Mercy*; & que le centre de cette Tour n'eft que de deux toifes plus Nord que le point *L*, où nous avons toûjours obfervé depuis 1737. Au refte, cette équation de 5″, au lieu de rapprocher les réfultats des obfervations de 1737 de ceux des années fuivantes, les en éloigne davantage.

Les quatre derniers réfultats de la Table font tirés d'obfervations poftérieures au changement de forme & de fufpenfion de notre Secteur, & même aux obfervations de *Tarqui* & de *Cotchefqui* en 1739 & 1740, rapportées dans les articles

---

* Pour y aller chercher des fecours qui pûffent nous mettre en état de continuer nos opérations.

précédens, & que nous avons depuis abandonnées. Les trois réfultats qui ont pour date les 15 Sept. 15 Octobre 1740 & 15 Janvier 1741, font de M. *Bouguer.* Je ne rapporte point celui d'une obfervation que j'avois fort avancée au mois de Décembre 1740; parce qu'elle ne fut pas terminée. J'eus lieu de croire, par les variations que je remarquai les derniers jours, que le Secteur avoit fouffert quelque dérangement; mais je ne pûs achever de m'en convaincre, M. *Bouguer* ayant touché à l'objectif, pour mettre la lunette à fon point, le jour que je devois retourner l'inftrument.

Le dernier réfultat, en date du 15 Juillet 1742, eft de moi. J'avois commencé à obferver dès le mois de Mai; mais je perdis de vûe l'étoile dans les rayons du Soleil avant que d'avoir tourné le Secteur, & je n'ai tiré la diftance au zénith employée dans la Table, que des obfervations faites depuis que l'étoile eut recommencé à paroître. Celles-ci l'ont été en plein jour, & fans qu'il fût befoin d'éclairer les fils. On voit par la Table que les quatre dernières diftances au zénith, réduites à une même époque, ne diffèrent pas entr'elles de 3″; & que les différences de 7, 8, & 18 fecondes, qui fe trouvent entre mon obfervation de Juillet 1742, & celles de M. *Bouguer* en 1740 & 1741, un an & demi ou deux ans auparavant, s'évanouiffent prefque entièrement par la réduction à la même date.

L'accord de ces quatre réfultats, rend les deux précédens tirés des obfervations de Janvier & Juin 1737, d'autant plus fufpects, que ceux-ci diffèrent des autres de plus de dix fecondes. Une erreur dans la divifion de l'ancien limbe, de laquelle nous ne pouvons répondre comme des arcs que nous

avons

avons depuis tracés nous-mêmes, pourroit caufer toute cette différence. Quoi qu'il en foit, fi l'on prend un milieu entre les fix réfultats de la Table précédente, qui font tirés d'obfervations faites à *Quito* dans le cours d'environ fix ans, par divers Obfervateurs; on aura la diftance apparente de l'étoile ε d'*Orion* au zénith de la Tour de la *Mercy* de *Quito* de 1^d 10′ 11″,4 pour le premier Janvier 1743; & fi à cette quantité on ajoûte celle de 15′ 41″ pour la réduire à notre obfervatoire de *Cotchefqui*, lequel eft 14839 toifes plus Nord que la même Tour*, on trouvera la diftance apparente de l'étoile au zénith, de 1^d 25′ 52″, toute réduction faite; ce qui ne diffère guère, comme on le verra bien-tôt, du réfultat des dernières obfervations de M. *Bouguer* à *Cotchefqui* à la fin de 1742.

Ce n'eft qu'à force de faire fucceffivement des changemens à notre Secteur pour le rendre plus folide, & à force de prendre les nouvelles précautions qu'une expérience continuelle nous fuggéroit de jour en jour, que nos obfervations parvinrent par degrés à acquerir cette uniformité, que nous avions en vain defirée dans les anciennes.

C'eft de quoi fourniffent une nouvelle preuve les obfervations même de la Table fuivante, dont les trois dernières Suites, poftérieures au mois de Septembre 1741, donnent les premiers réfultats, fur lefquels nous pouvons faire fond.

* Diftance du Signal de *Cotchefqui* à la perpendiculaire à la Tour de la *Mercy* de *Quito*, réduite au niveau de *Carabourou*, 14812^t,91 *(Part. I, art. XVIII, p. 68.)*; plus 25^t,06, dont l'obfervatoire de *Cotchefqui* étoit plus Nord que le Signal en 1742 *(p. 103)*: plus 1 toife pour l'excès de la hauteur moyenne du terrein entre *Cotchefqui* & *Quito*, au deffus de *Carabourou*, évalué à 250 toifes *(Part. I, art. XIV, p. 55 & 56)*.

ARTICLE XV.

Table des Observations de l'étoile ε d'Orion, faites à Tarqui en 1741, par M. Bouguer,

Sur un arc de 3ᵈ 22′ 22″: dont la corde étoit de 7″ plus grande que la 17ᵉ partie du rayon.
Réduites au premier Janvier 1743.
Première Suite d'Observations.

SITUATION du Secteur.	DATE des Observations.	QUANTITÉS observées avec le Micromètre.	ÉQUATIONS POUR LA			RÉDUCTION au 1 Janvier 1743.	MILIEUX.	RESULTATS.
			Précession des Équinoxes	Aberration de la Lumière.	Nutation de l'Axe terrestre.			
Le limbe tourné à l'orient.	5 Mars 1741.	— 2′ 20″,3	+ 5″,7	+ 6″,6	+ 5″,3	— 2′ 02″,7 } — 2′ 2″,7		
à l'occident. { 17		+ 2 16,3	+ 5,6	+ 6,9	+ 5,2	+ 2 34,0 } + 2 34,0	} + 31″,3	

Arc du Secteur . . . . 3ᵈ 22′ 22″,0

Double distance au Zénith, observée . . . . 3ᵈ 22′ 53″,3

Premier Résultat. Dist. appar. de ε d'Orion au Zénith de *Tarqui* vers le Nord, au 1ᵉʳ Janv. 1743 . . . . 1 41 26, 6

On fait plusieurs changemens au Secteur.   *Seconde Suite d'Observations.*

SITUATION	DATE	QUANTITÉS	Précession des Équinoxes	Aberration de la Lumière.	Nutation de l'Axe terrestre.	RÉDUCTION	MILIEUX	RESULTATS
à l'occident. { 28 Juillet.		— 48″,2	+ 4″,5	— 6″,3	+ 4″,3	— 45″,7		
{ 29		— 48,2	+ 4,5	— 6,4	+ 4,3	— 45,8		
{ 1 Août.		— 49,5	+ 4,5	— 6,9	+ 4,3	— 47,6 } — 48″,0		
{ 15		— 49,5	+ 4,4	— 8,1	+ 4,2	— 49,0		
{ 16		— 52,6	+ 4,4	— 8,1	+ 4,2	— 52,1		} + 0′ 07″,9
à l'orient. { 9 Août.		+ 52,6	+ 4,4	— 7,7	+ 4,2	+ 53,5		
{ 12		+ 56,1	+ 4,4	— 7,9	+ 4,2	+ 56,8 } + 55,9		
{ 19		+ 57,4	+ 4,3	— 8,5	+ 4,2	+ 57,4		

Arc du Secteur 3 22 22, 0

Double distance au Zénith, observée . . . . . . 3ᵈ 22′ 29″,9

Second Résultat. Dist. appar. d'ε d'Orion au Zénith de *Tarqui* vers le Nord, au 1ᵉʳ Janv. 1743 . . . . . . 1 41 15, 0

On remet de nouvelles soies au Micromètre.   *Troisième Suite d'Observations.*

SITUATION	DATE	QUANTITÉS	Précession	Aberration	Nutation	RÉDUCTION	RESULTATS
à l'orient. { 12 Sept.		— 23″,2	+ 4″,1	— 9″,8	+ 3″,6	— 25″,3	
à l'occident. { 13		+ 21,5	+ 4,1	— 9,8	+ 3,6	+ 23,6	} . . . . — 1″,7

Après avoir détourné une seconde fois l'Instrument, M. *Bouguer* reconnoît par observation & par mesure actuelle qu'il s'est dérangé.

Arc du Secteur 3 22 22, 0

Double distance au Zénith, observée . . . . 3ᵈ 22′ 20″,3

Troisième Résultat. Dist. appar. d'ε d'Orion au Zénith de *Tarqui* vers le Nord, au 1ᵉʳ Janv. 1743 . . . . 1 41 10, 1

On démonte le Secteur, on rive ses vis, & on l'affermit par de nouveaux liens de fil de fer.

Quatrième suite d'Observations.

SITUATION du Secteur.	DATE des Observations.	QUANTITÉS observées avec le Micromètre.	Précession des Équinoxes	Aberration de la Lumière.	Nutation de l'Axe terrestre.	RÉDUCTION au 1 Janvier 1743.	MILIEUX.	RÉSULTATS.
Le limbe tourné à l'orient.	9 Oct. 1741.	+ 46″,9	+ 3″,9	— 9″,6	+ 3″,0	+ 44″,2	+ 45″,3	
	11	+ 49,1	+ 3,9	— 9,5	+ 3,0	+ 46,5		
								+ 1″,2
à l'occident.	27	— 43,8	+ 3,7	— 8,4	+ 2,9	— 45,6	— 44,1	
	28	— 40,8	+ 3,7	— 8,4	+ 2,9	— 42,6		

Le Limbe ayant été retourné une seconde fois vers l'Orient, une observation de α du Verseau, au défaut d'ε d'Orion, prouve que le Secteur n'a point varié.

Arc du Secteur 3 22 22, 0

Double distance au Zénith, observée . . . . 3ᵈ 22′ 23″,2

Quatrième Résultat. Distance appar. d'ε d'*Orion* au Zénith de *Tarqui* vers le Nord, au 1ᵉʳ Janv. 1743 . . . 1 41 11, 6

M. *Bouguer* démonte de nouveau le Secteur, il ajoûte un support & de nouveaux liens à la Lunette.

Cinquième suite d'Observations.

SITUATION du Secteur.	DATE des Observations.	QUANTITÉS observées avec le Micromètre.	Précession des Équinoxes	Aberration de la Lumière.	Nutation de l'Axe terrestre.	RÉDUCTION au 1 Janvier 1743.	MILIEUX.	RÉSULTATS.
à l'occident.	18 Nov.	+ 18,8	+ 3,5	— 6,1	+ 2,8	+ 19,0	+ 18,2	
	19	+ 14,9	+ 3,5	— 6,0	+ 2,8	+ 15,2		
	22	+ 19,7	+ 3,5	— 5,7	+ 2,8	+ 20,3		
	23	+ 17,5	+ 3,5	— 5,6	+ 2,8	+ 18,2		
								— 3″,7
à l'orient.	20 Nov.	— 22″,8	+ 3″,5	— 5″,9	+ 2″,8	— 22″,4	— 21″,9	
	21	— 21,9	+ 3,5	— 5,8	+ 2,8	— 21,4		

Arc du Secteur 3 22 22

Double distance au Zénith, observée . . . . 3ᵈ 22′ 18″,3

Cinquième Résultat. Distance appar. d'ε d'*Orion* au Zénith de *Tarqui* vers le Nord, au 1ᵉʳ Janv. 1743 . . . 1 41 9, 2

On fait de nouveaux changemens à la Lunette, on ôte le diaphragme (ou pinnule *de l'oculaire*), & on le scelle de nouveau.

Sixième suite d'Observations.

SITUATION du Secteur.	DATE des Observations.	QUANTITÉS observées avec le Micromètre.	Précession des Équinoxes	Aberration de la Lumière.	Nutation de l'Axe terrestre.	RÉDUCTION au 1 Janvier 1743.	MILIEUX.	RÉSULTATS.
à l'occident	2 Déc.	+ 57,0	+ 3,4	— 4,3	+ 2,7	+ 58,8	+ 56,5	
	4	+ 52,2	+ 3,4	— 4,1	+ 2,7	+ 54,2		
								+ 4″,0
à l'orient.	3 Déc.	— 54″,4	+ 3″,4	— 4″,2	+ 2″,7	— 52″,5	— 52″,5	

Arc du Secteur 3 22 22

Double distance au Zénith . . . . 3ᵈ 22′ 26″

Sixième Résultat. Distance apparente d'ε d'*Orion* au Zénith de *Tarqui* vers le Nord, au 1ᵉʳ Janvier 1743 . . . . 1 41 13

Remarques sur les observations de la Table précédente.

Toutes ces observations m'ont été communiquées par M. *Bouguer* dans sa lettre de *Tarqui* du 5 Décembre 1741; je n'ai fait que leur donner la forme d'une Table, en les réduisant, comme toutes les autres, au premier Janvier 1743.

Cette Table comprend six Suites d'observations, & six résultats indépendans l'un de l'autre, y ayant toûjours eu entre la Suite précédente & la suivante quelque changement fait à l'instrument, soit pour le rendre plus solide, soit pour varier les procédés des observations. Du reste, elles ont toutes été faites sur le même arc.

L'intention de M. *Bouguer* avoit été de prendre pour corde la dix-septième partie du rayon; mais apparemment qu'en pesant, pour marquer les points extrêmes de l'arc, sur la tête du compas d'*arrêt*, ouvert de la quantité qu'on avoit portée dix-sept fois sur le rayon *(Voyez Part. II, art. IV, page 118)*, les pointes firent ressort, & s'écartèrent en glissant un peu au dehors de l'arc. Quoi qu'il en soit, après que les *rebarbes* furent usées, la distance des deux points se trouva trop grande, d'une quantité qui fut évaluée par M. *Bouguer* à 7″: ce qui fit que l'arc au lieu de 3^d 22′ 15″ qu'il avoit eu dessein de lui donner, se trouva de 3^d 22′ 22″; tel qu'il a été employé dans la Table.

Le premier résultat des 5 & 17 Mars 1741, s'accordoit en apparence avec les suivans, avant qu'on y eût appliqué les équations. Depuis les corrections & la réduction à une même époque, il diffère des autres de 14 à 15″; & indépendamment de cette considération, il ne mérite aucune foi;

non feulement parce que l'inftrument n'a pas été retourné une feconde fois, comme nous l'avons obfervé invariablement, depuis que nous eûmes remarqué la facilité qu'il avoit à fe déranger; mais encore, parce que fon dérangement en cette occafion, qui n'avoit d'abord été que foupçonné, fut depuis confirmé & prouvé évidemment; M. *Bouguer* ayant reconnu, par plufieurs obfervations immédiatement fuivantes, qu'il fe vit obligé d'abandonner, que le Secteur changeoit d'état en le retournant. Je n'ai donc rapporté ce premier réfultat que pour n'en omettre aucun de ceux que nous nous fommes communiqués, & dont le défaut n'avoit pas d'abord été manifeftement reconnu.

Le fecond & le troifième, l'un du commencement d'Août, l'autre de la mi-Septembre, n'ont guère plus d'autorité que le précédent, & par une raifon femblable. Le 30 Septembre, M. *Bouguer* ayant retourné l'inftrument une feconde fois, ne retrouva plus le même nombre qu'il avoit obfervé dans la première fituation de l'inftrument; & de plus, il vérifia par mefure actuelle, que le Secteur s'étoit encore dérangé dans l'opération du *retournement;* ce qui doit au moins rendre fufpect le réfultat précédent du mois d'Août; quelque conforme qu'il foit d'ailleurs, à ceux qui ont été tirés des obfervations faites depuis que le Secteur eut acquis toute la folidité requife.

Il faut avouer que jufqu'au temps dont je parle, nous n'avions réuffi à mettre notre Secteur à l'abri de pareilles variations, ni à *Tarqui*, ni à *Cotchefqui*, ni à *Quito*; & que par conféquent nous ne pouvons compter fûrement fur aucunes des obfervations antérieures; mais le dérangement reconnu le 30 Septembre 1741 dans l'affemblage des parties du Secteur, fut le dernier de cette nature. Ce jour-là même, M. *Bou-guer* travailla efficacement à remédier une fois pour toutes, à la facilité qu'avoit eue jufque-là cet inftrument à changer de figure; il le fit démonter, il en fit refferrer, & enfuite river toutes les vis; il fit fortifier tout l'enfemble par des liens de fil de fer, & par une traverfe horizontale; il ajoûta un fupport à la lunette, & y mit outre cela de nouveaux liens tenant lieu de fupports; pour ne faire de la lunette qu'un feul corps, avec le rayon qui la foûtenoit. Il recueillit bien-tôt le fruit de fes peines. Depuis ce temps, quoiqu'il ait encore dé-monté le Secteur, & fait entre les obfervations poftérieures divers changemens, qui faifoient varier l'axe optique de la lunette & le nombre des parties du Micromètre; l'affemblage total du Secteur a paru inébranlable. Auffi les trois réfultats fuivans s'accordent-ils, fans que l'application des équations, qui nous étoient alors inconnues, change rien à cet accord.

La moyenne diftance au zénith, tirée de ces trois réful-tats, eft $1^{d} 41' 11\frac{1}{4}''$. Si on y joint le fecond, que je n'ai exclus, que parce que l'inftrument s'étoit dérangé après le troifième, la diftance moyenne au zénith diminuera feulement de $\frac{1}{4}$ de feconde. Enfin quelle que foit celle qu'on adopte, elle fera toûjours la même, à une feconde près, que ce que je trouvai un an après, pendant un cours d'obfervations de fix mois, que je fis au même lieu: après avoir nouvellement re-conftruit le Secteur, qui, dans l'intervalle, avoit été tranfporté à *Quito*, & étoit revenu à *Tarqui*; après avoir tracé fur le limbe un nouvel arc; & pour ainfi dire, après avoir formé un inftru-ment tout nouveau; indépendamment des nouvelles attentions que j'apportai d'ailleurs, dont je vais bien-tôt rendre compte.

ARTICLE XVI.

Dernières observations, faites à Cotchesqui *, au Nord de la Méridienne, correspondantes à celles qui ont été faites en même temps, à l'extrémité Sud.*

TABLE des distances de l'Etoile ε d'Orion au Zénith de Cotchesqui *, observées par M. Bouguer à la fin de 1742, & réduites au 1ᵉʳ Janv. 1743.*

Première Suite d'Observations, faites sur un arc de 2ᵈ 51′ 54″,3 *, dont la corde étoit* $\frac{1}{20}$ *du rayon.*

SITUATION du Limbe.	DATE des Observations.	QUANTITÉS observées avec le Micromètre.	ÉQUATIONS POUR LA			Observations réduites au 1 Janv. 1743.	QUANTITÉS moyennes.	RESULTATS.
			Précession des Équinoxes	Aberration de la Lumière.	Nutation de l'Axe terrestre.			
Le limbe tourné à l'occident.	9 Août 1742.	+ 2′ 2″	— 1″,3	+ 7″,6	— 1″,0	+ 2′ 7″,3		
	11	+ 1 59	— 1, 3	+ 7, 8	— 1, 0	+ 2 4, 5		
	12	+ 2 0	— 1, 3	+ 7, 9	— 1, 0	+ 2 5, 6	+ 2′ 4″,2	
	17	+ 1 56	— 1, 2	+ 8, 3	— 0, 9	+ 2 2, 2		
	18	+ 1 55	— 1, 2	+ 8, 4	— 0, 9	+ 2 1, 3		— 0ᵈ 0′ 9″,4
à l'orient.	13	— 2 22	— 1, 2	+ 8, 0	— 0, 9	— 2 16, 1		
	15	— 2 17	— 1, 2	+ 8, 2	— 0, 9	— 2 10, 9	— 2 13, 6	
	16	— 2 20	— 1, 2	+ 8, 3	— 0, 9	— 2 13, 8		

Arc du Secteur. . . . . 2ᵈ 51′ 54″,3

Double distance d'ε au Zénith, observée 2 51 44, 9

Premier Résultat. Dist. appar. d'ε d'*Orion* au Zénith de *Cotchesqui*, vers le Sud, au 1ᵉʳ Janv. 1743 . . . . . 1 25 52, 4

M. *Bouguer* démonte l'Instrument, change l'objectif de place, resserre les vis, & affermit avec des fils de fer les supports de la lunette.

Seconde Suite d'Observations.

L'Arc est le même que pour les observations précédentes, & de . . . . 2ᵈ 51′ 54″,3

SITUATION du Limbe.	DATE des Observations.	QUANTITÉS observées avec le Micromètre.	Précession des Équinoxes	Aberration de la Lumière.	Nutation de l'Axe terrestre.	Observations réduites au 1 Janv. 1743.	QUANTITÉS moyennes.	RESULTATS.
à l'orient.	20 Août	— 2′ 2″	— 1″,1	+ 8″,6	— 0, 8	— 1′ 55″,3		
	23	— 2 6	— 1, 1	+ 8, 8	— 0, 8	— 1 59, 1		
	24	— 2 3	— 1, 1	+ 8, 9	— 0, 8	— 1 56, 0		
	27 Septembre.	— 2 8	— 0, 9	+ 9, 9	— 0, 4	— 1 59, 4		
	28	— 2 8	— 0, 9	+ 9, 9	— 0, 4	— 1 59, 4	— 1′ 56″,6	
	29	— 2 4	— 0, 9	+ 9, 9	— 0, 4	— 1 55, 4		
	4 Octobre.	— 2 2½	— 0, 8	+ 9, 8	— 0, 3	— 1 53, 8		
	5	— 2 6	— 0, 8	+ 9, 8	— 0, 3	— 1 57, 3		
	6	— 2 2	— 0, 8	+ 9, 7	— 0, 3	— 1 53, 4		— 7, 5
à l'occid.	30 Août.	+ 1 44	— 1, 1	+ 9, 2	— 0, 7	+ 1 51, 4		
	31	+ 1 42	— 1, 1	+ 9, 2	— 0, 7	+ 1 49, 4		
	1 Septembre.	+ 1 40	— 1, 1	+ 9, 3	— 0, 7	+ 1 47, 5		
	2 Octobre.	+ 1 41	— 0, 8	+ 9, 8	— 0, 3	+ 1 49, 7	+ 1′ 49″,1	
	3	+ 1 37	— 0, 8	+ 9, 8	— 0, 3	+ 1 45, 7		
	8	+ 1 42	— 0, 7	+ 9, 7	— 0, 2	+ 1 50, 8		

Double distance d'ε au zénith, observée 2 51 46, 8

Second Résultat. Dist. appar. de ε d'*Orion* au Zénith de *Cotchesqui*, vers le Sud, au 1ᵉʳ Janv. 1743 . . . . 1 25 53, 4

M. *Bouguer* démonte encore l'Instrument, & trace un nouvel arc, qui n'est que de $2^d\,51'\,50''$,

Troisième Suite d'Observations.

SITUATION du Limbe.	DATE des Observations.	QUANTITÉS observées avec le Micromètre.	ÉQUATIONS POUR LA			Observations réduites au 1 Janv. 1743.	QUANTITÉS moyennes.	RÉSULTATS.
			Précession des Équinoxes.	Aberration de la Lumière.	Nutation de l'Axe terrestre.			
Le limbe vers l'orient.	22 Oct. 1742.	— 1′ 15″	— 0″,6	+ 8″,8	— 0″,2	— 1′ 7″,0	— 1′ 13″,0	— 9,0
	26	— 1 19	— 0, 6	+ 8, 5	— 0, 2	— 1 11, 3		
	27	— 1 17	— 0, 6	+ 8, 4	— 0, 2	— 1 9, 4		
	29	— 1 19	— 0, 6	+ 8, 3	— 0, 2	— 1 11, 5		
	29 Nov.	— 1 21	— 0, 3	+ 4, 8	— 0, 1	— 1 16, 6		
	30	— 1 19	— 0, 2	+ 4, 7	— 0, 1	— 1 14, 6		
	17 Déc.	— 1 16	— 0, 1	+ 2, 2	— 0, 1	— 1 14, 0		
	29	— 1 17	— 0, 0	+ 0, 5	— 0, 0	— 1 16, 5		
	31	— 1 16	— 0, 0	+ 0, 2	— 0, 0	— 1 15, 8		
Le limbe vers l'occident.	23 Oct.	+ 0 58	— 0, 6	+ 8, 7	— 0, 2	+ 1 5, 9	+ 1 4, 0	
	2 Déc.	+ 1 4	— 0, 2	+ 4, 5	— 0, 1	+ 1 8, 2		
	5	+ 1 0	— 0, 2	+ 4, 0	— 0, 1	+ 1 3, 7		
	6	+ 1 2	— 0, 2	+ 3, 9	— 0, 1	+ 1 5, 6		
	8	+ 0 59	— 0, 2	+ 3, 6	— 0, 1	+ 1 2, 3		
	9	+ 0 59	— 0, 2	+ 3, 4	— 0, 1	+ 1 2, 1		
	1 Janv. 1743.	+ 1 2	— 0, 0	+ 0, 0	— 0, 0	+ 1 2, 0		
	2	+ 1 2	— 0, 0	— 0, 1	+ 0, 0	+ 1 1, 9		

Arc du Secteur . . . . $2^d\,51'\,50'',0$
Double distance observée d'ε au Zénith 2 51 41, 0
Troisième Résultat. Distance apparente d'ε au Zénith de *Cotchesqui*, vers le Sud 1 25 50, 5

Remarques sur les observations de la Table précédente.

Nous voici enfin parvenus aux observations correspondantes, qui furent faites en même temps aux deux extrémités de notre arc du Méridien, & desquelles nous devons tirer l'amplitude de cet arc, & la valeur du degré.

La Table précédente contient celles que faisoit M. *Bouguer* au Nord de la Méridienne, tandis que j'en faisois d'autres au Sud. Les premières ont duré depuis le 9 Août 1742, jusqu'au 2 Janvier

Janvier 1743 : elles ont été faites à *Cotchefqui* avec un nouveau Secteur, conftruit à *Quito* tout exprès par le fieur *Hugo*
notre Horloger, fous les yeux & fous la direction de M. *Bou-*
guer. Le rayon de ce nouvel inftrument étoit de huit pieds : il
portoit une lunette de même longueur, qui y étoit appliquée
très-folidement, & prefque immédiatement. Sa fufpenfion
étoit différente de celle de l'ancien Secteur : celui-ci étoit
mobile fur un pivot prefque vertical. M. *Bouguer,* qui en a
feul fait ufage, en aura fans doute donné la defcription & le
deffein.

Quoique M. *Bouguer* eut cherché à éviter, dans la conftruction de ce nouveau Secteur, les défauts que nous avions remarqués dans l'ancien, & dont nous n'avions que trop éprouvé
jufqu'alors les conféquences; il procéda avec les mêmes précautions que s'il eût eu les mêmes obftacles à furmonter. Il
démonta & remonta plufieurs fois le nouvel inftrument, &
changea l'objectif de place; en forte que fes dernières obfervations à *Cotchefqui* en 1742 compofent trois Suites différentes, & donnent trois réfultats tout à fait indépendans l'un
de l'autre. Outre cela, l'arc qui a fervi aux deux premières
Suites, n'eft pas le même que celui fur lequel ont été faites
les obfervations, qui ont fourni le troifième réfultat. Le premier arc avoit pour corde précifément la 20.e partie du rayon;
c'eft-à-dire, qu'il étoit de 2^d $51'$ $54\frac{1}{3}''$. En marquant les
points qui devoient terminer le fecond arc, il fe trouva plus
court que le précédent d'une petite quantité, qui fut évaluée
à plus de 4 fecondes, & par conféquent l'arc n'étoit plus que
de 2^d $51'$ $50''$.

La diftance apparente de l'étoile au zénith, tirée de la

première Suite d'observations, est de 1^d 25' 52",4 : elle est de 1^d 25' 53",4 par la seconde, & seulement de 1^d 25' 50",5 par la troisième. Ces différences sont si légères, surtout si l'on considère que les observations de chaque résultat ont été faites, pour ainsi dire, avec différens instrumens, qu'il y a peu d'erreur à craindre en prenant un milieu. Cependant M. *Bouguer*, en me les communiquant les unes & les autres, me marquoit qu'il n'avoit pas cru devoir ajoûter une entière foi aux premières observations, & qu'il étoit tenté de les rejeter à cause des divers obstacles qu'il avoit eu à vaincre : en effet, c'étoit un instrument tout nouveau qu'il perfectionnoit à mesure qu'il en faisoit usage ; & par cette raison, les dernières observations, qui sont aussi les plus uniformes, semblent mériter la préférence. Si donc on s'en tient, suivant nos conventions, à celles qui ont été faites en même temps, aux deux extrémités de l'arc ; c'est au dernier résultat 1^d 25' 50" qu'il faudra s'arrêter : encore faudroit-il ne le tirer que des observations faites depuis le 29 Novembre, que les correspondantes ont commencé de ma part à *Tarqui*. La distance apparente au zénith de *Cotchesqui* seroit en ce cas moindre de près d'une seconde, c'est-à-dire, de 1^d 25' 49",2 ; & il y en auroit encore presque une autre à retrancher, si on ne prenoit le milieu des observations de M. *Bouguer* à *Cotchesqui*, qu'à compter du 8 Décembre ; qui est, comme je l'expliquerai en son lieu, l'époque où j'ai commencé à être sûr des miennes à *Tarqui*. Ceci posé, la distance apparente de l'étoile ε *d'Orion* au zénith de *Cotchesqui*, tirée des observations de M. *Bouguer*, correspondantes aux miennes de *Tarqui*, seroit de 1^d 25' 48",3, en réduisant tout au premier Janvier 1743;

Il me refte à rendre compte de ces obfervations. Je les fis feul à *Tarqui* pendant que M. *Bouguer* faifoit à *Cotchefqui* celles que je viens de rapporter. Mais avant que de donner la Table & l'examen des miennes, je crois devoir parler des moyens nouveaux que j'employai pour perfectionner le Secteur, & pour mieux réuffir dans ces obfervations que dans les anciennes.

<hr>

ARTICLE XVII.

Des précautions particulières que je pris dans les dernières obfervations que je fis à Tarqui *en 1742 &*
1743, en correfpondance de celles que M. Bouguer
faifoit dans le même temps, à l'autre extrémité de la
Méridienne.

Secteur raffermi. Sufpenfion perfectionnée. Limbe aplani.

Quoique dans le détail fuivant je courre le rifque de me rencontrer avec M. *Bouguer*, & peut-être de redire ce qu'il aura dit mieux que moi; cependant comme il eft ici queftion d'obfervations que j'ai faites feul à une extrémité de la Méridienne, dans le même temps que M. *Bouguer* obfervoit à l'autre; & que c'eft de ces obfervations contemporaines, dont quelques-unes font fimultanées, que nous fommes convenus de déduire l'amplitude de l'arc du Méridien ; je ne puis me difpenfer de rendre un compte détaillé des précautions nouvelles que je pris en mon particulier, pour affurer le fuccès de la partie de notre travail, de laquelle je me trouvois chargé: comme M. *Bouguer* l'aura fait à l'égard de celle qui le concernoit. Au refte j'aurai foin de paffer fous filence ce qui eft

commun à ces dernières obfervations & aux précédentes, &
tout ce que j'ai déjà remarqué ailleurs, ou dont il eft fait
mention dans les procès verbaux rapportés dans les articles
VI & XII.

J'ai déjà dit que j'avois fait tranfporter à bras, de *Quito* à
Tarqui, dans une caiffe folide & proportionnée, notre Secteur
tout monté : tel qu'il venoit de me fervir à *Quito*, pour une
obfervation que j'y avois faite immédiatement avant mon départ ; uniquement dans la vûe de me préparer à celles que
j'allois entreprendre à *Tarqui*. Malgré toutes mes précautions,
je m'aperçus dès que je commençai à obferver, que dans un
tranfport de 80 lieues, & par un pays de montagnes, l'affemblage des pièces qui compofoient l'inftrument, devoit avoir
fouffert quelque dérangement ; puifque l'axe optique de la
lunette avoit fenfiblement changé de fituation. Je ne balançai
pas à démonter-le Secteur, à en raffermir toutes les parties,
& à le conftruire tout de nouveau ; mais avant que de le
démonter, j'y fis une autre réparation.

J'avois remarqué dès le temps de nos premières obfervations, que l'hémifphère *G*, par lequel le Secteur étoit fufpendu, *(Voy. art. II)*, ne tournoit pas affez librement dans
le carcan *K*. Nous tâchions d'y fuppléer en foûlévant l'inftrument, pour faciliter fon mouvement de rotation fur fon
axe, lorfqu'on le vouloit diriger dans le plan du Méridien,
& fur-tout lorfqu'on le retournoit pour la vérification ; mais
il étoit toûjours à craindre que la réfiftance caufée par le frottement, jointe à la longueur de 12 pieds qu'avoit le rayon,
n'occafionnât à la barre de fer *EC*, quelque torfion en fpirale,
qui changeât la fituation du rayon par rapport à la lunette. Je

Planche III.

crus même, en y regardant de près, remarquer à l'œil quelque chofe de femblable, quand j'effayois à deffein d'imprimer au Secteur le mouvement fur fon axe par le demi-globe de bronze *G*, qui formoit fa fufpenfion. Pour prévenir jufqu'au foupçon de cet accident, je paffai une journée entière, aidé de M. de *Morainville*, à ufer le demi-globe fur fon collier *K:* d'abord avec un fable noir métallique très-dur, que l'aiman attire, & qui eft commun dans le pays *, & enfuite avec l'émeril. Nous parvînmes à diminuer les frottemens au point que, malgré le poids de l'inftrument, on le faifoit tourner librement fur fon axe, en le pouffant du bout du doigt, par en bas à l'extrémité du limbe. Cependant, pour une plus grande fureté, ce fut toûjours par le haut qu'on continua de le mettre en mouvement, toutes les fois qu'il fut queftion de le retourner.

Après cette opération, je démontai l'inftrument, je fis faire de nouveaux écrous & de nouvelles vis; je les fis ferrer à force, & fans y mettre d'huile, fuivant l'avis de M. *Bouguer;* je les fis même river, pour qu'il ne fût pas poffible qu'elles fe lâchaffent; j'affurai la boîte de cuivre & les plaques qui contenoient & affujétiffoient l'objectif, en les attachant fortement à l'extrémité fupérieure du rayon, vis-à-vis du centre de l'inftrument, avec des fils de fer qui ne permettoient pas à l'objectif le moindre jeu.

Je fis la même chofe à l'égard de la boîte du Micromètre à l'extrémité inférieure de la lunette, en uniffant l'un &

---

* Il s'en trouve auffi dans plufieurs autres endroits de l'Amérique, & notamment en Virginie. *Voy. Petri Van Muffchenbroeck, Differt. de Magnete.*

l'autre à la barre qui formoit le rayon du Secteur, par des liens plus forts, & en plus grand nombre que ceux qui avoient été précédemment employés au même usage. En même temps que je prenois de nouvelles précautions, je renchérissois sur toutes les anciennes.

A l'égard des fourchettes ou supports ZZ, qui, dès le temps de la construction du Secteur, m'avoient paru foibles & d'une longueur excessive, M. *Bouguer* ne m'avoit rien laissé à faire. L'année précédente 1741, en observant seul à *Tarqui*, il en avoit augmenté le nombre, & ils avoient déjà été raccourcis de moitié; en sorte que la lunette étoit aussi près du corps de l'instrument que la largeur des règles de chan JJJ, Aa, Bb, & celle de la boîte du Micromètre l'avoient pû permettre.

M. *Bouguer* avoit aussi ajoûté au Secteur en 1741 une traverse dd, formée d'une lame de fer plate, posée parallèlement au limbe, & entrelassée entre le rayon CD, & les arcs-boutans a d, b d. Cette traverse subsistoit, & j'en fis placer une seconde cc à l'endroit où les deux parties du rayon se joignoient. Celle-ci embrassoit la règle de chan JJ adossée au rayon, & lui étoit attachée avec de fortes vis. Je liai ensuite, & j'affermis toutes les parties du Secteur, en faisant passer un gros fil de fer, tendu à force avec un étau à main, depuis les deux trous e e, pratiqués près du centre, jusqu'aux deux bouts c c de ma nouvelle traverse. De là le même fil alloit s'attacher aux points extrêmes d d de la traverse inférieure; & enfin aux points a & b de la règle de fer qui portoit le limbe. Ce fil de fer, ou pluftôt tous ces fils tendus dans le plan du limbe, rendoient l'ensemble du Secteur plus ferme & plus inflexible, sans presque rien ajoûter à son poids.

Avant que de remonter l'inftrument, je fis auffi planer le limbe, dont la furface étoit un peu convexe; & en le remettant à fa place, j'eus foin de lui procurer une fituation bien verticale qu'il n'avoit jamais eue dans toutes nos obfervations antérieures; ce qui nous avoit toûjours obligés de tenir le cheveu fort détaché du limbe, parce que lorfqu'il touchoit au bord inférieur du limbe, il s'en falloit de plus d'une demi-ligne qu'il ne touchât à fon bord fupérieur.

Enfin je remontai le Secteur après avoir tracé un nouvel arc, dont la corde étoit exactement la dix-feptième partie du rayon.

ARTICLE XVIII.

Continuation du même fujet.

Parallélifme de la Lunette au plan du Secteur. Remarques fur le fil-à-plomb. Mouvement du Secteur dans le plan du Méridien. Inverfions alternatives de l'Inftrument.

J'AVOIS placé la lunette le plus parallèlement au rayon qu'il m'avoit été poffible, par la méthode décrite dans le procès verbal rapporté *(art. VI, p. 129):* mais on ne peut attendre de ce moyen qu'une approximation; & en effet, lorfque j'eus une Méridienne tracée, je reconnus par obfervation, que le plan du Secteur étant dirigé dans celui du Méridien, l'étoile paffoit au fil vertical de la lunette 11 à 12 fecondes avant l'heure de fa médiation conclue par des hauteurs correfpondantes. Pour m'affurer mieux du fait, je retournai le Secteur, en préfentant à l'occident la face du limbe, qui avoit jufque-là regardé l'orient; & je vis que l'étoile tardoit d'autant de fecondes au fil vertical, qu'elle avoit avancé dans la fituation précédente. J'approchai le verre objectif du plan de l'inf-trument ; & après quelque tâtonnement, qui me fit perdre plufieurs obfervations, je réuffis à faire paffer l'étoile au fil vertical à l'heure du calcul. Je n'infifte pas fur un point capi-tal, & qui fait la bafe de toutes les obfervations : l'attention fcrupuleufe de bien caler l'inftrument, en forte que le fil-à-plomb, pendant librement du centre, rafe le limbe fans y toucher dans les deux fituations inverfes de l'inftrument. La réunion de toutes ces circonftances m'affuroit que l'axe opti-que de la lunette étoit bien parallèle au plan du Secteur, *(Voy. art. X, pag. 150).*

Nous avons manqué d'une commodité que les Obferva-teurs fe font procurée depuis quelques années, fur-tout pour les grands inftrumens ; je veux dire d'un fil d'argent pour fuf-pendre le plomb. Ce fil eft prefqu'auffi fin qu'un cheveu, & il eft plus rond & plus égal. A fon défaut, nous nous fervions d'un fil de *pite ;* après avoir reconnu, par expérience, qu'un filet compofé de cheveux noués bout à bout, & chargé du poids de deux onces, étoit fujet à fe rompre fur une longueur de douze pieds. Nous ajoûtions au fil de pite un bout de cheveu à l'en-droit qui répondoit vis-à-vis du limbe ; mais ce cheveu tournant fur fon axe, & fouvent inégal dans fa longueur, ne partageoit pas toûjours de la même manière le point qui ter-minoit l'arc tracé fur le limbe. Pour remédier à ce défaut, je prenois tous les jours le foin de caler l'inftrument fur le point, une ou deux heures avant le paffage de l'étoile ; afin que le cheveu eût le temps de perdre fon mouvement de rota-tion : l'extrémité du cheveu noué avec le fil de pite débordoit

le

le nœud, & formoit une efpèce d'index dont la direction revenoit toûjours la même, lorfque le fil-à-plomb & le poids étoient dans un parfait repos; ce qui me fervoit de repaire pour leur procurer toûjours la même fituation. Je vérifiois un moment avant l'obfervation fi l'inftrument étoit bien calé; & auffi-tôt qu'elle étoit terminée, j'examinois de nouveau fi le cheveu répondoit au milieu du point. Quelquefois je trouvois une petite différence, caufée peut-être par l'action de la main fur la vis du Micromètre; quoique l'inftrument eût un point d'appui à fa partie inférieure, & que j'euffe une grande attention à ne point appefantir la main en tournant l'index. Alors j'évaluois en tiers ou en quarts de la largeur du cheveu, ce qu'il s'en falloit que le point ne fût coupé en deux également, & j'avois égard à la différence que j'avois remarquée. Le diamètre moyen des cheveux dont je me fervois m'étoit connu : je favois par l'expérience que j'en avois faite, qu'il falloit, à très-peu près, foixante largeurs d'un cheveu d'Indien pour couvrir une étendue de trois lignes ; & par conféquent que le cheveu dont je me fervois cachoit fur mon limbe un efpace de trois fecondes. D'ailleurs, les différences que j'avois à évaluer ne paffoient pas ordinairement une demi-largeur de cheveu : ainfi j'avois peu d'erreur à craindre dans cette correction.

Pour faire ceffer pluftôt les ofcillations du fil-à-plomb, & mieux juger quand il répondoit fur le point qui terminoit l'arc, nous avions prefque toûjours tenu, lors de nos obfervations précédentes, le poids plongé dans un vafe plein d'eau. La réfraction qui faifoit paroître ce poids plus élevé qu'il ne l'étoit réellement, nous avoit quelquefois fait juger qu'il pendoit

D d

très-librement, quoiqu'en effet il touchât le fond du vase. Les cheveux en se mouillant sont sujets à s'alonger à un tel point, qu'on ne sauroit être trop en garde contre cet accident. Mais un fait plus extraordinaire & bien plus propre à induire en erreur, c'est que l'eau, quand elle a séjourné quelques jours, se couvre quelquefois d'une pellicule grasse & visqueuse, qui empêche le plomb suspendu au fil, d'osciller en liberté ; jusque-là qu'en transportant doucement le vase, il m'est arrivé de voir le poids en suivre les mouvemens, & s'écarter de la ligne verticale sans reprendre son aplomb ; comme s'il eût été plongé dans de la graisse figée. J'ai soupçonné que le vase, qui étoit de bois, ou pluftôt le vernis de *Paflo* dont il étoit enduit, contribuoit à cet effet singulier. Quoi qu'il en soit, après m'être convaincu de ce fait par mes yeux, je résolus, pour me délivrer de tout scrupule, de supprimer l'eau & le vase, & de laisser pendre le plomb librement en l'air ; en prenant d'ailleurs des mesures pour mettre le fil à l'abri du vent, qui est un très-grand obstacle à la justesse des observations, quand on ne réussit pas à s'en garantir.

Planche III.   On a vû dans la description du Secteur, que les deux vis de régie *n n*, portant sur les tenons *M M*, aux deux bouts du limbe, servóient à le contenir dans une situation fixe ; & qu'en pressant l'une des deux & en lâchant l'autre, on inclinoit plus ou moins le Secteur dans le plan du limbe : je craignis donc de gêner l'instrument en faisant agir à la fois les deux vis *n n* sur les tenons, comme nous avions fait dans nos premières observations de 1739. Dans celles que je fis seul depuis, & particulièrement dans celles dont il est ici question, j'eus toûjours soin de lâcher la vis supérieure, & de ne

faire ufage que de l'inférieure, fur laquelle l'inftrument repo-
foit par fon poids. Il fuffifoit d'enfoncer cette vis, qui appuyoit
fur un des tenons M: elle repouffoit le limbe infenfiblement,
jufqu'à ce que le fil-à-plomb battît fur l'extrémité de l'arc, au
point α ou au point ω, fuivant la fituation de l'inftrument.

Je ne dois pas compter au nombre des précautions nouvellement prifes, lors de nos dernières obfervations, celle de ne
nous être pas bornés à obferver la diftance au zénith dans
deux différentes fituations du Secteur, & de l'avoir toûjours
remis une feconde fois dans fa première fituation, pour nous
affurer que l'inftrument n'avoit point varié dans le premier
détour. Nous avions prefque toûjours fuivi cette pratique
dans nos obfervations antérieures, comme on le peut voir
par les Tables précédentes. Ce qui diftingue en ce point, les
obfervations correfpondantes aux deux extrémités de l'arc,
defquelles il s'agit maintenant, c'eft que nous y avons encore
renchéri fur cette précaution; en retournant alternativement
plufieurs fois les deux inftrumens en fens contraires, M. *Bou-*
guer de fon côté, & moi du mien. La conformité que nous
avons trouvée depuis ce temps-là, l'un & l'autre, pendant plufieurs mois, entre nos diverfes obfervations, eft une preuve évidente que nos Secteurs ne fouffrirent aucun ébranlement dans
toutes ces différentes inverfions : & les dérangemens fréquens
que nous avions tant de fois remarqués dans toutes nos obfervations précédentes, rendoient cette preuve bien néceffaire.

J'omets, pour éviter une exceffive longueur, le moyen d'é-
clairer les fils d'une manière toûjours uniforme, & le détail de plufieurs autres attentions utiles, que j'ai eues & que je ne vois dé-
crites nulle part. Je me hâte de paffer au point le plus important.

D d ij

ARTICLE XIX.

Continuation du même sujet.

Parallaxe des fils au foyer de la Lunette, différente pour divers Observateurs, & variable pour le même en différens temps.

ON fait, au moins depuis le temps de M. *Picard* (Voy. *Mes. de la Terre de M. Picard, art. V)*, ce que c'eft que la parallaxe des fils ou des foies qui fe croifent à angles droits dans les lunettes des Quarts-de-cercle, & autres inftrumens aftronomiques. Si ces fils ne fe trouvent pas bien exactement placés au foyer de l'objectif; au lieu de les voir comme appliqués fur l'objet même, on apercevra un intervalle entre l'image de l'objet qui fe peint au foyer & le plan des fils; & felon que l'œil changera de fituation, cet intervalle paroîtra plus ou moins grand. C'eft-là, comme on voit, une vraie parallaxe, & elle peut fe manifefter en deux fens différens, felon que les fils fe trouveront placés à l'égard de l'œil de l'obfervateur; c'eft-à-dire, en deçà ou au delà de l'image. Si cette image eft plus loin de l'œil que les fils, l'œil en s'élevant la verra s'élever, & en s'abaiffant il la verra s'abaiffer; en un mot, elle paroîtra en ce cas fuivre les mouvemens de l'œil. Le contraire aura lieu fi elle eft entre l'œil & les fils. Il n'eft pas befoin de figure pour concevoir que cela doit arriver ainfi : un moment de réflexion fuffira au Lecteur attentif pour s'en convaincre.

Ceux qui ont manié des inftrumens d'Aftronomie, du moins ceux qui ont été dans le cas de placer des foies dans

une lunette, favent que le meilleur moyen dans la pratique pour s'affûrer qu'elles font bien au foyer, c'eft d'avancer
ou de reculer le réticule ou chaffis qui les porte, jufqu'à ce
qu'on les voie fur l'objet, comme fi elles y étoient collées;
& cela quelque fituation qu'on donne à l'œil, foit en le portant en haut ou en bas, foit à droite ou à gauche : tout ceci
eft connu. Mais voici quelque chofe qui, je penfe, n'avoit
pas encore été remarqué. Suppofé que le fait pût être prévû
par la théorie, il n'en eft pas moins vrai-femblable qu'il nous
eût échappé, à M. *Bouguer* & à moi, comme à tant d'autres
Obfervateurs, fi la conformation de nos yeux eût été moins
différente.

Pendant le cours de nos premières obfervations à *Tarqüi*,
en Décembre 1739 : un jour que la lunette avoit été raccourcie en rapprochant l'objectif de l'oculaire ; je repréfen-
tois à M. *Bouguer* qu'il falloit que les fils du Micromètre ne
fuffent pas encore bien au foyer de la lunette, puifqu'en changeant l'œil de place je voyois l'image en changer auffi, &
fuivre en hauflant & baiflant les mouvemens de mon œil ;
ce que M. *Verguin*, qui étoit préfent, éprouvoit tout comme
moi. M. *Bouguer* me furprit en me répondant, que la parallaxe dont je me plaignois, fe faifoit pour lui en fens contraire ; puifqu'il voyoit baifler l'image de l'objet, quand il
hauffoit l'œil, & réciproquement. Je ne me fouviens point,
& je n'ai point écrit que nous ayions remarqué rien de plus
fur ce fujet en 1739.

Ce n'eft cependant pas tout. Cette parallaxe, déjà différente
pour les différentes vûes, eft encore variable pour le même
Obfervateur. J'ai long-temps ignoré que cette remarque, fur

laquelle je n'ai été prévenu par perfonne, eût le mérite de la
nouveauté. Il falloit, pour la faire, le concours des circonftances
où je me trouvois : obferver de fuite une même étoile avec une
longue lunette, dans un pays ou dans une faifon, où le temps fût
fort variable d'un jour à l'autre, & fouvent couvert, en telle forte
néanmoins qu'on ne laiffât pas d'entrevoir l'étoile avec la lunette.

La première mention que je trouve de ce fait fur mon journal
d'obfervations, eft du 27 Décembre 1740, quoique je m'en
fuffe aperçû pluftôt. J'obfervois feul à *Quito* avec notre Secteur ordinaire ; le Ciel étoit légèrement couvert de nuages
clairs & déliés, qui ne me déroboient pas la vûe des étoiles.
Je reconnus avec la plus grande évidence, que la parallaxe
des fils, qui la veille étoit très-confidérable par un temps
clair & ferein, avoit entièrement ceffé ce jour-là ; en forte
que l'étoile ne changeoit plus de fituation apparente, quoique
mon œil changeât de place. Si c'eût été la première fois que
je m'en fuffe aperçû, j'aurois pû attribuer cette différence à
un changement paffager dans la difpofition de mon œil ; ce
qui fût retombé dans le cas de la première remarque au fujet
des deux différentes vûes : mais les preuves que j'avois déjà
que cette caufe ne fuffifoit pas pour expliquer le fait, fe mul-
tiplièrent de jour en jour ; & l'année fuivante 1741, je m'affurai
encore plus particulièrement dans le cours d'une longue Suite
d'obfervations, que je fis à *Quito* avec une lunette de 14 pieds,
fcellée dans un mur, que la parallaxe des fils changeoit fouvent
très-fenfiblement, & non feulement du jour au lendemain, mais
quelquefois d'un moment à l'autre ; fuivant les différens états
de l'atmofphère, & felon le plus ou le moins de lumière de
l'étoile. Comme il en paffoit dans ma lunette un affez grand

nombre de différentes grandeurs, dont quelques-unes paſſoient à de courts intervalles l'une de l'autre, & que j'obſervai pluſieurs mois de ſuite ; j'eus tout le temps de bien vérifier le fait. Je remarquai conſtamment que lorſque j'avois atteint une étoile de la cinquième ou ſixième grandeur avec le fil mobile du Micromètre, elle ne me paroiſſoit point ſe détacher du fil, quoique je hauſſaſſe & baiſſaſſe l'œil. Les fils de ſoie, les ſeuls dont nous nous ſommes ſervis, & qui ſont beaucoup plus fins que ceux d'argent, ſont auſſi bien plus propres pour ces ſortes d'obſervations.

Je remarquai encore que plus les étoiles étoient brillantes, plus leur image ſe peignoit loin de mon œil, & au delà des fils du Micromètre ; ce que je reconnoiſſois, comme je l'ai déjà dit, parce qu'en hauſſant & baiſſant l'œil, cette image paroiſſoit en ſuivre les mouvemens. C'eſt ſans doute par la même raiſon que je ne remarquois point ordinairement de parallaxe ſenſible, même à l'égard des étoiles de la ſeconde grandeur, quand elles paſſoient de jour dans la lunette.

Je communiquai dans le temps à M. *Bouguer* ces différentes remarques, à meſure que je les faiſois ; je n'ai point ſû s'il les avoit faites de ſon côté : mais je ſuis ſi ſûr de ce que j'ai vû, que je ne puis douter qu'il n'ait vû les mêmes choſes que moi.

Je réſume les faits que je viens d'expoſer, & j'en tire les conſéquences immédiates. M. *Bouguer* voyoit quelquefois l'image de l'étoile en-deçà des fils du Micromètre, à la même heure où je la voyois au delà. Donc nous voyions alors lui & moi, deux images différentes ; ce qui ſuppoſe dans l'objectif un changement de foyer relatif aux différentes vûes. L'Obſervateur

Presbyte aperçoit celle des deux images qui eſt la plus éloignée de ſon œil, & la plus voiſine de l'objectif; le *Myope* a des apparences toutes oppoſées. Si donc il n'y avoit point d'oculaire, la lunette ſeroit plus courte poûr le preſbyte, & plus longue pour le myope. Cependant la théorie nous enſeigne que l'Obſervateur myope ne peut voir diſtinctement l'image peinte au foyer de la lunette, ſans approcher l'oculaire de cette image, pour augmenter la divergence des rayons, qui, ſans cette précaution, réunis trop tôt dans ſon œil, y rendroient la viſion confuſe: & que le preſbyte au contraire doit éloigner l'oculaire de l'image, pour rendre les rayons plus convergens, & hâter leur réunion ſur la rétine. Or on ne peut approcher l'oculaire du foyer de la lunette ſans la raccourcir, ni l'éloigner du même foyer ſans la ralonger. La lunette garnie d'un oculaire doit donc être plus courte pour le myope & plus longue pour le preſbyte : & l'expérience y eſt conforme.

Ainſi donc, la lunette s'accourcit pour le myope du côté de l'objectif, tandis qu'elle s'alonge du côté de l'oculaire: & réciproquement pour le preſbyte. Or ces deux variations relatives aux deux différentes vûes, croiſſent en ſens contraire avec la longueur des lunettes, mais la première dans un bien plus grand rapport que la ſeconde*. D'où il s'enſuit, que ſi une lunette de grandeur ordinaire doit être raccourcie pour une vûe baſſe, le contraire peut & doit arriver dans une fort longue lunette. J'avoue que je n'en ai pas fait l'expérience.

Quant à ma dernière remarque ſur la diverſité de parallaxe des fils pour un même Obſervateur en différens temps;

---

*Tandis que l'une croît comme la longueur du foyer de l'objectif, l'autre ne croît qu'en raiſon ſous-doublée, comme la longueur du foyer de l'oculaire.

j'ignore

j'ignore de quelle manière ces différences fe font manifeftées à M. *Bouguer*. Comme je n'ai point eu de communication de ce qu'il a lû fur ce fujet à l'Académie en mon abfence, & que j'ai crû devoir me priver de la lecture de fon livre, jufqu'à ce que le mien fût publié, je dois m'en tenir à ce que j'ai reconnu par ma feule expérience. Premièrement, je n'ai aperçû, comme je l'ai dit, aucune parallaxe fenfible dans les fils du Micromètre, lorfque le Ciel étoit légèrement couvert de petits nuages tranfparens : en fecond lieu, lorf-que le temps étoit clair, & les étoiles brillantes, j'ai toû-jours vû l'image de l'étoile au delà des fils; puifqu'elle m'a toûjours paru fuivre les mouvemens de mon œil. Enfin quoi-que j'aie fouvent raccourci la lunette confidérablement, je n'ai jamais vû l'image en deçà des fils, ni la parallaxe en fens contraire au mouvement de l'œil, comme M. *Bouguer* l'a vûe quelquefois; mais ce que j'ai vû fuffit, pour en con-clurre que le même Obfervateur ne voit pas toûjours la même image, & que le foyer de la lunette varie fuivant les différens états de l'atmofphère, les différens milieux que tra-verfent les rayons, & le plus ou moins de lumière de l'objet.

Ce n'eft pas une chofe nouvelle que la multiplicité des images qui fe peignent au foyer d'une lunette : il y a long-temps qu'il eft démontré en Dioptrique, qu'un objectif, dont la courbure eft fphérique, ne réunit pas les rayons en un point; & que plus la fphère fur laquelle le verre a été tra-vaillé eft d'un grand rayon, le nombre de degrés étant fup-pofé le même, plus le foyer occupe un efpace confidérable en tout fens. L'expérience confirme ici pleinement la théorie.

E e

Si on reçoit à travers un objectif de 1 5 à 16 pieds de foyer sur un papier blanc & dans une chambre obscure, l'image d'un objet éclairé, on reconnoîtra que le lieu où cette image se projette diftinctement n'eft pas un plan mathématique, & qu'on peut éloigner ou approcher un peu le papier de l'objectif, fans que l'image foit confufe. On fera même embarraffé à déterminer le point précis où elle eft la plus diftincte.

Mais une autre raifon, long-temps ignorée, contribue au même effet, & beaucoup plus puiffamment que la précédente: c'eft la différente nature des rayons de lumière, découverte dûe, ainfi que tant d'autres, à M. *Newton.* Ce Philofophe a fait voir que les rayons, en traverfant une même furface, fe rompent fous différens angles; & que felon leurs divers degrés de réfrangibilité, ils fe réuniffent, à des diftances inégales, en différens foyers, où ils forment autant d'images diverfement colorées. Cette expérience eft connue de tout le monde; mais il étoit naturel de penfer que c'étoit l'image la plus lumineufe, celle qui occupoit le milieu de la profondeur du foyer, celle enfin qui répondoit au point le plus éclairé, qui étoit toûjours aperçûe par les différens Obfervateurs, & fur-tout par le même: au lieu qu'il eft déformais prouvé & confirmé par l'expérience, que le même jour & dans le même inftant, deux Obfervateurs voient dans la même lunette deux images différentes; & que le même Obfervateur, en différens jours & à différentes heures, ne voit pas toûjours la même image.

Avant la découverte de la diverfe réfrangibilité des rayons de lumière, Defcartes, & plufieurs autres Phyficiens après lui, avoient cherché les moyens de donner aux objectifs une figure différente de la fphérique, & propre à procurer la réunion des rayons en un point. C'est presque à ce seul but qu'ont tendu tous leurs efforts, comme à l'unique moyen de perfectionner les lunettes ; jusqu'à ce qu'il ait été prouvé qu'on ne remédieroit par-là qu'à la moindre partie de la diffusion du foyer ; puisque celle qui est causée par la diverse réfrangibilité des rayons de lumière est incomparablement plus grande que celle qui est produite par la sphéricité du verre*. Depuis ce temps, on a presque regardé comme sans remède l'imperfection des lunettes, & M. *Newton* même parut avoir abandonné quelques idées qu'il avoit eues pour corriger le défaut de la courbure sphérique : du moins il tourna ses vûes vers les Télescopes catoptriques, dont il a tiré un si grand parti. Les choses en étoient demeurées là, lorsque le savant M. *Euler, considérant que les rayons qui entrent dans l'œil y souffrent quatre réfractions, en a conclu qu'il doit être possible d'arranger tellement quatre surfaces réfringentes, que les foyers de toutes sortes de rayons convinssent dans un seul point, à quelque distance que se trouvât l'objet.* Partant de ce principe, il a résolu le problème ; en donnant les dimensions d'un objectif tel, que les rayons les plus diversement réfrangibles, après avoir traversé une lentille d'eau contenue entre deux verres menisques semblables, de courbures sphériques, & après avoir souffert quatre réfractions, se réunissent en un seul point.

Je reviens à mon sujet. Parmi une foule d'images, placées sur l'axe optique d'une lunette ordinaire, à différentes distances de son objectif ; la plus forte, la plus lumineuse, celle en un mot qui occupe le milieu de l'espace qui les renferme toutes, comment n'est-elle pas toûjours la première, & même la seule aperçûe, soit par différens Observateurs, soit par le

E e ij

* Comme de 5449 à 1. *Voy. Compleat syst. of optichs by R. Smith,* n.° 340.

* *Mémoires de l'Académie de Berlin, 1747, page 279.*

même? Essayons de répondre à cette difficulté.

Quoique, géométriquement parlant, l'image qui occupe le centre du foyer doive être la plus vive & la plus brillante de toutes ; cependant comme la dégradation de lumière d'une image à l'autre se fait par degrés insensibles, il y a autour du foyer physique, un certain espace, dans lequel toutes les images sont presque également propres à être aperçûes. Supposons que cet espace occupe un pouce, ou la cinquième partie de la profondeur du foyer sur l'axe d'une lunette de douze pieds, dans laquelle les foyers des différens rayons s'étendent sur une longueur de plus de cinq pouces, comme il suit de ce que M. *Newton,* & tout récemment M. *Euler* *, ont démontré. Entre toutes les images presque également propres à être aperçûes, sur cette longueur supposée d'un pouce; chaque Observateur doit voir plus distinctement, à l'aide de l'oculaire qui sert à les grossir, celle qui se trouve située à la distance la plus convenable à la conformation de ses yeux : ainsi, celui qui a la vûe basse verra une image plus voisine de son œil ; & celui qui a la vûe longue verra une image plus éloignée. Et si le chassis qui porte les soies se trouve placé entre ces deux images, la parallaxe des fils aura lieu nécessairement en sens contraire pour les deux Observateurs; comme cela nous est effectivement arrivé à M. *Bouguer* & à moi.

Il resteroit à expliquer pourquoi l'image de l'étoile, laquelle d'un temps clair & serein me paroissoit toûjours au delà des fils du Micromètre, venoit se placer sur ces fils dans un temps légèrement couvert; & par conséquent pourquoi le foyer de l'objectif sembloit s'alonger pour moi en ce dernier cas. Je me contenterai de faire sur cela les remarques suivantes.

* *Mémoires de l'Académie de Berlin, 1747, page 276.*

Premièrement, de ce que je voyois prefque toûjours l'image au delà des fils du Micromètre, il femble qu'on pourroit inférer que la lunette étoit trop courte pour ma vûe : cependant cette conféquence eft difficile à concilier avec deux faits certains. L'un, que j'avois tâché de donner à la lunette avec laquelle j'ai fait ces expériences, la longueur la plus convenable à mes yeux ; en l'effayant fur plufieurs étoiles avant que de la faire fceller : l'autre, que depuis qu'elle étoit fixée, je l'avois raccourcie peu à peu, de plus d'un pouce, fans avoir pû faire ceffer la parallaxe, qui me faifoit toûjours voir l'étoile au delà des fils, quand le Ciel étoit clair.

Secondement, puifque cette parallaxe, que je n'avois pû anéantir en raccourciffant la lunette, devenoit nulle, ou tout-à-fait infenfible par un temps légèrement couvert ; il faut bien que l'image, qui d'un temps ferein fe peignoit au delà des fils, vînt, dans la nouvelle difpofition de l'atmofphère, fe projeter fur leur plan même. Elle s'approchoit donc alors de mon œil, & s'éloignoit de l'objectif : ce qui femble prouver que, dans le premier cas, l'image étoit formée par les rayons le pluftôt réunis, & dans le fecond par ceux du plus long foyer. Mais quelle pouvoit être la caufe qui affoibliffoit ou interceptoit alternativement, tantôt certains rayons, & tantôt d'autres, pour ne laiffer voir au même fpectateur que l'une ou l'autre image? L'expérience prouve que les rayons rouges font ceux qui ont le plus de facilité à pénétrer l'atmofphère. Le Soleil & les autres aftres, vûs près de l'horizon quand l'air eft chargé de vapeurs, paroiffent teints de cette couleur. Les rayons rouges font auffi les moins réfrangibles, & par cette raifon ce font ceux qui fe réuniffent le plus loin du verre où ils font rompus.

Ceci quadre à quelques circonstances des apparences optiques que j'ai remarquées, mais non à toutes. On pourroit supposer que lorsqu'il n'y avoit point de parallaxe, les seuls rayons rouges avoient la force de percer les petits nuages dont le Ciel étoit alors couvert ; & que leur foyer étant plus long, l'image atteignoit, en ce cas, le plan des fils qu'elle ne pouvoit atteindre quand ces rayons ne dominoient pas sur les autres. Mais il semble aussi que par la même raison, l'image de l'étoile auroit dû alors paroître rougeâtre, comme il arrive aux astres près de l'horizon, & c'est ce que je n'ai pas remarqué.

Je craindrois de trop donner à la conjecture, en entrant dans un plus grand détail, & je laisse à M. *Bouguer* le soin d'approfondir une matière, sur laquelle il a sur moi l'avantage d'avoir publié il y a plus de vingt ans * de savantes recherches. Il a encore, dans l'occasion présente, celui de pouvoir fonder ses raisonnemens sur un plus grand nombre de faits que moi ; outre ses propres expériences, je lui ai communiqué toutes les miennes. Pour moi, je sais seulement que M. *Bouguer* a quelquefois vû la parallaxe des fils du Micromètre, dans un sens contraire à celui où nous la voyions, M. *Verguin* & moi. Du reste je ne sais, au sujet de ces apparences optiques, que ce que j'en ai vû par mes propres yeux, dans mes observations particulières. Je viens au point le plus essentiel, & par lequel je terminerai cette longue dissertation sur les nouvelles précautions prises dans mes dernières observations. C'est le moyen que j'ai employé pour éviter l'erreur de la parallaxe des fils du Micromètre, qui jusque-là nous avoit été si fatale.

* Essai sur la gradation de la Lumière, *Paris, 1729.*

ARTICLE XX.

Continuation du même sujet.

De la manière d'éviter la Parallaxe des fils au foyer de la Lunette.

DANS toutes les observations qui ont précédé les simultanées, nous n'avions pris, contre la parallaxe des fils, d'autres
précautions que celle qui est indiquée dans le procès verbal
des anciennes observations de 1739 à *Tarqui (art. VI, page*
133), & dans la Table des observations faites par M. *Bouguer*
au même lieu en 1741 *(art. XV, page 179, après le 5ᵐᵉ*
Résultat). Cette précaution consistoit à placer toûjours l'œil au
même point; & pour y réussir plus sûrement, nous appliquions
au devant de l'oculaire un bout de tuyau de carton, percé d'une
très-petite ouverture, qui servoit de pinnule. Cet expédient
remédieroit à tout si la parallaxe des fils n'étoit pas variable:
car supposant que la pinnule fût située obliquement à l'égard
de l'axe de la lunette; il est bien vrai que l'œil placé à la pinnule, rapporteroit l'image à un point du réticule, autre que celui
où il la rapporteroit s'il la voyoit d'un point de l'axe même;
& que par conséquent la hauteur de l'astre lui paroîtroit augmentée ou diminuée : mais ce seroit d'une quantité toûjours
égale & du même sens, tant que l'instrument resteroit dans
la même situation; & lorsqu'on le retourneroit, l'erreur seroit
encore la même en sens contraire. Ainsi cette erreur se con-
fondroit avec celle qui résulte du défaut de parallélisme de la
lunette au rayon d'où on commence à compter les angles:
ces deux erreurs n'en feroient qu'une, & la somme des deux

feroit reconnue par l'opération ordinaire du renverfement, qui fert à vérifier la pofition de la lunette. Mais puifqu'il eft certain que la parallaxe des fils eft variable, & que la diftance de l'objectif à l'image qui fe peint à fon foyer n'eft pas toûjours la même, il s'enfuit que la précaution de la pinnule fixe n'eft pas fuffifante; & il eft évident, par les loix de la projection, que l'œil fitué obliquement par rapport à l'axe de la lunette, ne peut manquer, quoiqu'immobile, de rapporter à divers points du réticule, les différentes images qu'il voit en effet plus ou moins éloignées, en divers jours & à diverfes heures.

On peut concevoir les images qui fe peignent aux différens foyers de l'objectif, comme autant de tableaux rangés les uns au devant des autres le long de l'axe optique de la lunette: elles fe préfentent donc, à un œil fitué obliquement, fous le même point de vûe que feroient les décorations à couliffe d'un côté du théatre : d'où il s'enfuit que parmi toutes ces images, l'œil doit rapporter celle qui fera vifible pour lui, à différens points du réticule, felon qu'elle fera plus voifine ou plus éloignée. Il n'y a qu'une feule pofition, où l'œil puiffe éviter cette erreur : c'eft celle où il feroit placé dans l'alignement même des centres de toutes les images; c'eft-à-dire, dans l'axe optique de la lunette. Alors tout cet axe fe projeteroit fur un feul point du réticule, ou du plan des fils du Micromètre; & à quelque diftance de l'œil que l'image fût tranfportée par la variation du foyer, le centre de cette image répondroit toûjours, fur le plan des fils, au point où ce plan eft rencontré par l'axe.

Il eft vrai que fi l'image eft étendue, il n'y aura que fon

point

point central qui fera exempt de parallaxe ; & que les bords
de l'image en fouffriront une plus ou moins grande, felon que
l'image occupera plus ou moins d'efpace. Et par une conféquence néceffaire, fi le réticule fe trouve placé, comme il l'eft
ordinairement, entre les deux foyers extrêmes des rayons inégalement réfrangibles, il arrivera que dans la même lunette,
l'œil myope, placé en *O*, projetant & mefurant fur le réticule
A B, l'image *D G* qu'il voit en deçà, la jugera plus grande
qu'elle n'eft en effet, & la fera égale à $\Delta\,\Gamma$; tandis que l'œil
prefbyte, rapportant fur le même plan *A B* l'image *d g* qu'il
voit au delà, la jugera plus petite ; & la mefurant entre les
fils, la trouvera égale à $\delta\,\gamma$.

C'eft vrai-femblablement pour cette raifon, que lorfque nous
examinions en 1739 la valeur des parties du Micromètre fur
une longueur de 80 pieds *(part. II, art. III, page 1 1 3)*, dont
l'image occupoit environ $4\frac{1}{2}$ lig. au foyer de la lunette, & foû-
tendoit un angle de près de 9 minutes, M. *Bouguer* trouva cette
image égale à 1 1 9 6 parties du Micromètre ; au lieu que je n'en
trouvois que 1 1 9 3. Cette différence, qui n'eft que de $\frac{1}{399^e}$
partie, & qui fe trouva alors d'une feconde, devient tout-à-fait
infenfible fur de plus petites quantités ; mais fût-elle beaucoup
plus grande, elle ne tireroit nullement à conféquence dans le
cás préfent, où il eft queftion d'une étoile qui n'occupe qu'un
point dans la lunette. Il eft donc certain que fi l'œil eft placé
dans l'axe optique, à quelque diftance de l'œil que fe peigne
l'image de l'étoile, elle fera toûjours vûe au même point du
réticule ; au lieu que fi l'œil voit l'axe obliquement, c'eft en
vain qu'on rend fixe & immobile la pinnule où il eft placé : il
fuffit que l'image change de lieu fur l'axe en différens temps,

pour qu'il la voie changer de lieu fur le réticule, & s'approcher ou s'éloigner de l'interfection des fils.

Quelque évidemment que cette conclufion fe déduife de mes propres expériences fur les variations de longueur du foyer de l'objectif, j'avoue qu'elle ne s'étoit pas préfentée bien nettement à mon efprit, jufqu'au temps des dernières obfervations que je fis feul à *Tarqui* à la fin de 1742; j'y fus alors conduit comme par degrés. Je vais rendre compte des circonftances qui concoururent à m'éclairer, & qui me firent enfin trouver un remède à la parallaxe des fils, plus efficace que ceux que nous avions employés jufqu'alors. C'eft par ce détail que j'acheverai d'informer le Lecteur, des précautions nouvelles que je pris dans mes dernières obfervations à *Tarqui.*

Après avoir reconnu, comme je l'ai dit, que l'inftrument avoit fouffert quelque altération dans fon tranfport de *Quito* à *Tarqui;* après l'avoir démonté, raffermi, reconftruit, y avoir fait toutes les réparations & nouvelles additions dont j'ai parlé, avoir épuifé toutes les précautions rapportées dans les articles XVII, XVIII, XIX & XX; enfin après avoir donné à la lunette du Secteur une longueur telle que je n'apercevois dans les fils aucune parallaxe à l'égard de l'étoile, quand le brouillard étoit tranfparent, ce qui faifoit communément les plus beaux jours de *Tarqui:* j'effayai de rendre la parallaxe infenfible dans tous les cas, en rétréciffant l'ouverture de l'objectif de la lunette, par le moyen de plufieurs diaphragmes de carton inégalement ouverts, que j'y appliquois alternativement, & que je fubftituois l'un à l'autre, fuivant que le Ciel étoit plus ou moins pur. Je réuffis par ce moyen à diminuer la grande fcintillation de l'étoile, qui me parut mieux terminée. La paral-

laxe des fils étoit moindre auffi ; mais elle fubfiftoit encore, &
toûjours du même fens : c'eft-à-dire, qu'en hauffant l'œil, je
voyois toûjours l'étoile s'élever, & en l'abaiffant, s'abaiffer à
l'égard du fil horizontal.

J'eus recours à notre expédient ordinaire : j'adaptai au devant de l'oculaire un bout de tuyau de carton percé d'un très-
petit trou. Comme j'étois feul à obferver, il me fut facile de
rendre cette pinnule fixe, auffi-bien que l'oculaire même ;
ce qui n'eft pas poffible quand deux Obfervateurs, dont la
vûe eft inégale, obfervent enfemble : puifqu'il faut alors alternativement approcher l'oculaire du foyer de l'objectif pour
l'un, & l'en éloigner pour l'autre. La pinnule une fois fixée,
j'étois bien fûr que mon œil étoit toûjours placé au même
point ; mais je ne tardai pas à m'apercevoir que mes obfervations n'en étoient pas pour cela plus uniformes, ou pluftôt
qu'elles ne l'étoient pas toûjours. J'obfervois quelquefois pendant deux ou trois jours la même diftance au zénith, à très-
peu près ; je trouvois enfuite d'un jour à l'autre des différences de 6 à 7 fecondes, ou plus ; quoique je n'euffe touché
à l'inftrument dans l'intervalle, que pour faire répondre le fil-
à-plomb très-exactement au même point : & c'étoit lorfque
le Ciel étoit clair & que les étoiles étoient brillantes, que je
remarquois les plus grandes différences.

Jamais je n'avois pû m'accoûtumer à regarder comme inévitables des variations auffi confidérables, & moins encore de
plus grandes, que nous avions quelquefois éprouvées du jour
au lendemain, dans le temps que nous obfervions enfemble
à *Tarqui*, M. *Bouguer* & moi, en 1739. Je lui avois dès-
lors témoigné ma furprife, de voir qu'un inftrument de douze

pieds de rayon nous donnât quelquefois des obſervations moins conformes entr'elles que n'eût fait un Quart-de-cercle de trois pieds, placé dans un lieu commode. M. *Bouguer,* dans le temps dont je parle, paroiſſoit perſuadé qu'il n'étoit pas poſſible de parvenir à une plus grande exactitude; je lui avois expoſé ſur tout cela mes doutes & mes ſcrupules: il ne les avoit pas fait ceſſer entièrement, mais ils avoient été ſuſpendus par ſa préſence, par le concours de ſes lumières, & le poids de ſon témoignage.

Privé de ces ſecours, lorſque j'allai répéter ſeul à *Tarqui* nos anciennes obſervations en 1742, je ſentis renaître toutes mes inquiétudes; & je réſolus de ne pas terminer mon travail, que je ne ſûſſe à quoi m'en tenir ſur ces variations ſubites ſi étranges, & qui me paroiſſoient toûjours ſi incompatibles avec la grandeur de notre inſtrument.

Je me rendois à mon obſervatoire quelque temps avant l'heure de la médiation d'ε d'*Orion;* & je me préparois à cette obſervation par celle de pluſieurs autres étoiles, qui paſſoient dans la lunette quelques minutes auparavant. Une nuit que la lumière des étoiles étoit fort vive, je trouvai, en plaçant le curſeur du Micromètre ſur une de celles qui précédoient *Orion,* un nombre de parties aſſez différent de celui auquel je m'attendois en conſéquence de mes obſervations précédentes. Je ſoupçonnai que le tuyau de carton qui portoit la pinnule s'étoit dérangé: j'ôtai tout cet attirail; & au lieu d'aller, avec le fil mobile horizontal, à la rencontre de l'étoile ε qui alloit paſſer, ou de la ſuivre avec ce même fil, comme nous l'avions toûjours pratiqué; je plaçai d'avance l'index du Micromètre, ſur le nombre de parties que j'avois obſervées pluſieurs fois, les nuits où il n'y avoit point de parallaxe, & j'attendis enſuite que l'étoile vînt se placer sur le fil ainsi disposé. Mais comme il n'y avoit plus de pinnule, je m'aperçûs, aussi-tôt que l'étoile fut entrée dans la lunette, que la parallaxe étoit si grande, qu'en haussant & baissant l'œil, je transportois à mon gré l'étoile au dessus ou au dessous du fil, à une distance de part & d'autre plus que double de son diamètre. Je me hâtai de replacer la pinnule, & de l'arrêter, au point d'où mon œil voyoit l'étoile suivre la route que je lui avois, pour ainsi dire, tracée, par la position que j'avois donnée d'avance au fil mobile. J'eus soin d'affermir la pinnule en cet état, & j'apportai une grande attention à ne la plus déranger. Depuis ce temps, quoique je reprisse notre pratique ordinaire, de ne pas laisser le fil mobile au point où je l'avois conduit la veille, mais de l'amener à chaque fois sur l'étoile, en comptant les parties qui mesuroient sa distance au fil fixe; j'en retrouvai toûjours, à très-peu près, le même nombre; & je ne remarquai plus, dans les observations faites à peu de jours d'intervalle, que ces petites différences, qui se peuvent attribuer à la difficulté de bien juger si le fil horizontal partage l'étoile en deux parties égales, si le fil-à-plomb coupe bien également le point qui termine l'arc; ou à quelqu'autre cause semblable.

Par tout ce qui a été expliqué précédemment, on doit voir que je m'étois garanti de l'erreur de la parallaxe, en suivant le procédé que je viens de décrire; dont l'effet étoit de me faire voir l'étoile toûjours au même point du réticule, soit qu'il n'y eût pas effectivement de parallaxe, comme lorsque l'image de l'étoile venoit se peindre sur le plan des fils, soit qu'il y en eût, comme les nuits où l'image n'atteignant pas le plan des fils, restoit au delà, & sembloit obéir aux mouvemens

F f iij

de mon œil. Or je ne pouvois voir l'image répondre au même point du réticule, quoiqu'elle fût tantôt plus proche, & tantôt plus loin de moi, qu'autant que mon œil étoit dans la ligne qui joignoit les centres des diverses images ; c'est-à-dire, qu'autant qu'il étoit dans la direction de plusieurs points de l'axe, ou dans le prolongement de l'axe même, & par conséquent à l'abri des erreurs de la parallaxe que je cherchois à éviter.

M. *Bouguer*, à qui je mandai que je croyois avoir un moyen de sauver la parallaxe, ne me répondit rien sur cela ; sans doute il s'en étoit garanti, ou de la même manière que moi, ou par quelque moyen équivalent, & peut-être meilleur. D'ailleurs, comme dans les observations correspondantes aux miennes, qu'il faisoit alors à *Cotchesqui*, il se servoit d'un Secteur & d'une lunette de 8 pieds, & que la parallaxe dont il est ici question croît en même raison que la longueur du foyer de l'objectif ; M. *Bouguer* n'avoit à craindre avec sa lunette de 8 pieds, qu'une erreur qui n'étoit pas tout-à-fait les deux tiers * de celle à laquelle j'étois exposé avec une lunette de 12 pieds ; & c'est ce qui a pû contribuer à le déterminer à employer un Secteur d'un plus court rayon. Au reste, si M. *Bouguer* a employé le même expédient que moi, je proteste que je n'en ai, jusqu'à ce moment, aucune connoissance. J'ai raconté tout simplement, comment mes différentes tentatives m'ont conduit

---

* La parallaxe est ici l'effet d'une variation passagère dans le foyer de l'objectif. Cette variation croît proportionnellement à la longueur de ce foyer, laquelle est prise communément pour la longueur même de la lunette ; quoiqu'à parler rigoureusement cette longueur soit égale à la somme des foyers des deux verres, & que le foyer de l'oculaire croisse, comme on l'a déjà remarqué, en moindre raison que celui de l'objectif. De-là il s'ensuit que, dans une lunette d'un tiers plus longue, la parallaxe croît d'un peu plus d'un tiers.

à un procédé qui m'a réuſſi. Il eſt aiſé de voir que j'aurois
pû l'expoſer d'une manière plus propre à le faire valoir, &
à en relever le mérite.

Le Lecteur me pardonnera, en faveur des motifs que j'ai
allégués, d'avoir tant inſiſté, contre ma première intention,
ſur les préparatifs de mes dernières obſervations. Je paſſe à ces
obſervations mêmes.

ARTICLE XXI.

Dernières obſervations, faites à Tarqui *, au Sud de la Méridienne,
correſpondantes à celles qui ont été faites en même temps, à l'extrémité Nord.*

TABLE des diſtances de l'Étoile ε *d'*Orion *au Zénith de* Tarqui, *que j'ai obſervées
en 1742 & 1743, réduites au premier Janvier 1743.*

Première Suite d'Obſervations,

Faites ſur un arc de 3ᵈ 22′ 15″, dont la corde étoit égale à la 17ᵐᵉ partie du rayon.

SITUATION du Secteur.	DATE des Observations.	QUANTITÉS observées avec le Micromètre.	ÉQUATIONS POUR LA			Observations réduites au 1 Janv. 1743.	QUANTITÉS moyennes.	RÉSULTATS.
			Précession des Équinoxes.	Aberration de la Lumière.	Nutation de l'Axe terreſtre.			
Le limbe vers l'orient.	1742. 29 Nov.	+ 47″,5	+ 0″,3	— 4″,8	+ 0″,1	+ 43″,1		
	30	+ 49, 5	+ 0, 2	— 4, 7	+ 0, 1	+ 44, 9	+ 43″,8	
	1 Déc.	+ 47, 5	+ 0, 2	— 4, 6	+ 0, 1	+ 43, 2		+ 0ᵈ 0′ 6″,9
vers l'occident.	2	— 30, 6	+ 0, 2	— 4, 4	+ 0, 1	— 34, 8	— 36, 9	
	3	— 35, 1	+ 0, 2	— 4, 3	+ 0, 1	— 39, 1		

Arc du Secteur 3 22 15,

Double diſtance au Zénith, obſervée. . . . . 3ᵈ 22′ 21″,9

Premier Réſultat. Diſtance apparente d'ε d'*Orion* au Zénith de *Tarqui*, du côté du Nord,
réduite au 1ᵉʳ Janvier 1743. . . . . 1 41 11,

Seconde Suite d'Observations,

*Faites, comme les précédentes, sur un arc de 3^d 15′ 22″,
dont la corde étoit égale à la 17me partie du rayon.*

SITUATION du Secteur.	DATE des Observations.	QUANTITÉS observées avec le Micromètre.	ÉQUATIONS POUR LA			Observations réduites au 1 Janv. 1743.	QUANTITÉS moyennes.	RÉSULTATS.
			Précession des Équinoxes	Aberration de la Lumière.	Nutation de l'Axe terrestre.			
Le limbe tourné à l'orient. *(De jour, & sans éclairer les fils.)*	1742 8 Déc.	+ 38″,1	+ 0,″2	— 3″,6	+ 0,″1	+ 34,″8		
	9	+ 38, 6	+ 0, 2	— 3, 4	+ 0, 1	+ 35, 5		
	13	+ 37, 7	+ 0, 2	— 2, 8	+ 0, 1	+ 34, 2		
	1743 3 Janv.	+ 36, 8	— 0, 0	+ 0, 3	— 0, 0	+ 37, 1		
	11	+ 37, 2	— 0, 1	+ 1, 5	— 0, 1	+ 38, 5		
	15	+ 37, 2	— 0, 1	+ 2, 0	— 0, 1	+ 39, 0	+ 37″,5	
	27 Févr.	+ 33, 7	— 0, 5	+ 6, 2	— 0, 7	+ 38, 7		
	28	+ 33, 7	— 0, 5	+ 6, 3	— 0, 7	+ 38, 8		
	5 Mars.	+ 33, 7	— 0, 6	+ 6, 5	— 0, 8	+ 38, 8		
	10	+ 32, 3	— 0, 6	+ 6, 7	— 0, 8	+ 37, 6		
	14	+ 32, 9	— 0, 7	+ 6, 8	— 0, 9	+ 38, 1		
	17	+ 34, 2	— 0, 7	+ 6, 9	— 1, 0	+ 39, 4		+ 0^d 0′ 5″,5
à l'occid.	1742 17 Déc.	— 28, 9	+ 0, 1	— 2, 2	+ 0, 1	— 30, 9		
	18	— 29, 8	+ 0, 1	— 2, 1	+ 0, 1	— 31, 7		
	19	— 30, 2	+ 0, 1	— 1, 9	+ 0, 1	— 31, 9		
	20	— 30, 2	+ 0, 1	— 1, 8	+ 0, 1	— 31, 8		
	1743 2 Févr.	— 36, 4	— 0, 3	+ 4, 5	— 0, 4	— 32, 6		
	9	— 36, 4	— 0, 4	+ 5, 0	— 0, 4	— 32, 2	— 32, 0	
	10	— 36, 4	— 0, 4	+ 5, 1	— 0, 4	— 32, 1		
	11	— 36, 4	— 0, 4	+ 5, 2	— 0, 4	— 32, 0		
	17	— 36, 8	— 0, 5	+ 5, 7	— 0, 5	— 32, 1		
	21	— 38, 1	— 0. 5	+ 5, 9	— 0. 5	— 33, 2		

Arc du Secteur. 3 22 15,

Double distance au zénith, observée . . . . 3^d 22′ 20″,5

Second & dernier Résultat. **D**istance apparente de ε d'*Orion* au Zénith de *Tarqui*, du côté
du Nord, réduite au 1er Janvier 1743 . . . . 1 41 10, 2$\frac{1}{2}$

Remarques

Remarques sur les observations de la Table précédente.

J'étois à *Tarqui* dès le 20 Septembre 1742, & la première observation rapportée dans la Table précédente n'est que du 29 Novembre; ainsi il se passa plus de deux mois avant que je pûsse avoir des observations suivies. J'ai déjà parlé ailleurs des raisons qui m'en avoient empêché : l'instrument avoit souffert dans le transport de *Quito* à *Tarqui*; il me fallut faire venir des ouvriers de *Cuenca*, démonter le Secteur, en raffermir toutes les parties, y faire plusieurs changemens & de nouvelles réparations, le reconstruire, le remonter, mesurer le rayon, tracer un nouvel arc, dont la corde fût bien exactement partie aliquote du rayon, perfectionner à plusieurs reprises le parallélisme de la lunette : tout cela me fit perdre un bon nombre d'observations, les précédentes devenant inutiles chaque fois que j'étois obligé de retoucher à l'objectif. La proximité du Soleil au zénith ne m'avoit pas permis d'abord de tracer une Méridienne exacte : les tremblemens de terre, les arrêts fréquens de ma pendule, me causèrent ensuite de nouveaux obstacles, dont le plus grand étoit le Ciel de *Tarqui*, presque toûjours contraire aux observations astronomiques. Nous ne l'avions que trop éprouvé en 1739, & M. *Bouguer* en particulier en 1741, comme on en peut juger par les intervalles de ses observations *(Voy. la Table de l'art. XV, p. 178 & 179)*. Enfin les différentes tentatives pour diminuer & pour anéantir l'effet de la parallaxe des fils du Micromètre, avant que j'eusse trouvé le dernier expédient, dont j'ai donné le détail, me prirent seules un temps considérable, & je reconnus que je ne devois compter parfaitement que sur les observations postérieures.

Introduction historique, Sept. 1742.

Voy. Procès verbal, art. VI, page 130.

Gg

Ce ne fut donc que le 29 Novembre que je commençai à observer de suite. Le 3 Décembre, je pûs tirer un premier résultat de cinq observations, dont trois avoient été faites, le limbe du Secteur étant tourné vers l'orient, & deux, le limbe tourné vers l'occident. Je me hâtai de les communiquer à M. *Bouguer,* par un exprès que je lui dépêchai à *Cotchesqui;* mais ayant retourné l'instrument une seconde fois, le 8, pour le remettre dans sa première situation, le limbe vers l'orient, & m'assurer par-là s'il n'avoit point varié dans le temps de la première inversion, je fus extrêmement surpris de trouver la distance apparente de l'étoile au zénith, moindre de 10 secondes, que je ne l'avois observée huit jours auparavant, dans la même position de l'instrument. Je n'avois fait aucun changement volontaire au Secteur, & sa solidité étoit à toute épreuve: je ne pûs donc m'empêcher de croire que quelqu'un y avoit touché à mon insû, & de fortes raisons me confirmèrent dans ce soupçon. Mais ce qui ne me permit plus de douter du fait, c'est qu'ayant pris depuis ce moment des mesures, pour qu'à l'avenir personne n'entrât dans l'observatoire, qu'en ma présence, je ne remarquai plus aucune pareille variation dans la distance de l'étoile au zénith, pendant plus de quatre mois que je continuai à observer, tournant & retournant alternativement le Secteur en sens contraire.

Ces cinq premières observations ne pouvant se lier avec celles qui les suivirent, elles forment un résultat à part; mais comme celui-ci n'avoit pas été confirmé, ainsi que tous les autres, par deux inversions de l'instrument; que d'ailleurs l'observation du 3 Déc. est notée défectueuse sur mon journal; que je n'avois pas encore réussi à me garantir sûrement des variations de la

parallaxe des fils; que ma Méridienne n'étoit pas encore bien
vérifiée, & qu'enfin au fecond détour de l'inftrument, j'avois
trouvé dans la hauteur de l'étoile une différence de 10 fecondes, dont la caufe ne m'étoit pas évidemment connue;
je regardai dès-lors ce premier réfultat comme fufpect, &
j'en juge encore de même. Au refte, puifque les cinq obfervations dont il eft tiré s'accordent paffablement entr'elles, &
qu'en les rédüifant à la même époque que les fuivantes, ce
premier réfultat ne diffère pas de l'autre d'une feconde, comme
on le voit par la Table, il devient indifférent d'y avoir
égard ou non; & dans l'un & l'autre cas, on tirera toûjours
les mêmes conféquences.

Mon dernier réfultat eft tiré de vingt-deux obfervations,
faites depuis le 8 Déc. 1742, jufqu'au 17 Mars 1743. De ces
vingt-deux obfervations, douze ont été faites, le limbe du Secteur étant tourné à l'orient, à différentes reprifes : elles font
entre-mêlées de dix autres, faites tandis que le limbe étoit tourné
vers l'occident. M. *Bouguer,* qui partit de *Quito* pour revenir
en Europe à la fin de Févr. 1743, ne reçût à *Quito* que la
communication de mes obfervations de Déc. 1742, & Janv.
1743. Je continuai d'obferver à *Tarqui* en Février & Mars,
avant que d'avoir appris fon départ. Le dernier exprès que je
lui dépêchai de *Tarqui*, & qui lui portoit la fuite de mes obfervations, ne le trouva plus à *Quito;* mais j'ai fû depuis que mes
lettres l'avoient atteint fur la route de *Carthagène*, ou dans cette
ville, avant fon embarquement pour l'Ifle de *Saint-Domingue.*

On peut remarquer, que depuis le 17 Déc. 1742, que je
retournai le Secteur pour la première fois, jufqu'au 17 Mars
fuivant, l'inftrument changea quatre fois de fituation; que dans

cet intervalle de temps, qui comprend dix-neuf obſervations, la plus grande différence entre les diſtances au zénith, obſervées & réduites au premier Janvier 1743, excède à peine deux ſecondes; & que les quatre dernières obſervations, faites ſans être obligé d'éclairer les fils, s'accordent dans la ſeconde, avec les précédentes, faites à la lumière d'une bougie, laquelle, comme je l'ai déjà dit *(art. XIV, page 174),* peut cauſer des réfractions irrégulières, ſi l'on n'uſe pas de grandes précautions.

Qu'il me ſoit permis de remarquer encore, qu'alors nous n'étions pas inſtruits de la manière de calculer l'effet de l'aberration de la lumière; ce qui nous met entièrement à l'abri du ſoupçon de nous être fait illuſion à nous-mêmes, en eſtimant ſur le limbe ou ſur le cadran du Micromètre, les quantités apparentes, de la manière la plus propre à favoriſer l'accord de nos obſervations. Avant qu'elles fuſſent réduites à une même époque, il y avoit entre quelques-unes des miennes, comme entre celles des 17 Déc. & 21 Févr. *(Voy. Tab. préc.)* des différences apparentes, de plus de 9 ſecondes; au lieu qu'elles ſe ſont preſque entièrement évanouies, depuis que mes obſervations, telles que je les avois communiquées dans le temps à M. *Bouguer,* ont été corrigées pour l'aberration de la lumière, & pour la nutation de l'axe terreſtre, par des théories qui nous étoient alors inconnues.

Si je faiſois un choix entre mes obſervations de *Tarqui,* je tirerois la diſtance de l'étoile au zénith, des dix-neuf dernières obſervations de la Table précédente; & cela par les raiſons que j'ai déjà inſinuées : je trouverois alors cette diſtance de 1ᵈ 41′ 10″,7 vers le Nord; mais comme le ſecond réſultat de la Table, tiré des vingt-deux dernières obſervations, eſt 1ᵈ 41′ 10″2½, & par conſéquent ne diffère pas de cette concluſion, d'une demi-feconde, il importe peu de faire ce choix ou de ne le pas faire. Soit donc qu'on corrige ou non le dernier réfultat, on trouvera qu'il s'éloigne à peine d'une feconde de celui de M. *Bouguer* de l'année 1741, en réduifant tout à la même date *(art. XV, page 182)*. Ainfi il paroît qu'il n'y a rien à defirer fur la précifion des obfervations faites à *Tarqui* par M. *Bouguer* en 1741, & par moi en 1742 & 1743.

Il ne me refte plus qu'à comparer ces dernières de 1742 & 1743 à leurs correfpondantes & fimultanées, faites à *Cotchefqui* par M. *Bouguer,* & rapportées article XVI; *page 183 & fuiv.* pour tirer des unes & des autres l'amplitude de l'arc du Méridien, intercepté entre les parallèles des deux obfervatoires.

ARTICLE XXII.

Détermination de l'amplitude de l'arc du Méridien, compris entre les Parallèles de Cotchefqui *& de* Tarqui,

Par toutes les obfervations correfpondantes, faites en ces deux lieux en 1742, 1743, & réduites au premier Janvier 1743.

LA diftance apparente de l'étoile ε d'*Orion* au zénith de *Cotchefqui,* réduite au premier Janvier 1743, a été conclue par les obfervations de M. *Bouguer (art. XVI, page 186)*, de $1^d 25' 48'',3$. La diftance apparente de la même étoile au zénith de *Tarqui,* réduite à la même époque, a été trouvée par mes obfervations *(article précédent)*, de $1^d 41' 10'',7$. L'étoile étoit entre les zéniths des deux obfervateurs : c'eft-à-dire, au Nord de *Tarqui,* & au Sud de *Cotchefqui;* il faut donc ajoûter les deux diftances, pour avoir l'amplitude de l'arc

du Méridien, compris entre les parallèles des deux observatoires, & on aura 3^d 6' 59". Mais les distances observées n'é-
toient qu'apparentes : elles ont dû être diminuées chacune d'environ une seconde, par la réfraction qui faisoit paroître l'étoile
plus près du zénith qu'elle n'étoit en effet ; ainsi il y a encore
2 sec. à ajoûter à la somme des deux distances apparentes,
pour en conclurre l'amplitude vraie de l'arc ; & elle sera par conséquent de 3^d 7' 1". Tel est le résultat qu'on tirera en prenant
un milieu entre toutes les observations faites de part & d'autre,
pendant plus de trois mois.

ARTICLE XXIII.

*Autre détermination de l'amplitude de l'arc du Méridien,
compris entre les Parallèles de* Cotchesqui
& de Tarqui,

Par les seules observations simultanées, *sans aucune réduction.*

Pour réduire les observations faites à *Cotchesqui* & à *Tarqui*
pendant le cours de plusieurs mois, à la même époque, il a
fallu avoir égard aux équations de la précession des Équinoxes,
de l'aberration de la lumière, & de la nutation de l'axe
de la terre. On ne peut guère aujourd'hui former de doutes
raisonnables sur des théories reçues de tous les Astronomes,
& confirmées, d'un aveu unanime, par les plus modernes &
les plus subtiles observations *(art. V, p. 127)* ; cependant si on
craignoit que la multiplicité des élémens qui entrent dans ces
calculs, ou quelqu'autre variation, soit optique, soit réelle,
dont les loix nous seroient inconnues, pût jeter quelqu'incerti-

tude fur la conclufion précédente; les obfervations fimultanées proprement dites, celles qui ont été faites précifément les mêmes nuits, aux deux extrémités de l'arc du Méridien, nous four-niffent un moyen direct de conclurre l'amplitude de cet arc, fans aucune réduction, & indépendamment de toute hypo-thèfe. C'eft-là fur-tout ce que j'avois en vûe, lorfque je fis tant d'inftances à M. *Bouguer (Introduction hiftorique, année 1742)* pour l'engager à répéter au Nord de la Méridienne nos an-ciennes obfervations, dans le même temps que j'irois les répéter au Sud; ce qui a été heureufement exécuté : mais il y a une atten-tion à faire, pour employer avec fuccès cette nouvelle méthode de conclurre l'amplitude de l'arc, fans aucune réduction.

En prenant, comme on a fait dans l'article précédent, un milieu entre un grand nombre d'obfervations, on court peu de rifque de fe tromper; & quand même il y en auroit dans ce grand nombre quelques-unes de fenfiblement défectueufes, le moyen réfultat feroit à peine altéré : puifque l'excès, ou le défaut de celles-ci fe partageant entr'elles & toutes les autres, changeroit peu le réfultat. Il en feroit de même fi on en avoit un grand nombre de fimultanées : on tireroit de chaque couple d'obfervations, faites les mêmes nuits dans les deux obfervatoires, autant de différentes amplitudes de l'arc cherché; & alors l'amplitude moyenne entre toutes, différeroit nécef-fairement fort peu de la véritable; mais comme nous n'avons qu'un petit nombre d'obfervations, faites les mêmes nuits aux deux extrémités de l'arc, il eft très-important de choifir celles qui ont le plus grand caractère d'exactitude.

On peut voir, en comparant la Table des dernières obferva-tions de M. *Bouguer* à *Cotchefqui (art. XVI, pp. 183 & 184),* à celle de mes obfervations correfpondantes à *Tarqui (art. XXI,* *pp. 215 & 216);* que nous n'en avons eu de fimultanées que les nuits des 29 & 30 Novembre, & des 2, 8, 9 & 17 Décembre dans les deux fituations inverfes de nos Secteurs.

Je ne ferai aucun ufage des obfervations du 29 & du 30 Novembre, par les raifons que j'ai expofées dans l'article précédent, qui me les ont fait abandonner. Et une preuve évidente qu'il y a eu erreur, ces deux nuits-là, ou l'une des deux nuits, au moins dans l'une des deux obfervations fimultanées; c'eft ce que M. *Bouguer* & moi, nous trouvâmes tous deux la nuit du 30 Nov. la diftance de l'étoile au zénith, chacun d'environ deux fecondes plus grande que la veille; ce qui eft impoffible, puifque l'étoile qui étoit entre nos deux zéniths ne pouvoit s'éloigner de l'un des deux, fans s'approcher de l'autre.

J'ai pareillement lieu de me défier de l'exactitude des obfervations du 2 Déc. toute autre raifon à part, en ce qu'elles diffèrent de 4" de celles qui les ont précédées ou fuivies immédiatement le 3 & le 5. Je n'en tirerai donc aucune conféquence.

Il refte, parmi les obfervations faites les mêmes nuits à *Tarqui* & à *Cotchefqui,* celles du 8, du 9 & du 17 Décembre; qui n'ont pas les mêmes fujets de reproche. Nous trouvâmes le 9, M. *Bouguer* & moi, chacun de notre côté, les mêmes diftances au zénith que la veille : nos obfervations du 17, faites dans une fituation contraire des deux inftrumens, s'accordent auffi avec celles qui les ont fuivies immédiatement. Ce font celles que je choifis : & voici comme j'en tire l'amplitude de l'arc compris entre les parallèles de nos deux obfervatoires, indépendamment de toute équation; & même, fans employer la diftance vraie de l'étoile au zénith de chaque lieu.

OBSERVATIONS

OBSERVATIONS SIMULTANÉES
Aux deux extrémités de la Méridienne.

Amplitude de l'Arc célefte, compris entre les deux Zéniths.

Les 8 & 9 Décembre 1743: M. *Bouguer* obferva la diftance de l'étoile ε d'*Orion* au Zénith de *Cotchefqui* du côté du Sud; égale à la valeur du demi‑arc tracé fur fon Secteur, de 1ᵈ 25′ 55″, plus par le Micromètre 59″. Donc de 1ᵈ 26′ 54″,0 ⎫

Les mêmes nuits: j'obfervai la diftance de la même étoile au zénith de *Tarqui,* du côté du Nord; égale à la valeur du demi‑arc de mon Secteur, 1ᵈ 41′ 7″,5 ⎬ 1 41 46, 1 ⎫ 3ᵈ 8′ 40″,1
plus 88 parties du Micromètre =   + 38, 6 ⎭

Somme des deux diftances obfervées; égale à l'Amplitude apparente de l'arc du Méridien, compris entre les Parallèles des deux obfervatoires, ± l'erreur de la pofition des lunettes des deux Secteurs . . . . 3ᵈ 8′ 40″,1

Le 17 Décembre: les deux inftrumens étant retournés, & dans une fituation contraire à la précédente; M. *Bouguer* obferva, à *Cotchefqui,* la diftance de la même étoile au zénith, vers le Sud, égale au demi‑arc de fon Secteur, de 1ᵈ 25′ 55″, moins par le Micromètre 1′ 16″: en tout... 1 24 39, 0 ⎫

A *Tarqui,* la même nuit: j'obfervai la diftance de la même étoile au zénith vers le Nord, 1ᵈ 41′ 7″,5 ⎬ 1 40 38, 8 ⎫ 3 5 17, 8
moins 65¼ parties du Micromètre =   — 28, 7 ⎭

Somme des deux diftances obfervées, égale à l'Amplitude apparente de l'arc du Méridien, compris entre les deux zéniths, ∓ * l'erreur des lunettes des deux Secteurs... 3ᵈ 5′ 17″,8

Double Amplitude de l'arc, l'erreur des deux Secteurs corrigée . . . . 6ᵈ 13′ 57″,9

Vraie Amplitude de l'arc, fauf la réfraction 3 6 58, 9½

Somme des deux réfractions qui ont diminué l'apparence de chacune des deux diftances au zénith   2

Amplitude vraie de l'arc, réfraction corrigée . . . . 3ᵈ 7′ 0″,9½

* L'Inftrument étant retourné, l'erreur de la pofition de la lunette doit être en fens contraire à la précédente, & par conféquent de figne différent.

Hh

Donc, négligeant la fraction, l'amplitude vraie de l'arc, terminé par les cercles parallèles, qui paffent par les obfervatoires de *Tarqui* & de *Cotchefqui*, eft de 3ᵈ 7' 1″, en la tirant uniquement des obfervations fimultanées ; la même chofe précifément qu'on a déjà trouvée par le réfultat moyen de toutes les obfervations correfpondantes, fondues enfemble, & réduites à la même époque, en leur appliquant les équations.

Dans l'extrait de nos opérations, que M. *Bouguer* a donné dans les Mémoires de 1744, il a conclu la même amplitude ; & probablement par une combinaifon de nos obfervations, différente de la mienne. Il a trouvé cette amplitude moindre d'une feconde par fes obfervations de l'étoile *a* du *Verfeau*, & plus grande de deux fécondes par l'étoile *θ* d'*Antinoüs*. Comme il ne m'a point communiqué les obfervations qu'il a faites de ces deux étoiles à *Cotchefqui*, je n'ai pû les comparer à celles que je fis à *Tarqui* dans le même temps : & qui d'ailleurs font en petit nombre, parce qu'elles paffoient alors en plein jour ; & que n'étant que de la 2ᵉ & 3ᵉ grandeur, je ne les apercevois que très-rarement. La petite quantité, dont l'arc conclu par ces deux étoiles, diffère en plus & en moins de l'arc conclu par *ε* d'*Orion*, ne fert qu'à confirmer la première détermination, d'autant plus que c'eft fur-tout aux obfervations d'*ε* d'*Orion* que nous nous fommes attachés ; & que les correfpondantes & fimultanées, faites en même temps aux deux extrémités de l'arc, font, de l'aveu de M. *Bouguer*, celles auxquelles toutes les circonftances nous obligent de donner la préférence.

ARTICLE XXIV.

Détermination de la longueur du degré du Méridien aux environs de l'Équateur.

Nous venons de trouver l'amplitude de l'arc compris entre les deux cercles parallèles qui paffent par les obfervatoires de *Cotchefqui* & de *Tarqui,* de 3^d $7'$ $1''$, & la diftance de ces deux mêmes parallèles a été trouvée *(Part. I, art. XXVII, p. 104)* de 176950 toifes. Il n'y a plus qu'à comparer ce nombre de toifes à celui des degrés, minutes & fecondes de l'arc corref-pondant, pour en conclurre la valeur du degré.

J'avois remarqué, dès le temps de mes premiers calculs à *Quito,* que par les différens choix, & les diverfes combinaifons des obfervations, on trouvoit l'amplitude de l'arc plus grande ou plus petite d'environ une feconde que 3^d $7'$ $0''$; ce qui m'enga-gea à calculer la valeur du degré fur ce nombre rond de minutes, qui tenoit le milieu entre les différentes déterminations*. En divifant 176950 toifes, longueur de l'arc, par fon amplitude, fuppofée de 3^d $7'$ $0''$, ou de 187 minutes, on trouvera à pro-portion, la longueur du degré de $56775^t,42$. Si on ajoûte une feconde de plus au divifeur; c'eft-à-dire, fi on divife la même longueur de la mefure géométrique par 3^d $7'$ $1''$, amplitude de l'arc telle qu'elle a été conclue, tant de nos dernières obferva-tions correfpondantes, prifes toutes enfemble, que des feules

---

* C'eft fur ce pied-là que j'ai fait le calcul dans l'extrait de mes obferva-tions, daté du Port de *Jaën* le 3 Juillet 1743, envoyé en Europe pour être remis à l'Académie, fi je mourois en chemin, & dont une copie eft reftée en dépôt à *Quito. Voy. Introd. hiftor. Juillet 1743.*

Hh ij

obſervations ſimultanées, on trouvera la longueur du degré de 5 6770′20; au lieu de 5 6775′42, qu'on avoit trouvées par le précédent calcul : ce qui fait voir qu'une ſeconde de plus dans l'amplitude de l'arc, ne diminue la longueur du degré que d'un peu plus de 5 toiſes; & qu'ainſi quelques ſecondes de plus ou de moins ne la changeroient qu'à proportion.

Telle eſt la longueur du degré tiré de nos obſervations aſtronomiques, communes à M. *Bouguer* & à moi, & de ma meſure particulière des Triangles; mais cette longueur eſt celle du degré au niveau de *Carabourou*, le plus bas de nos Signaux, & le terme ſeptentrional de notre première Baſe; & ce Signal étoit élevé de 1226 toiſes *(Part. I, art. XIV, page 52)* au deſſus de la ſurface de la mer.

Il reſte à réduire notre meſure à ce niveau, pour la pouvoir comparer à celle des degrés meſurés en France & en Lapponie.

Il eſt évident que le degré au niveau de *Carabourou*, eſt plus grand que le degré au niveau de la mer, dans la même raiſon que le rayon de la Terre, pris depuis ſon centre juſqu'à la hauteur de *Carabourou*, eſt plus grand que le rayon de la Terre, terminé par la ſurface de la Mer. Suppoſons, comme je l'ai déjà fait en pareil cas *(Voy. la Note, Part. I, art. I, p. 8)*, que le rayon de la Terre, près de l'Équateur, ſoit de 3268319 toiſes, au niveau de la mer; (les hypothèſes les plus différentes ſur la figure de la Terre n'apporteront point de différence ſenſible dans la conſéquence que nous allons tirer de notre ſuppoſition, pour la réduction du degré). Ajoûtons 1226 toiſes au rayon ſuppoſé, nous aurons le rayon au niveau de *Carabourou*, de 3269545 toiſes, dont 1226 toiſes eſt à peu près la 2666$\frac{1}{2}$ partie. Il y a donc $\frac{1}{2666\frac{1}{2}}$ à retrancher de la longueur

du degré mesuré, & rapporté au niveau de *Carabourou;* c'est-
à-dire, à peu près $21\frac{1}{4}$ toises à ôter de 56770^{t}20. Ainsi il
restera 56749 toises, ou, en nombre rond, 56750 toises,
pour la longueur au niveau de la mer, d'un des premiers degrés
du Méridien : je dis d'un des premiers degrés, parce que dans
les hypothèses les plus diverses de la courbure de la Terre,
les trois premiers degrés diffèrent à peine d'une toise.

ARTICLE XXV.

*De l'erreur possible dans la détermination précédente de
la valeur du degré du Méridien.*

Si quelque erreur a pû se glisser dans la détermination précédente de la valeur du degré, elle provient nécessairement,
ou du défaut de la mesure astronomique de l'amplitude de l'arc
du Méridien, ou du défaut de la mesure géodésique de la
longueur du même arc.

Si on se rappelle tout ce qui a été dit *(Part. II, art. V,
page 126, & art. XVII, XVIII, XIX, XX, XXI)* sur
les observations par lesquelles l'amplitude a été conclue; leur
nombre, leur choix, les précautions qui ont été prises, l'accord de deux différens Observateurs, en différens temps, avec
divers instrumens, & en variant les procédés; je crois qu'on
n'accordera sans peine, qu'on peut raisonnablement supposer,
qu'il n'y a pas plus de trois secondes d'erreur à craindre sur
l'amplitude observée de l'arc de 3 degrés 7 minutes. Cette
erreur n'est que possible; supposons-la réelle, & doublons-la
encore, elle sera de six secondes sur un arc de 3^d 7′; c'est-à-dire,

H h iij

de deux fecondes, ou de 3 1 à 3 2 toifes par degré.

Examinons maintenant quelle erreur peut comporter ma mefure géodéfique. On a vû *(Part. I, art. XXV & XXVI, page 93 & fuiv.)* que fi on en juge par la différence d'une toife, trouvée entre la longueur de la feconde Bafe conclue par le calcul, & fa longueur actuellement mefurée; toute l'erreur qu'on auroit à craindre, & même avec très-peu de vrai-femblance, ne feroit que de 18 toifes fur 176950; ce qui ne revient pas à 6 toifes par degré. Je n'infifte pas fur ce que j'ai fait voir d'ailleurs *(Part. 1, art. XXIII, page 86)*, que j'aurois pû réduire cette différence à la moitié.

Servons-nous d'un nouveau moyen pour évaluer cette même erreur, en comparant ma mefure trigonométrique à celle des deux autres Académiciens.

Nous fommes d'accord, M. *Bouguer* & moi, dans la feconde *(art. XXIII, page 226)* fur l'amplitude de l'arc du Méridien, tirée de nos obfervations communes par diverfes combinaifons. Nous ne pouvons donc différer que fur la longueur du même arc, conclue par nos diverfes mefures d'angles.

Mémoires de l'Académie de 1744, page 294.

M. *Bouguer* fait la longueur du degré au niveau de la mer de 56746 toifes; je l'ai trouvée, par ma mefure particulière, de 56749 toifes *(art. précéd.)*: c'eft-à-dire, plus grande que lui

Mémoires de l'Acad. 1744, page 297.

de trois toifes. M. *Bouguer* ajoûte 7 toifes par degré pour l'équation de la variation de la Toife, à laquelle j'ai cru ne devoir pas avoir égard, par les raifons que j'ai expofées *(Part. I, art. XXII, page 80 & fuiv.)*. Par cette dernière détermination, fon degré, au lieu d'être de 3 toifes plus petit que le mien, eft donc de 4 toifes plus grand; & comme je me fuis arrêté au nombre rond de 56750 toifes, il s'enfuit, que toute correction faite, la mefure trigonométrique de M. *Bouguer* ne diffère de la mienne que de 3 toifes fur le degré, & en excès.

Quant à la mefure géodéfique de M. *Godin*, non feulement elle n'a pas été exécutée avec les mêmes inftrumens que les deux autres, mais d'ailleurs fa Suite des Triangles eft différente de celle que M. *Bouguer* & moi, nous avons, chacun, mefurée à part : outre que celle de M. *Godin* contient quelques Triangles de plus vers le Nord, & quelques autres de moins vers le Sud *(Voyez Partie I, article III, page 12)*. Cependant comme nos trois mefures ont un grand nombre de points communs, on peut comparer une grande portion de celle de M. *Godin*, à celle de M. *Bouguer* & à la mienne. Pour éviter la longueur du calcul & les réductions, je me contenterai de comparer la diftance des parallèles des Signaux du *Coraçon* & de *Boueran*, fitués l'un à 0^d $32'$, & l'autre à 2^d $35'$ de latitude auftrale : je la trouve toute calculée dans le livre d'obfervations déja cité, imprimé à *Madrid* en 1748, *page 213*. Si l'on ajoûte les diftances des parallèles des Signaux intermédiaires, fuivant le calcul qu'en a fait M. le Commandeur *Don Georges Juan*, qui a toûjours opéré fur le terrein conjointement avec M. *Godin* ; on aura la diftance totale entre le Parallèle du *Coraçon* & celui de *Boueran*, réduite au niveau de la mer, de $117531^t,08$. Or cette même diftance, au niveau de *Carabourou*, eft, par le calcul de mes Triangles *(Part. I, art. XIX, page 68)*, de $135193^t,13$ — $17612^t,12 = 117581^t,01$, dont retranchant $43^t\frac{1}{2}$, pour la réduire au niveau de la mer, il reftera $117537^t,51$; c'eft-à-dire, environ 6 toifes de plus que par les Triangles de M. *Godin*, fur une étendue qui comprend plus de deux degrés.

Voy. la Carte des Triangles, Planche II.

Ma mesure trigonométrique n'excède donc celle de M. *Godin* que de 3 toises sur la longueur d'un degré. Nous venons de voir que la mienne est plus courte que celle de M. *Bouguer* de la même quantité ; elle tient donc précisément le milieu entre les mesures des deux autres Académiciens.

Cette différence entre trois mesures exécutées séparément & avec divers instrumens, n'est pas la dix-neuf millième partie de la quantité mesurée. Faut-il d'autre preuve de la grande exactitude des trois opérations ?

Puisque ma mesure géodésique est moyenne entre les deux autres, je serois en droit de la regarder comme exacte ; mais supposons que la différence de trois toises, en plus ou en moins, provienne d'une erreur qui soit toute entière de mon côté ; cette erreur pourroit diminuer celle de 32 toises par degré, que nous avons supposée dans la mesure astronomique : car il est aussi probable que cette seconde erreur se trouve en sens contraire, que du même sens que la première ; mais ne prenons point encore ici de milieu, & supposons au contraire que les deux erreurs s'ajoûtent, au lieu de se compenser en partie.

Que résultera-t-il de toutes ces suppositions forcées, d'erreurs plus grandes que celles qu'on peut craindre avec quelque fondement ? C'est qu'il ne seroit pas physiquement impossible que l'erreur, dans ma détermination de la valeur du degré du Méridien, montât d'une part à 32 toises, & de l'autre à 3 toises, ou en tout à 35 toises ; mais qu'il est, sans comparaison, plus vrai-semblable qu'elle est beaucoup moindre ; & très-possible qu'elle soit si petite, qu'elle ne mérite aucune considération.

Je

Je pourrois encore déterminer la valeur du degré par mes seules observations particulières : en comparant la longueur d'un arc du Méridien, de 162128 toises *(a)*, tirée de la mesure de mes Triangles ; à l'amplitude du même arc, conclue de 2ᵈ 51′ 25″ *(b)*, par les deux distances de la même étoile au zénith, que j'ai observées à *Quito* en Juillet 1742, & à *Tarqui* en Janv. 1743 : & de deux secondes plus grande en corrigeant la réfraction. En ce cas je trouverois la longueur du degré, réduite au niveau de la mer, de 56717 toises, au lieu de 56749, ou 56750 ; c'est-à-dire, moindre de 32 ou 33 toises que celle qui résulte de ma précédente détermination ; mais comme je ne mets pas la dernière, en parallèle avec celle que j'ai déduite de nos observations simultanées aux deux extrémités de la Méridienne, je ne fais mention de celle qui m'appartient en propre, que pour faire voir qu'elle s'accorde avec celle à laquelle je me suis arrêté, avec une différence moindre

(a) Distance du Signal de *Chinan* à la Perpendiculaire à la Tour de la *Mercy* de *Quito* (*Part. I, art. XIX, pages 68 & 69*), 162995 toises, dont il faut ôter, pour la réduire à la distance des deux observatoires de *Quito* & de *Tarqui*, premièrement 2 toises (*Part. II, art. XIV, p. 175*), parce que le point *L* du plan de *Quito*, où a été faite l'observation astronomique, est deux toises plus austral que la Tour ; puis 857 toises dont *Chinan* est plus austral que l'observatoire de *Tarqui* (*Part. I, art. XXVII, page 103*), & enfin dont il faut encore retrancher 8 toises pour la convergence des Méridiens (*Ibid. page 104.*)· *Voyez le plan de Quito.*

(b) Distance apparente d'ε d'*Orion* au zénith du point *L*, où j'ai observé seul à *Quito*, deux toises plus au Sud que le centre *X* de la Tour de la *Mercy*, 1ᵈ 10′ 15″ vers le Sud en la réduisant au 1ᵉʳ Janv. 1743 (*Part. II, art. XIV, pages 171 & 176*). Distance apparente de la même étoile au zénith de l'observatoire de *Tarqui*, 1ᵈ 41′ 10″ vers le Nord pour le même temps (*Part. II, art. XXI, page 216*). Donc Somme des deux distances au zénith, ou amplitude apparente de l'arc, 2ᵈ 51′ 25″. *Voyez le plan de Quito.*

que celle que j'ai affignée aux limites des erreurs poffibles.

J'omets, par la même raifon, plufieurs obfervations du Soleil & des mêmes étoiles, faites aux deux extrémités de la Méridienne avec un Quart-de-cercle de trois pieds de rayon, defquelles je pourrois tirer une valeur du degré très-peu différente de celle que je regarde comme la véritable.

Enfin je puis encore comparer la valeur de mon degré à celle que lui attribuent M^rs les deux Officiers Efpagnols, nos Compagnons de voyage. Leur détermination eft tirée de deux différentes mefures trigonométriques (*Voy. Part. I, art. III, p. 13*), dont ils comparent le réfultat moyen à l'amplitude d'un arc de $3\frac{1}{2}$ degré, conclue de l'obfervation aftronomique qui leur eft commune avec M. *Godin*, à l'extrémité auftrale de leur arc, & de celle qu'ils ont faite feuls à l'extrémité boréale de la Méridienne. Ils fixent la valeur du degré du Méridien au niveau de la mer à 5 67 68 toifes (*Obferv. aftronom. y phyfic. Madrid, 1748, page 295*); ce qui ne diffère encore que de 2 1 toifes en plus, de celle à laquelle je m'en fuis tenu : en forte qu'elle tient à peu près le milieu entre la mefure de ces Meffieurs & la précédente, tirée de mes feules obfervations.

Je crois avoir prouvé que la valeur de 5 67 50 toifes, que j'affigne au degré du Méridien proche de l'Equateur, eft très-approchante de la véritable. Cependant je me contenterai que l'on m'accorde; & je ne penfe pas que ce foit me faire grace, qu'elle n'en diffère pas de plus de 3 5 à 40 toifes. Dès-lors la queftion de la non fphéricité de la Terre, principal motif de notre voyage, eft décidée fans aucun doute, & elle le feroit encore, comme on va le prouver, quand on donneroit à l'erreur poffible, des limites beaucoup plus étendues.

ARTICLE XXVI.

De l'inégalité des degrés du Méridien, & de ce qui en résulte, quant à la figure de la Terre.

J'AI fait voir que l'erreur, dans la détermination précédente de la valeur du degré, ne pouvoit monter à 40 toises, en faisant les suppositions les plus violentes & les moins vraisemblables; mais cette erreur fût-elle beaucoup plus considérable, il seroit encore évident que la Terre n'est pas sphérique, & que l'axe qui la traverse d'un Pole à l'autre est plus court que le diamètre de son Equateur; ce qu'on exprime ordinairement, en disant que la Terre est un sphéroïde aplati vers les Poles, parce que cette proposition est une conséquence nécessaire de la précédente.

Qu'on prenne la longueur du premier degré du Méridien, telle que je viens de l'établir; qu'on y ajoûte, ou qu'on en retranche si l'on veut, 40 toises, & qu'on la compare ensuite à quelle que ce soit des mesures des degrés du Méridien, exécutées en France. Sans entrer, quant à présent, dans aucune discussion sur celle qui mérite la préférence, on trouvera toûjours que notre premier degré de latitude est plus petit qu'il n'est en France, sous le parallèle de Paris, d'environ 300 toises.

D'un autre côté, si on compare à celui-ci, le 66e degré, mesuré par les Académiciens qui ont fait le voyage du Nord, on verra que ce dernier est plus long de 300 à 400 toises que celui de France. Les deux degrés extrêmes, l'un voisin de l'Equateur, l'autre qui coupe le cercle polaire, diffèrent donc de

700 toiſes. Il ſuffit que les Obſervateurs aient eu des yeux, pour que des différences auſſi conſidérables ne puiſſent être attribuées à des erreurs d'obſervation.

Il n'eſt donc plus permis de douter que le degré du Méridien ne ſoit plus petit près l'Équateur que vers le Pole, & de-là il s'enſuit néceſſairement, que la Terre eſt aplatie vers les Poles, & rehauſſée ſous l'Équateur. Je n'inſiſterai pas ſur les preuves d'une conſéquence avouée de tous les Mathématiciens, & que M. de *Maupertuis*, dans ſon Diſcours ſur la meſure du degré au Cercle polaire *(page 8)*, & dans pluſieurs autres ouvrages, a miſe à la portée de tout le monde, en l'expoſant de la manière la plus claire & la plus ſenſible; je me contenterai de faire le raiſonnement ſuivant en faveur de ceux à qui il n'eſt beſoin que de rappeler leurs idées ſur cette matière. L'éloignement des étoiles fixes à la Terre eſt ſi prodigieux, que quelque diſtance que parcourût un Voyageur ſur la Terre, il verroit toûjours les mêmes étoiles répondre à ſon zénith, ſi la ſurface de la Terre étoit abſolument plane: ce n'eſt donc que ſa courbure qui fait changer la ligne verticale de l'Obſervateur, & varier la plus grande hauteur apparente d'une même étoile. Parcourir un degré du Méridien, c'eſt faire aſſez de chemin vers le Nord ou vers le Sud, pour que l'étoile, qui répondoit à notre zénith, paroiſſe s'abaiſſer d'un degré. Ainſi plus la ſurface de la Terre ſera plate, plus il y aura de chemin à faire ſur le Méridien, pour apercevoir ce changement dans le zénith. Or les degrés du Méridien ont été trouvés, par toutes les meſures, plus longs vers le Pole que vers l'Équateur : il faut donc faire plus de chemin en approchant du Pole, que près de l'Équateur, pour parcourir un degré. La Terre eft donc moins courbe, & approche donc plus d'un plan vers le Pole: donc la Terre eft un fphéroïde aplati.

On tire la même conféquence de la comparaifon de toutes les mefures du degré du Méridien, tant de fois répétées en France, en Lapponie & au Pérou; ce qui décide, fans appel, la queftion qui partageoit les Savans depuis près d'un fiècle. Mais quelle eft la mefure de cet aplatiffement, & dans quel rapport croiffent les degrés de latitude en approchant des Poles? C'eft ce que nous ignorons encore, & ce qu'il n'eft peut-être pas poffible de favoir; au moins fans avoir un beau-coup plus grand nombre de degrés mefurés.

Toutes les théories de la figure de la Terre s'accordant à faire le Méridien elliptique, on a été fondé à croire que pour en déterminer la courbure, la mefure de deux degrés fuffi-foit; & qu'il falloit feulement, pour rendre la détermina-tion plus exacte, que les deux arcs mefurés fuffent à la plus grande diftance poffible entre l'Équateur & le Pole. Voilà quel a été le motif des deux grands voyages, entrepris pour la mefure de la Terre. On étoit d'accord fur la longueur moyenne du degré en France; je dis fur la longueur moyenne, car la différence des degrés voifins eft trop petite pour être recon-nue immédiatement & fûrement par les obfervations. Il fem-bloit donc qu'il n'y eût plus qu'à comparer le degré moyen du Méridien en France, aux degrés qui devoient en différer le plus, foit par défaut, foit par excès. On a été chercher ces degrés fous l'Équateur d'une part; & de l'autre, le plus près du Pole qu'il a été poffible: & quand même la différence de l'un, ou de l'un & l'autre de ces deux degrés à celui de France auroit pû échapper aux obfervations, on jugeoit, avec raifon, qu'au moins la différence entre les deux degrés extrêmes, ne pourroit manquer de se manifester, pour peu qu'elle fût notable. Elle s'est manifestée en effet, & d'une manière très-sensible; non seulement entre les degrés extrêmes, mais encore de plus de 300 toises, entre chaque degré, & le degré moyen : comme il a déjà été remarqué. Chaque comparaison qu'on peut faire, entre deux arcs mesurés à une grande distance, fournit une nouvelle preuve de l'inégalité des degrés croissants de l'Équateur au Pole; & par conséquent de l'excès du diamètre de l'Équateur sur l'axe du sphéroïde. Cependant il s'en faut beaucoup que toutes ces comparaisons donnent par le calcul un même rapport d'inégalité entre l'axe de rotation & le diamètre de l'Équateur. Si nous n'avions aujourd'hui qu'une des deux mesures du degré du Méridien, ou au Pérou, ou en Lapponie, à comparer à celle du degré moyen de France, on ne se feroit peut-être pas avisé de douter que l'ellipse, qui résultoit de cette comparaison, pût ne pas donner la vraie courbure du Méridien; mais les trois mesures des degrés de latitude en Lapponie, en France & au Pérou, nous ont appris qu'on trouvoit autant de différentes ellipses qu'on peut faire de différentes combinaisons des degrés mesurés; c'est ce que nous allons bientôt prouver, en appliquant aux mesures, exécutées sous le Cercle polaire, en France & sous l'Équateur, les formules données par M. de *Maupertuis (Mém. de l'Acad.* 1737, *page* 463, & *Mes. du deg. du Mérid. au Cercle polaire, Liv. I, chap. IX, page* 127.

ARTICLE XXVII.

Des différentes mesures du degré du Méridien en France.
Erreur dans la mesure astronomique de M. Picard.

AVANT que de comparer entr'eux les degrés du Méridien,
mesurés à diverses latitudes, il est important de remarquer,
qu'il y a eu plusieurs différens arcs du Méridien mesurés sous
le Parallèle de Paris, en divers temps, & par différens Observateurs. De-là ont résulté plusieurs diverses mesures du même
degré, qu'il est à propos de distinguer ici, pour prévenir toute
équivoque. Cette discussion tient de trop près au sujet que je
traite, pour pouvoir être regardée comme une digression.

1° M. *Picard*, dans sa mesure de la Terre *(art. X, page
81)*, détermine la longueur du degré du Méridien entre *Paris
& Amiens;* c'est-à-dire, à très-peu près, celle du 49ᵉ degré de
latitude, de . . . . 57060 toises.

2° Si on applique aux observations astronomiques, dont
M. *Picard* a conclu la longueur du degré, les équations dont
elles ont besoin, & qu'il a négligées, ou qui étoient inconnues de son temps, l'amplitude de son arc sera augmentée
de $11' \frac{1}{2}''$, & la longueur de son degré ne sera plus que
de . . . . , . . 56925 toises.
Voy. Mes. du deg. au Cerc. pol. Liv. I, chap. VIII, p. 126.

3° Ce même degré, conclu par la nouvelle mesure astronomique de Mʳˢ de *Maupertuis, Clairaut, Camus* & le *Monnier (Degr. du Mérid. entre Paris & Amiens, chap. VIII, page
LIV)*, & par la mesure topographique de M. *Picard*, est de

57183 toifes, en négligeant la réfraction qui diminuoit l'arc apparent d'environ une feconde.

4° Et ayant égard à la réfraction, il fera de 57164 toifes.

5° Enfin fi on tire la valeur du même degré, de l'amplitude de l'arc mefuré en France en 1739 par les Académiciens du voyage du Nord, & de la nouvelle mefure géodéfique de la longueur de cet arc par Mrs *Caffini* de *Thuri*, & de la *Caille* (*Mérid. de Paris vérif.* pp. 50 & 112), on le trouvera de 57074$\frac{1}{2}$ toifes.

Voilà, comme on voit, quatre ou cinq déterminations du même degré, autorifées par des fuffrages d'un grand poids, & tour à tour regardées comme les véritables.

La première de ces mefures, celle de M. *Picard*, de 57060 toifes, a long-temps été univerfellement reconnue pour la vraie longueur du degré d'un grand cercle de notre globe; elle a fervi à tous les calculs des Géographes, des Aftronomes & des plus habiles Pilotes; non feulement tant que la Terre a été réputée fphérique, mais encore depuis que les théories de Mrs *Huygens* & *Newton* eurent jeté les premiers doutes fur fa fphéricité. Ce dernier même, établiffant par fes principes l'inégalité des degrés terreftres, prit la mefure de M. *Picard* pour celle du degré moyen du Méridien; & avec d'autant plus de fondement, que cette mefure avoit été confirmée par M. *Caffini*, qui avoit trouvé en 1718 le degré moyen entre les huit degrés de latitude, mefurés en France, de 57061 toifes, de la même longueur, à une toife près, que M. *Picard* (*Voy. Suite des Mém. de l'Acad. de 1718: De la grand. & de la fig. de la Terre*, page 247).

Il faut encore convenir qu'il n'y a pas même aujourd'hui

une

une grande erreur à craindre en prenant ce degré pour le degré moyen du Méridien, puisqu'il ne diffère que très-peu de la valeur qui a été assignée par les dernières mesures au degré moyen de latitude en France, lequel, dans toutes les hypothèses, tient à peu près le milieu entre les degrés extrêmes du Méridien.

Mais en voyant le degré de M. *Picard* s'accorder, à 14 ou 15 toises près, avec celui que Mrs *Caffini* de *Thury* & de la *Caille* ont fixé à 57074½ toises en 1740, par leur nouvelle mesure géographique, combinée avec l'amplitude de l'arc, déterminée l'année précédente par M^{rs} de *Maupertuis*, *Clairaut*, *Camus*, le *Monnier* & de *Kermadec*, on ne se douteroit pas, sans doute, que cette conformité apparente n'est dûe qu'à une compensation fortuite de plusieurs erreurs très-considérables, tant dans les observations célestes, que dans les terrestres de M. *Picard*; & on ne présumeroit pas vrai-semblablement, que l'amplitude de l'arc, intercepté entre les Cathédrales de *Paris* & d'*Amiens,* qui résulte des mesures de cet Astronome, excedât de près de 20 secondes celle qui a été trouvée par les Académiciens du voyage du Nord ; & que la distance de *Paris* à *Amiens,* calculée sur les Triangles de M. *Picard,* surpassât de près de 100 toises celle qui se conclud des nouvelles mesures trigonométriques de Mrs *Caffini* de *Thury* & de la *Caille.*

C'est ce qui n'a pas, ce me semble, encore été suffisamment éclairci, & ce qu'il est aisé de démontrer, en rapprochant sous un même point de vûe ce qui se trouve répandu en divers ouvrages, publiés depuis quelques années.

ARTICLE XXVIII.

Comparaison de la mesure de l'amplitude de l'arc du Méridien entre Paris *&* Amiens, *par M.* Picard, *à celle du même arc nouvellement mesuré en 1740.*

MESSIEURS de *Maupertuis, Clairaut, Camus* & le *Mou-nier,* depuis leur retour de Lapponie, entreprirent, comme on sait, de mesurer le degré du Méridien de *Paris* à *Amiens* avec le même Secteur qui leur avoit servi à l'observation du degré qui coupe le Cercle polaire. Ils trouvèrent en 1739 l'amplitude de l'arc du Méridien, intercepté entre le Parallèle de l'extré-mité septentrionale de la rue de Louis-le-Grand à *Paris,* & celui du Jardin du Roy à *Amiens,* de 1^d $1'$ $12''$ *(Voy. Deg. entre Paris & Amiens, page* liv). Et comme pour réduire cet arc à celui qui est compris entre les parallèles des deux Cathé-drales, il faut ajoûter 1105 toises d'une part, & 98 $\frac{1}{2}$ toises de l'autre *(Ibid.):* en tout 1203 $\frac{1}{2}$ toises $=$ $1'$ $6''$; ces M^{rs} conclurrent l'arc du Méridien, entre les deux Eglises, de 1^d $1'$ $12''$ $+$ $1'$ $16''$; c'est-à-dire, de 1^d $2'$ $28''$ *(page* v)*. Dans ce calcul, on a négligé la réfraction, qui ne monte qu'à $1''$; mais comme on y a eu égard dans les calculs précédens, j'en tiendrai compte dans celui - ci, pour procéder uniformément. On aura donc l'amplitude de l'arc du Méridien, observée par les quatre Académiciens ; savoir, à *Paris,* au nord de la rue de Louis-le-Grand, & à *Amiens* au Jardin du Roy, de 1^d $1'$ $13''$,

* Entre la flèche de l'Eglise de Notre-Dame d'*Amiens* & la Guérite de la Tour australe de Notre-Dame de *Paris.*

en ayant égard à la réfraction ; & par conféquent l'amplitude de l'arc entre les deux Cathédrales de 1^d 2' 29".

Voyons maintenant ce qui réfulte des obfervations de M. *Picard*. La diftance des Parallèles, ou la différence de latitude de *Malvoifine* & d'*Amiens*, entre les deux points où M. *Picard* a obfervé, eft, felon cet Aftronome, de 1^d 22' 55" (*Mef. de la Terre, art. X, p. 78)*.

Mais le pavillon de *Malvoifine*, qui a fervi de Signal pour les Triangles, eft, felon M. *Picard*, 19376 toifes plus auftral que Notre-Dame de *Paris (Mef. de la Terre, art. VII, pages 57 & 58); &* le point où M. *Picard* obferva l'étoile à *Malvoifine (art. X, page 77),* étoit 18 toifes plus auftral que le pavillon. Donc 19394 toifes au Sud de Notre-Dame de *Paris.*

A *Amiens,* au contraire, l'Eglife eft de 75 toifes plus Nord que le lieu des obfervations de M. *Picard, (art. X, page 77)*.

Il y a donc 75 toifes à ajoûter, & 19394 toifes à ôter ; c'eft-à-dire en total, 19319 toifes à retrancher de la diftance des deux obfervatoires de M. *Picard,* pour réduire fon arc aux deux Cathédrales.

Or 19319 toifes, fuppofant avec M. *Picard* le degré de 57060 toifes, font équivalentes à 20' 19", donc l'amplitude apparente de l'arc, compris entre les parallèles des deux Cathédrales, doit être, fuivant la manière de calculer de M. *Picard,* 1^d 2' 36" ; c'eft-à-dire, de 7" plus grande que 1^d 2' 29", qui fe déduit des obfervations des Académiciens du voyage du Nord.

Cet arc doit encore être augmenté, à caufe des mouvemens apparens de l'étoile dans l'intervalle des obfervations,

K k ij

faites aux deux extrémités de l'arc : il y a $8''\frac{1}{2}$ à y ajoûter pour l'aberration de la lumière, $1''\frac{1}{2}$ pour la précession des Equi-noxes, & autant pour la réfraction *(Mef. du deg. au Cercle pol. chap. VIII, page 126)*. Si donc M. *Picard* avoit fait ces corrections, il eût trouvé fon arc plus grand de $11''\frac{1}{2}$ qu'il ne l'a conclu.

Donc l'amplitude de l'arc de M. *Picard* entre les Cathé-drales de *Paris* & d'*Amiens*, corrigée par toutes les équa-tions, eft de . . . . $1^d\ 2'\ 47''\frac{1}{2}$.

Celle du même arc, par les obfervations des quatre Académiciens, ayant égard à la réfraction. 1 2 29.

Différence entre les deux amplitudes . . . $18\frac{1}{2}$.

Quelque reconnues que foient l'habileté de M. *Picard*, & fon exactitude dans les obfervations, elles ne peuvent balancer l'authenticité de la dernière détermination. Indépendamment des $11''\frac{1}{2}$ d'erreur que caufe l'omiffion des équations, on fait que du temps de M. *Picard,* les inftrumens d'Aftronomie étoient beaucoup moins parfaits qu'ils ne le font depuis quel-ques années ; d'ailleurs, nous ne voyons point qu'il ait vérifié les divifions de celui qui lui fervit à prendre les diftances d'étoiles au zénith. Enfin, fans entrer dans le détail de la critique qu'on pourroit faire de fon Secteur, il eft évident que le degré de précifion qu'il comportoit ne peut être mis en parallèle avec la perfection du Secteur de M. *Graham,* qui, par la vérification faite de 15 en 15 minutes, dans le voyage au Cercle polaire *(chap. VII, page 120)*, & par toutes les épreuves qui en ont été faites, furpaffe tout ce qu'on a connu de plus parfait en ce genre.

Enfin le concours de quatre Obfervateurs habiles, la con-

·formité de leurs obſervations, répétées ſur deux étoiles différentes à *Amiens* & à *Paris;* la preuve dé fait qu'ils ont donnée,
par l'inverſion de leur Secteur, à *Paris*, à *Amiens*, & derechef
à *Paris (Deg. du Mérid. entre Paris & Amiens, chap. III, p.
xxiv & ſuiv.)*, que la ligne verticale n'étoit pas ſujette à varier
dans cet inſtrument par le tranſport, comme dans les inſtrumens ordinaires : toutes ces circonſtances ne laiſſent aucun
doute, que l'erreur dans l'obſervation aſtronomique ne ſoit
toute entière du côté de M. *Picard.*

L'amplitude corrigée de M. *Picard,* plus grande de $18''\frac{1}{2}$
que celle du même arc, déterminée par les quatre Académiciens, devroit produire une différence de 300 toiſes, entre
les longueurs du même degré, meſuré en France par M. *Picard,*
& par ces Meſſieurs. Si donc ils n'ont conclu le degré entre
Paris & *Amiens,* que d'environ 120 toiſes plus long que M.
Picard, en ne changeant rien à ſa meſure géodéſique *(Meſ.
du deg. du Mérid. entre Paris & Amiens, ch. VIII, p. LIV)*; ce
n'eſt que l'omiſſion qu'il a faite de $11''\frac{1}{2}$ d'équation, qui a heureuſement rapproché les deux déterminations. Cette omiſſion
réduit une différence réelle de $18''\frac{1}{2}$, entre les deux amplitudes, à une différence apparente de $7''$, entre l'amplitude
effectivement conclue par le calcul de M. *Picard,* & celle
qui ſe déduit de l'obſervation des quatre Académiciens; mais
ces $7''$ ſuffiroient encore pour faire trouver la valeur du degré
plus grande de 110 toiſes que M. *Picard* ne l'a jugée; ſi de
nouvelles erreurs, dans les meſures trigonométriques qui ont
ſervi à conclurre la diſtance de *Paris* à *Amiens,* n'avoient donné
lieu à une nouvelle compenſation. Cet examen ſera le ſujet de
l'article ſuivant.

K k iij

ARTICLE XXIX.

Examen de la Bafe de M. Picard, *& de fa mefure géodéfique de la diftance de* Paris à Amiens.

L'ERREUR dans l'obfervation aftronomique de M. *Picard*, avoit été reconnue & confirmée en 1739, fans que l'on eût fongé à former le moindre doute fur la juftefle de fa mefure trigonométrique, & moins encore fur la mefure actuelle de la Bafe qui y fervoit de fondement ; c'eft-à-dire, fur la diftance du moulin de *Villejuif* au pavillon de *Juvify*, laquelle avoit été employée fur le pied de 5663 toifes. Ce ne fut qu'en 1740 qu'il fut queftion de vérifier cette diftance. M. *Caffini*, aidé de M. l'Abbé de la *Caille*, la trouva alors plus courte que M. *Picard* ne l'avoit trouvée, de près de 6 toifes; c'eft-à-dire, d'environ une toife par mille : différence qui doit influer néceffairement fur toutes les diftances conclues par cette Bafe. Cette erreur, fi elle eft réelle, ce que nous allons examiner, ne peut guère s'expliquer qu'en fuppofant que la Toife, qui avoit fervi d'étalon à M. *Picard* dans la mefure de fa Bafe, étoit trop courte d'environ $\frac{1}{1000}$ partie; c'eft-à-dire, de près de $\frac{9}{10}$ de ligne : ce qui ne paroît pas aifé à concilier avec ce qu'on lit dans le livre de la Mefure de la Terre de cet Auteur *(art. IV, page 15)*; mais *de peur qu'il n'arrive à notre Toife, comme à toutes les mefures anciennes dont il ne nous refte plus que le nom, nous l'attacherons à un original, lequel, étant tiré de la nature même, doit être invariable & univerfel.* M. *Picard* rapporte enfuite le détail de fon expérience du Pendule, & conclut la longueur du Pendule à fecondes de 3 6 pouces 8 ½ lignes de la Toife de *Paris,* en prenant le milieu entre les obfervations faites en hiver & en été, après avoir remarqué que la différence n'étoit que de la dixième partie d'une ligne.

Or cette longueur du Pendule de M. *Picard* diffère à peine de $\frac{1}{15}$ de ligne de celle qu'a trouvée M. de *Mairan,* qui l'a déterminée, avec le plus grand fcrupule, de 3 6 pouces 8 $\frac{57}{100}$ ligne *; & la conformité entre ces deux réfultats eft telle, que deux Obfervateurs, qui opéreroient en même temps dans le même lieu, & en fuivant les mêmes procédés, n'oferoient fe flatter d'en rencontrer une plus grande ; non feulement en faifant une expérience auffi délicate que celle dont il eft ici queftion, mais peut-être même dans la fimple comparaifon de deux mefures. Ceci pofé, on ne peut difconvenir, à moins de fe jeter dans les conjectures les plus hafardées, que la Toife, dont M. *Picard* a tiré fa mefure du Pendule de 3 6 pouces 8 ½ lignes, ne foit fenfiblement là même que la Toife de M. de *Mairan;* & nous favons d'ailleurs que celle-ci a été faite par le même ouvrier, & fur le même étalon que les deux Toifes qui ont fervi à la détermination du degré du Méridien *(Part. I, art. XXI, page 76);* l'une fous l'Équateur, & l'autre fous le Cercle polaire.

** Mém. de l'Acad 1735, page 203.*

D'un autre côté, fi l'on confidère que M. *Caffini* a mefuré jufqu'à cinq fois, & en différens temps, la même Bafe, & qu'il l'a trouvée conftamment de près de 6 toifes plus courte que M. *Picard;* fi on lit, fans prévention, le détail hiftorique de cette vérification dans le livre de la Méridienne de *Paris* vérifiée *(article I, & Difcours prélim.),* & fi on pèfe toutes les circonftances ; on fera obligé d'avouer, quelque difpofition qu'on ait à tout révoquer en doute, qu'il n'eſt guère poſſible d'en former de raiſonnables, ſur l'exactitude de la nouvelle meſure.

M. *Picard* ſe propoſoit, comme il le dit dans l'endroit déjà cité de ſa Meſure de la Terre, *de laiſſer en dépôt à l'Obſervatoire royal la longueur de la Toiſe, & celle du Pendule à ſecondes, telle qu'il les avoit établies.* Si ce projet eût été exécuté, on auroit aujourd'hui, de la façon la plus évidente, le dénouement de la difficulté qui naît d'une part, de la conformité entre la meſure du Pendule par M. *Picard,* & celle de M. de *Mairan,* conformité qui ſuppoſe l'égalité des Toiſes qu'ils ont employées ; & d'autre part, de la différence d'une toiſe ſur mille, entre la meſure actuelle d'une même diſtance, par M. *Picard* & par M. *Caſſini.*

En attendant que le temps nous donne ſur ce point quelque nouvelle lumière, ſi toutefois il eſt permis de l'eſpérer, voici ce qui me paroît le plus vrai-ſemblable.

La capacité & l'exactitude de M. *Picard* ne ſont conteſtées de perſonne : on ne peut, ſans lui faire injure, ſuppoſer qu'il n'ait pas diſcuté avec le ſoin qu'il apportoit à toutes ſes opérations, l'évaluation qu'il nous a laiſſée de la longueur du Pendule en pieds, pouces & lignes. Il n'a pas été dans le cas d'emprunter aucun ſecours étranger pour vérifier cette longueur, il a dû opérer ſeul dans cette expérience, qu'il a tant de fois réitérée : ainſi il n'auroit pû, en cette occaſion, ſe tromper que par une négligence coupable, ou par une malhabileté dont il n'eſt pas ſoupçonné. Il n'en eſt pas tout-à-fait de même de la longueur des perches de bois que M. *Picard* a employées pour la meſure de la Baſe : il eſt bien vrai qu'on ne peut douter qu'il n'ait apporté toute ſon attention à les faire bien ajuſter,

& à

& à les vérifier fur la Toife de fer qui lui fervoit de mefure originale; mais j'entrevois plufieurs caufes d'erreur, fur
lefquelles on étoit alors moins en garde qu'aujourd'hui, &
qui peuvent lui avoir fait trouver fa Bafe plus longue qu'elle
ne l'eft en effet. Quoique le chaud & le froid ne faffent pas
changer, du moins fenfiblement, la longueur des mefures de
bois, on n'ignore pas que la féchereffe & l'humidité y pro-
duifent des variations confidérables, & il feroit très-poffible
que dans l'intervalle du temps où M. *Picard* ajufta & vérifia
fes perches fur l'étalon, & celui où il les appliqua fur le
terrein, elles fe fuffent defféchées & raccourcies fenfiblement;
mais voici quelque chofe de moins conjectural.

M. *Picard* nous apprend qu'il fe fervit de quatre bois de pique,
chacun de deux toifes, & qu'ils fe joignoient à vis deux à deux,
pour former des perches de quatre toifes *(Mef. de la Terre, art.*
III, page 13). Je fuppofe, & on n'en peut douter, que chaque bois de pique, pris féparément, avoit la longueur précife
que M. *Picard* avoit voulu leur donner; mais comme ces bois
fe joignoient à vis deux à deux, pour former des mefures
de quatre toifes, il eft affez probable qu'en ferrant la vis, les
deux bois de pique, de 12 pieds chacun, & qui formoient
une mefure de 24 pieds, fe comprimoient mutuellement; &
que la mefure totale en étoit accourcie. Peut-être trouvera-
t-on à cela plus que de la probabilité, fi l'on fait attention
que la vis, qui joignoit les deux bois de pique, fuppofe une
monture cylindrique de cuivre en forme de douille, dans
laquelle entroit l'extrémité de ce bois, & ma conjecture à
cet égard, s'eft trouvée conforme à la vérité. J'ai appris que
les perches de M. *Picard* fe font confervées long-temps à

LI

l'Obfervatoire avec leurs montures, & qu'elles étoient en effet telles que je les fuppofe : or il eft clair, que pour donner à la perche, garnie de fa monture, la mefure exacte d'une toife, il falloit que le bois fût coupé plus court de quelques lignes que fa jufte mefure; & ce bois, en fe defféchant, étoit difpofé à entrer plus avant dans la douille au moindre effort; ce qui devoit néceffairement raccourcir la mefure : & l'on ne peut nier que celui qu'il falloit faire pour ferrer la vis qui joignoit les deux perches, ne fût très-propre à produire le même effet, auffi bien que le moindre choc, à l'une des extrémités.

Enfin, M. *Picard* nous apprend, que les deux mefures ainfi ajuftées, & de 4 toifes chacune, fe pofoient fur le terrein bout à bout alternativement, circonftance & manière d'opérer qui donnent lieu de juger, qu'en approchant une perche de l'autre pour les faire fe toucher exactement, la dernière pofée pouvoit faire reculer imperceptiblement la première; fur-tout ces perches étant rondes, légères, & très-propres à gliffer fur un pavé uni, tel que celui d'un grand chemin des environs de *Paris*.

Je remarquerai ici en paffant, que c'eft pour prévenir un femblable inconvénient, que nous avons toûjours employé dans nos mefures actuelles, trois perches au moins; en telle forte, que lorfqu'on en relevoit une, il en reftoit au moins deux fur le terrein : afin qu'en pofant la dernière, le petit choc, qui feul pouvoit nous affurer de fon contact avec la précédente, ne pût faire reculer celle-ci; d'ailleurs cet accident étoit d'autant moins à craindre, que nos perches, longues de 15 ou de 20 pieds, & dreffées d'équerre fur leurs quatre faces, avoient un pouce & demi fur deux pouces de gros; & qu'ainfi elles étoient sujettes à un grand frottement, lors même qu'elles n'étoient soûtenues que sur deux appuis, & qu'elles ne portoient pas de toute leur longueur sur le terrein où nous les appliquions immédiatement, quand cela étoit possible.

La manière d'opérer de M. *Cassini* a dû pareillement le mettre à l'abri des causes d'erreur que je viens d'indiquer dans la mesure de M. *Picard*, lesquelles étant constantes, ont dû influer également sur sa première & sur sa seconde mesure. M. *Cassini* a employé quatre Règles de fer *(Mérid. de Paris vérif. page 33 & suiv.)*, dont trois restoient toûjours posées sur le terrein : le frottement causé par leur poids, & leur résistance, ne donnoit pas lieu de craindre qu'en les approchant avec précaution (sur quoi M. *Cassini* ne s'en rapportoit qu'à lui-même), la dernière posée fît reculer les trois précédentes. Ces Règles étoient plates, & ne se joignoient point à vis comme celles de M. *Picard:* l'humidité ni la sécheresse ne pouvoient altérer leur longueur; & quant aux variations causées par le plus ou le moins de chaleur, M. *Cassini* opéroit le Thermomètre à la main, & les différences qu'il a trouvées, & qui n'ont jamais monté à 2 pieds sur la longueur totale de la Base, ont répondu aux alongemens que les différens degrés de chaleur, indiqués par le Thermomètre, pouvoient avoir causés aux Règles de fer.

Enfin M. *Cassini* a non seulement réitéré sa mesure comme M. *Picard*, mais il l'a répétée jusqu'à cinq fois, en différens mois de l'année: ce n'est donc que forcé par l'évidence, que M. *Cassini* a enfin abandonné une mesure qu'il avoit adoptée dans tous ses calculs, & sur laquelle il n'avoit jamais soupçonné d'erreur. Aucune préoccupation n'a pû lui faire illusion en cette rencontre; & fi l'on pouvoit croire qu'il y en eût eu de fa part, il eft clair qu'elle n'eût été qu'en faveur de la mefure de M. *Picard.* Le fimple récit des faits fuffira pour mettre cette vérité dans tout fon jour.

Au mois de Juin 1739, M. *Caffini* de *Thury* & M. l'Abbé de la *Caille*, ayant vérifié les angles de l'ancienne Méridienne au Sud de *Paris*, jufqu'aux environs de *Bourges*, & formé plufieurs Triangles nouveaux, dont un côté, de 7200 toifes, pouvoit être mefuré actuellement; ils le trouvèrent, par une mefure actuelle répétée deux fois fans un pouce de différence, de 7 toifes plus court qu'ils ne l'avoient conclu par le calcul des Triangles, en partant de la longueur fuppofée à la Bafe de M. *Picard* (*Mérid. de Paris vérif. page 65*). Ce manque d'accord, loin d'infpirer aucune défiance aux deux Obfervateurs fur la juftefle de la mefure de cette Bafe, ne leur en fit naître que fur l'exactitude de leurs propres opérations. Au mois de Novembre fuivant, la Bafe de *Bourges* fut mefurée une troifième fois par M. l'Abbé de la *Caille*, avec de nouvelles perches, & une nouvelle manière de procéder toute différente des précédentes; & il trouva précifément la même longueur que les deux premières fois (*Mérid. vérif. ibid.*). Au mois de Mars 1740, il entreprit de recommencer la mefure de fes angles, fur laquelle tomboient tous les foupçons; il forma une nouvelle Suite de Triangles, obferva tous les angles, & retrouva la même conclufion.

Alors on commença à foupçonner la Bafe de M. *Picard*; & au mois de Juin 1740, M. *Caffini* de *Thury* étant parti pour continuer la Carte de la Méridienne en Flandre, M. *Caffini* le père, & M. de la *Caille*, mefurèrent deux fois une diftance

de 5729 toifes prefque dans l'alignement de M. *Picard;* &
par trois Triangles formés fur cette mefure, ils conclurrent la
diftance du clocher de *Brie-Comte-Robert* à la Tour de
Montlhery, plus petite d'une toife par mille qu'on ne la con-
cluoit par la Bafe de M. *Picard,* à laquelle la nouvelle fut
auffi rapportée immédiatement; cependant ce ne fut qu'a-
près en avoir répété la mefure une troifième fois, que M.
Caffini fit ce rapport à l'Académie. Mais n'étant pas encore
pleinement convaincu lui-même d'un fait fi extraordinaire,
il recommença une quatrième fois fon opération, au mois
d'Août de la même année; & retrouvant toûjours le même
nombre, il demanda à l'Académie des Commiffaires, pour
être témoins d'une cinquième mefure. Trois des Académiciens qui avoient fait le voyage du Nord, furent nommés
pour y affifter, & en rendre compte à la Compagnie. Cette
nouvelle mefure fe trouva conforme aux quatre précédentes;
c'eft-à-dire, de 5657 toifes, au lieu de 5663, en la rapportant
aux termes de M. *Picard (Mérid. de Paris, vérif. p. 37)*. Enfin
trois autres Bafes mefurées depuis, en Picardie, en Flandre, &
en Auvergne, & liées aux Triangles de la Méridienne, ne s'accordent qu'aux calculs faits fur le premier nombre : je laiffe
maintenant au Lecteur à juger de quel côté eft l'erreur.

Si on balançoit encore à fe déterminer, voici un dernier
fait, qui me paroît fuffire pour décider la queftion. Le regiftre
original de M. *Picard,* ayant été retrouvé en 1743, trois ans
après la vérification de la Bafe de *Villejuif;* on peut y voir encore aujourd'hui cottées de fa main, les longueurs de plufieurs
portions de fa Bafe, comprifes entre divers points qu'il défigne :
telles qu'il les avoit trouvées en allant, & enfuite en revenant.

De ces points, il y en a quatre qui font encore reconnoiſſa-
bles, & dont les diſtances ont toutes été trouvées plus petites
que par M. *Picard*, & toûjours dans la même proportion *(Mé-*
rid. de Paris vérif. page 3 8). En vain entreprendroit-on de
jeter quelques doutes ſur ce que les termes extrêmes de
l'ancienne Baſe; ſavoir, le centre du moulin de bois de *Ville-*
juif, & le coin du pavillon de *Juviſy*, n'ont pas été reconnus
avec aſſez d'évidence, malgré la recherche ſcrupuleuſe qui en
a été faite; on n'en pourroit encore rien conclurre en faveur
de M. *Picard:* car ſuppoſant qu'en effet il ne reſtât plus le
moindre veſtige des deux termes de la Baſe, il n'en ſera pas
moins vrai, que la diſtance de la Tour de *Montlhery* au clocher
de *Brie*, conclue par de nouveaux Triangles formés ſur la nouvelle Baſe, priſe preſque ſur l'ancien alignement, s'eſt trouvée
de 1 3 1 0 8ᵗ,3 2, au lieu de 1 3 1 2 1ᵗ,6 0 qu'avoit trouvé M.
Picard par ſon calcul *(ibid.)*, avec une différence de 1 3ᵗ,2 8
en moins; c'eſt-à-dire, proportionnelle à l'erreur reconnue ſur
la Baſe; ce qui fournit, contre l'ancienne meſure, un nouvel
argument ſans replique.

Quoique le livre *de la Méridienne de Paris vérifiée* ſoit entre
les mains de tout le monde, & qu'on y voie le détail de la
vérification de la Baſe de M. *Picard;* je n'avois pas laiſſé
d'être frappé de la force de l'objection priſe de la conformité
de la longueur du Pendule à ſecondes, trouvée par M. *Picard*
& par M. de *Mairan*. J'ai donc voulu ſavoir à quoi m'en
tenir ſur un point, dont les conſéquences ſont ſi importantes
pour la queſtion de la figure de la Terre; & j'ai cru que ceux
qui ne cherchent que la vérité, me ſauroient gré d'être
entré dans cette diſcuſſion, en rapportant quelques faits qui

n'avoient pas encore été publiés, & qui ont contribué à éclaircir mes doutes : c'eft à ceux à qui il en refteroit encore à les diffiper entièrement ; foit par la mefure actuelle de l'intervalle des deux termes de la dernière Bafe de M. *Caffini*, tandis qu'ils fubfiftent avec évidence ; foit en déterminant, par une nouvelle mefure, la diftance entre la Tour de *Monthlery* & le clocher de *Brie*, ou un des autres côtés du Triangle que font ces deux mêmes points avec l'Obfervatoire, ou avec le clocher de *Montmartre*.

On a conftruit en 1742 un Obélifque de pierre, pour fervir de Terme feptentrional à la dernière Bafe de M. *Caffini* : il en refte un à conftruire à l'autre extrémité. On y marquera, fans doute, la diftance des deux Termes, & il eft de l'intérêt de l'Académie de ne permettre pas qu'il refte fur cela le moindre prétexte de douter.

M. *Picard* ne peut s'être trompé fur la mefure de fa Bafe, fans que toutes les diftances qui s'en déduifent ne fe foient reffenties de cette erreur ; & puifqu'elle monte à environ une toife d'excès par mille, il s'enfuit néceffairement, que de ce feul chef, il a dû faire la diftance des deux Cathédrales de *Paris* & d'*Amiens*, trop grande d'environ 60 toifes, en la fuppofant de 59530 toifes, comme on la conclud de fes obfervations *(Mef. du degré du Mérid. entre Paris & Amiens, chap. I, page v)*.

Outre cela, on doit faire attention que M. *Picard*, comme il le dit lui-même, fe trouva preffé par le temps, & forma fes derniers Triangles un peu à la hâte. *Nous euffions bien voulu*, dit-il *(Mef. de la Terre, art. VI, page 48), avoir affez de temps pour chercher dans les plaines du Santerre quelque point propre pour finir cette mesure par deux grands Triangles; mais la saison étoit déjà trop avancée, de sorte que nous fûmes obligés de nous contenter de ce qui se trouvoit aux environs de* Sourdon, *où il falloit séjourner pour prendre la hauteur du Pole.* En effet, M. *Picard,* dans ses six derniers Triangles, n'a mesuré que deux angles; & ce qui tire fort à conséquence, il y en a parmi ceux qu'il n'a pas mesurés, quelques-uns de fort aigus, & opposés à de petits côtés qui servent de base, pour en conclurre de grands. Tel est l'angle à *Amiens,* entre *Sourdon* & l'arbre de *Moreuil,* qu'il a dû conclurre de 25ᵈ 26' 50" *(Ibid. page 49)*. Cet angle est opposé à un côté de 4822 toises, & il a servi à en conclurre un de 11161 toises.

Dans le Triangle formé par les clochers de *Coivrel, Mondidier* & *Sourdon,* l'angle à *Coivrel* n'a pas été observé; mais seulement conclu par les deux autres, dont l'un, de 115 degrés, n'a pû être observé avec un Quart-de-cercle que par deux opérations qui exigeoient des réductions, & elles n'ont pas été faites. Aussi l'angle à *Coivrel,* conclu par M. *Picard* de 37ᵈ 8' 0" a-t-il été trouvé de 37ᵈ 6' 50" par observation immédiate en 1740 *(Mérid. vérif. page 151)*. M. *Picard* a donc dû conclurre la distance de *Sourdon* à *Mondidier,* & par conséquent la différence des deux Parallèles, plus grande que la vraie.

Enfin en dernier lieu, Mˢ *Cassini* de *Thury* & de la *Caille,* par une nouvelle Suite de Triangles mieux disposés que ceux de M. *Picard,* de laquelle tous les angles ont été mesurés actuellement, & qui, dans la partie depuis *Clermont* en Beauvoisis jusqu'à *Amiens,* contient cinq Triangles presque équilatéraux *(Mérid. de Paris vérif. pl. X)*, ont conclu la distance des Parallèles de *Coivrel* & d'*Amiens (pages 276 & 277)*, moindre de 45 toises

qu'elle

réfulte des mefures de M. *Picard.* Dans cette erreur de 45 toifes, eft comprife celle d'une toife par mille, dont on a déjà tenu compte, & qui eft d'environ 19 toifes fur la diftance des Parallèles de *Coivrel* & d'*Amiens*. Il refte donc feulement 26 toifes, qu'il faut ajoûter aux 60 déjà comptées, & on aura 86 toifes de différence entre les deux mefures. Il y a, fans doute, encore quelques autres erreurs du même fens, que ces Meffieurs n'auroient pas manqué de déterminer, fi les arbres de *Boulogne* & de *Morcuil* euffent fubfifté dans le temps qu'ils ont vérifié la mefure de M. *Picard.*

Quoi qu'il en foit; par les nouvelles mefures de 1740, prifes avec d'autant plus de fcrupule, que Mrs *Caffini* de *Thury* & de la *Caille* s'attendoient à voir leurs opérations vérifiées de nouveau l'année fuivante, par les Académiciens qui avoient fait le voyage au Cercle polaire; fuivant le projet qui en avoit été formé dans l'Académie : par ces mefures, dis-je, confirmées par deux Suites de Triangles qui donnent à peine une toife de différence fur 66610 toifes *(Mérid. de Paris vérif. pages 55 & 57)*, la diftance de *Paris* à *Amiens* a été trouvée plus petite de 96 toifes *(Ibid. p. 51)* que celle qui fe déduit des mefures de M. *Picard;* & c'eft cette nouvelle erreur fur la mefure géodéfique, qui par un hafard fingulier, donne lieu à une nouvelle compenfation fi heureufe, que par le dernier réfultat de M. *Picard,* fon degré du Méridien ne diffère que de $14\frac{1}{2}$ toif. de celui qui a été déterminé par les nouvelles mefures aftronomiques & géométriques en 1739 & 1740.

En effet M. *Picard* ayant, par un calcul défectueux, conclu l'amplitude de fon Arc (que nous avons réduit aux Parallèles des deux Cathédrales de *Paris* & d'*Amiens*), trop

grande de 7" *(art. XXVIII page 245)*; & ayant d'autre part
trouvé la diftance des deux Eglifes trop longue de 96 toifes,
équivalentes à 6 fecondes, il n'a dû trouver fon degré trop court
que de la valeur d'une feconde : auffi l'a-t-il fixé à 57060
toifes, le même, à $14\frac{1}{2}$ toifes près, que celui qui a été déterminé de $57074\frac{1}{2}$ toifes par les obfervations aftronomiques de
Mrs *Maupertuis*, *Clairaut*, *Camus* & le *Monnier*, & les opérations trigonométriques de Mrs *Caffini* de *Thury* & de la *Caille*
(Mérid. de Paris vérif. page 50. Voy. la Note).

ARTICLE XXX.

Des divers rapports des axes du Sphéroïde térreftre,
tirés de la comparaifon des divers degrés mefurés.

L'INÉGALITÉ des degrés du Méridien, & leur accroiffement de l'Equateur au Pole, étant conftatés par les mefures
actuelles, & les diverfes théories s'accordant jufqu'ici à donner
à la Terre une figure elliptique ; voyons dans cette hypothèfe,
ce qu'on peut tirer des différentes comparaifons des degrés du
Méridien, pour en conclurre le rapport des axes de la Terre.

M. de *Maupertuis*, dans le livre de *la Figure de la Terre
déterminée* , & dans les *Mémoires de l'Académie* de 1737, a
donné une formule fimple & commode, pour conclurre par
la fimple mefure de deux petits arcs du Méridien, le rapport
des deux axes de la Terre, fuppofée elliptique. L'élégance
de la folution de M. de *Maupertuis* difpenfe de chercher une
autre méthode pour réfoudre le même problème.

Soient F & E les longueurs données de deux petits arcs

égaux du Méridien, par exemple, chacun d'un degré ; foient s & f les finus des latitudes moyennes de ces deux arcs ; la formule générale, dans laquelle D repréfente la différence des deux axes, eft $D = \dfrac{E - F}{3\,(E\,f - F\,s\,s)}$. Et dans le cas où l'un des deux arcs mefurés eft très-voifin de l'Équateur, la formule devient encore plus fimple, elle fe réduit alors à $D = \dfrac{E - F}{3\,E\,f}$. C'eft la feule dont nous avons befoin, pour comparer les degrés mefurés au Pérou, en France & en Lapponie.

Si dans cette dernière formule on fait $F = 56750$ toifes, c'eft-à-dire, la valeur que j'ai attribuée au premier degré de latitude ; & fi on fuppofe que $E = 57075$ toifes, prifes pour la longueur du degré du Méridien entre *Paris* & *Amiens*, en corrigeant l'arc & la diftance *(Voy. art. XXVII. p. 240)*, & en fuppofant que le Parallèle de $49^{d}\ 23'$ partage ce degré en deux également ; on trouvera la différence des deux axes de $\dfrac{1}{303,6}$; c'eft-à-dire, que le diamètre de l'Équateur étant fuppofé de près de 304 parties, l'axe en aura un peu plus de 303.

La différence des deux degrés mefurés eft de 325 toifes dans la fuppofition précédente : fi on la réduit à 310 toifes, foit en donnant, avec M. *Picard*, 15 toifes de moins au degré de France, tel que M. *Picard* & M. *Caffini* l'avoient autrefois déterminé ; foit en augmentant de 15 toifes le premier degré de latitude, ce qui eft, à très-peu près, conforme à la détermination de M^{rs} les Officiers Efpagnols, nos Compagnons de voyage * ; la différence des axes, au lieu d'être

---

* Ces Meffieurs fixent la longueur du premier degré de latitude à 56768 toifes *(Obferv. aftr. y phyf. Madrid, 1749, chap. V, page 295)*.

de $\frac{1}{303}$, fera de $\frac{1}{318}$; c'eſt-à-dire, que le numérateur de la fraction, qui exprime le rapport des axes, croîtra d'autant d'unités, qu'on aura retranché de toiſes de la différence des deux degrés.

A quelque degré de France qu'on compare le premier degré de latitude, on trouvera toûjours, à peu près, le même rapport des axes. Si, par exemple, au lieu de choiſir le 49^d 23', on aimoit mieux prendre le degré moyen entre les huit degrés un tiers, meſurés en France, lequel, ſuivant les nouvelles meſures, eſt de 57050 toiſes (*Mérid. de Paris vérif. page 114*), & répond au Parallèle de 46^d 43', la différence de ce nombre à 56750 toiſes, valeur que j'aſſigne au premier degré de latitude, ſeroit préciſément de 300 toiſes, & on trouveroit la différence des axes $\frac{1}{302,3}$, au lieu de $\frac{1}{303,6}$.

Maintenant ſi c'eſt au degré du Méridien, meſuré en Lapponie par les Académiciens envoyés au Cercle polaire, que je compare mon premier degré de latitude de 56750 toiſes, ſuppoſant que le degré du Nord eſt de 57438 toiſes, & qu'il eſt partagé en deux parties égales par le Parallèle de 66^d 20', ſenſiblement le même que le Cercle polaire; je trouve que les axes diffèrent dans leur longueur de $\frac{1}{210}$: & ſi ayant égard à la réfraction, qui a dû diminuer d'environ une ſeconde l'amplitude de l'arc meſuré en Lapponie, on fait ce degré plus court de 16 toiſes, ou de 57422 toiſes, la différence des axes ſera alors de $\frac{1}{215}$: de même que ſi, ſans rien changer au degré de Lapponie, on augmentoit le degré voiſin de l'Equateur de 16 toiſes, ou ſi l'on ſubſtituoit au mien celui de M^{rs} les Officiers Eſpagnols.

Quant au rapport des axes de 177 à 178 toiſes, conclu

par M. de *Maupertuis (Mef. du deg. entre Paris & Amiens, p. v & vi)*, par la comparaifon du degré du Méridien de *Torneå* à celui qu'il a auffi mefuré en France, entre *Paris & Amiens*, avec Mrs *Clairaut, Camus* & le *Monnier*; c'étoit en fuppofant celui-ci de 5 7 1 8 3 toifes, tel qu'il réfultoit de la nouvelle amplitude comparée à l'ancienne diftance, en tirant celle-ci des mefures trigonométriques de M. *Picard*. Mais fi on réforme cette diftance *(Voy. art. précéd.)*, & fi l'on compare le nouveau degré qui en réfulte de 5 7 0 7 5 toifes, à celui qui coupe le Cercle polaire, après l'avoir réduit à caufe de la réfraction, à 5 7 4 2 2 toifes; on trouvera la différence des axes de $\frac{1}{132}$; & on la trouveroit de $\frac{1}{145}$, fi on employoit le degré moyen de France de 5 7 0 5 0 toifes, traverfé par le Parallèle de 4 6^d 4 3 '.

Enfin on peut voir dans le livre de *la Mérid. de Paris vérif. page 1 1 4*, que le degré de longitude, mefuré en France fous le Parallèle de 4 3^d 3 2 ', & comparé au degré de latitude correfpondant, pareillement mefuré, donne la différence des axes de $\frac{1}{169}$.

Je ne parle point des autres rapports, trouvés par les degrés du Méridien mefurés en France, & comparés l'un à l'autre *(Ibid.)*; ces degrés étant trop voifins & trop peu différens, pour qu'on puiffe tirer des conféquences affez fûres de leur comparaifon. Il fuffit des réfultats précédens, pour prouver combien de variété il fe trouve entre les rapports des axes terreftres, conclus en comparant les longueurs des degrés mefurés à de grandes diftances. Nous venons de voir que ce rapport varie depuis $\frac{1}{132}$ jufques à $\frac{1}{303}$. M. *Newton*, par fa théorie, fixoit l'inégalité des axes à $\frac{1}{230}$.

Suivant un Theorème du même Auteur *(Phil. nat.*

Princip. math. Lib. III, prop. XX), & dont on doit la première démonſtration à M. de *Maupertuis*, les degrés du Méridien doivent croître de l'E'quateur au Pole, à très-peu près, comme les quarrés des ſinus des latitudes; mais ni les meſures actuelles des degrés, ni les expériences de la longueur du Pendule ſous différens Parallèles, ne peuvent ſe plier à cette loi.

Mémoires de l'Acad. 1735, page 98.

M. *Bouguer* a trouvé que les quatre meſures que nous avons des degrés terreſtres, ſavoir; celles des degrés du Méridien, à *Paris*, à *Torneå* & à *Quito*, & celle du Parallèle du $43\frac{1}{2}$ degré en France, ne s'éloignent pas du rapport des quatrièmes puiſſances des ſinus de latitude. Mais n'y a-t-il pas lieu de craindre que la meſure d'un nouveau degré, que j'oſe prévoir que nous aurons bien-tôt & de bonne main, ne nous oblige à chercher un nouveau rapport, qui ne conviendroit peut-être pas mieux aux différences obſervées entre les longueurs du Pendule à différentes latitudes.

Mémoires de l'Acad. 1744, page 297.

ARTICLE XXXI.

Concluſion.

DEUX grands hommes du ſiècle paſſé ont donné naiſſance à l'opinion de la Terre aplatie vers les Poles. *Huygens*, par la ſeule théorie des forces centrifuges, de laquelle il eſt l'inventeur, *Newton*, par des conſéquences tirées de la même théorie, & de celle de ſon ſyſtème de la Gravitation univerſelle, devenu aujourd'hui la clef de toute la Phyſique céleſte, ont établi l'un & l'autre, que la Terre eſt un Sphéroïde, dans lequel l'axe de rotation eſt plus court que le diamètre de l'Equateur. Les expériences de la longueur du Pendule à fecondes à différentes latitudes, font autant de preuves de fait de cette conféquence, commune aux deux fyftèmes. Les trois mefures des degrés du Méridien fous les trois zones, confirmées par celle de deux degrés de longitude en France, ne permettent plus d'en douter; & cette vérité fi long-temps conteftée, eft aujourd'hui univerfellement reconnue.

Mais autant la théorie, & les mefures actuelles, s'accordent à faire de la Terre un fphéroïde aplati vers les Poles, autant, comme on vient de le voir, diffèrent-elles fur la quantité de fon aplatiffement. Pour les concilier, on eft obligé d'avoir recours à diverfes fuppofitions; fur l'hétérogénéité des parties de la maffe terreftre, fur les diverfes denfités, épaiffeurs & figures des couches dont elle peut être compofée, ou dont pourroit être pêtri un noyau, qu'on fuppoferoit dans fon intérieur : en un mot, fur les différentes combinaifons des parties folides & liquides, dont l'affemblage total forme la Terre. Tout ceci ouvre un vafte champ aux fpéculations les plus profondes, & offre le fujet d'un grand nombre de problèmes, fur lefquels nos plus grands Géomètres* fe font exercés. Trop à l'étroit dans l'enceinte du Monde phyfique, ils aiment à prendre l'effor dans la fphère des poffibilités : le réel & l'intelligible font également foûmis aux démonftrations mathématiques.

Avouons que jufqu'ici les hypothèfes, propofées fur la figure

* Figure des aftres, par M. de *Maupertuis.* Théorie de la figure de la Terre, par M. *Clairaut.* Préceffion des E'quinoxes, par M. *Dalembert,* Ch. *IX.* Voy. auffi dans les Recueils de l'Académie divers Mémoires de M. de *Mairan,* de M. *Bouguer,* & des Auteurs précédemment nommés.

de la Terre, font, ou purement géométriques, ou abfolument gratuites, ou font trop de violence aux obfervations, en cherchant à les accorder. D'ailleurs, toutes ces hypothèfes ont pour bafe commune la parfaite reffemblance, & l'uniformité de la courbure des Méridiens : elles fuppofent, je le répète, 1° Que tous les Méridiens fe reffemblent : 2° Que leur courbure augmente ou diminue fuivant une loi uniforme & régulière *(a)*; or il eft certain que ces fuppofitions ne font au plus que probables : car qui nous affure que les parties internes de la maffe terreftre font affez homogènes, pour qu'on puiffe tirer cette conféquence *(b)*! Les parties hétérogènes, au contraire, ne paroiffent-elles pas inégalement, & irrégulièrement diftribuées à toutes les profondeurs connues? Je ne prétens pas pour cela que la Terre foit une maffe informe, bizarrement & groffiè-rement irrégulière; fuppofition auffi contraire à toutes les obfervations qu'à toutes les théories; mais rien ne nous prouve jufqu'à préfent, que l'accourciffement fucceffif du rayon de la Terre, de l'E'quateur au Pole, au lieu de procéder uniformément, comme dans toute efpèce d'ellipfe, ne foit pas fujet, par mille caufes phyfiques, à diverfes anomalies fous différens

(a) Ceci étoit écrit long-temps avant que j'euffe lû ce que M. de *Buffon* a dit fur cette matière dans fon ingénieux Syftème de la formation des Planètes, *Hift. natur. Tom. I, page 165.* J'y ai vû avec plaifir que nous fommes de même avis, quant à l'irrégularité poffible de la courbure du Méridien.

(b) La ligne verticale pourroit changer d'un lieu à l'autre, par la même caufe à laquelle M. *Newton* attribue en partie les différences irrégulières dans les expériences du Pendule : *& hæc difcrepantia partim à diffimilitudine partium internarum terræ . . . . . oriri potuit.* Phil. Nat. Princ. mathem. *Tit. III, prop. XX.* Voy. le favant Commentaire des RR. PP. le *Sueur* & *Jacquier.*

Méridiens;

Méridiens ; & fous le même Méridien, à des inégalités qui interromproient l'uniformité de fa courbure. Enfin quelque vrai-femblance qu'on veuille prêter à la fuppofition d'une courbure uniforme, & femblable dans tous les Méridiens, cette opinion a-t-elle plus de vrai-femblance que n'en avoit celle de la fphéricité de la Terre il y a un fiècle; & depuis le moment où l'on a commencé à philofopher, jufqu'au temps de M. *Huygens*, qui a le premier combattu ce préjugé philofophique avec des armes victorieufes?

La circularité apparente de l'ombre de la Terre dans les éclipfes de Lune; les mêmes hauteurs du Pole, obfervées après avoir parcouru des diftances égales, en partant d'une même latitude fous différens Méridiens; les règles de la navigation, qui dirigent d'autant plus fûrement un vaiffeau, qu'elles font plus fûrement pratiquées, font les plus fortes preuves, & peut-être les feules qu'on puiffe alléguer contre le doute que j'ofe ici propofer; mais fans m'arrêter à affoiblir chacun de ces argumens en particulier & d'autres femblables, je demande feulement s'ils ont plus de force pour prouver l'uniformité & l'égalité de la courbure de la Terre, qu'ils n'en avoient pour prouver fon exacte fphéricité : or l'opinion fi ancienne & fi univerfelle de cette exacte fphéricité eft reconnue aujourd'hui pour une erreur dont il feroit bien difficile de pouvoir douter : nous en fommes à peine fortis, craignons de tomber dans une autre, en donnant trop à la conjecture. Avant que de décider que la Terre eft un folide de circonvolution, attendons du moins que l'égalité de la longueur du Pendule à fecondes, fous la même latitude, foit confirmée par des expériences qui n'ont pas encore été faites; attendons que l'accroiffement régulier des

Nn

degrés foit prouvé par des mefures qui n'ont pas été prifes fous le même Méridien à de grandes diftances *, pour prononcer que la courbe du Méridien n'a point d'irrégularité ; contentons-nous aujourd'hui de croire que la Terre a une moindre courbure vers les Poles que vers l'Équateur, puifque le raifonnement & toutes les mefures actuelles concourrent jufqu'ici à le prouver; mais laiffons au temps, & aux obfervations multipliées, à décider de l'uniformité de cette courbure, ainfi que de fa quantité.

* Les mefures des degrés en Lapponie, en France, & en Amérique, font fort éloignées d'être fous le même Méridien, & il n'y a pas deux expériences du Pendule faites fous le même Parallèle à différentes longitudes.

F I N.

TABLE DES MATIERES

Contenues dans la Mesure des trois premiers degrés du Méridien.

A

ABERRATION de la lumière, *pages* 127, 139, 170, 220. *Voy. aussi* Colonne V des Tables d'Observations, & pages 138, 168, 171, 178, 179, 183, 184, 215, 216.

ANGLES. Avec quel soin a été prise la mesure des Angles, 14 & 15. Angles de position observés entre les Signaux, Col. III de la Table des Triangles, 22 & suiv. & 43. Angles de hauteur & de dépression apparente, même Table, Col. VI, & pag. 46. Angles de position réduits à l'horizon, même Table, Col. VIII, & pag. 57. Pourquoi la Col. III de la Table est intitulée *Angles de position observés*, 43. Angles verticaux : avec quel Quart-de-cercle ils ont été observés, 46. Angles verticaux ont été quelquefois déduits du calcul, 48. Théorie de ce calcul, 50. Pourquoi on peut supposer sans erreur sensible que les trois Angles d'un Triangle réduits à l'horizon, forment un autre triangle rectiligne, 60.

ANTOINE de *Ulloa* (Don) l'un des deux Lieutenans de Vaisseau, envoyés par le Roi d'Espagne pour accompagner les Académiciens, 5. Se joint à M.rs *Bouguer* & de la *Condamine* pour la mesure de la première Base, *ibid.* Mesure les angles des Triangles avec M. *Bouguer*, 12. Mesure la Base de *Tarqui* avec le même Académicien, 72. Publie à *Madrid* en 1748 une Relation du voyage, conjointement avec Don *George Juan*, 79.

ARC. Les plus grands font les plus avantageux pour la mesure des degrés, 1 & 2. Arcs (cordes des). *Voy.* corde.

Arc terrestre : sa longueur mesurée par les triangles de la Méridienne, 101. Arc céleste (amplitude de l') compris entre les Parallèles des Observatoires de *Tarqui* & de *Cotchesqui*, 221. Autre détermination de cet Arc, 222. Même amplitude connue par les observations simultanées, 226. Arcs différens du Méridien sous le Parallèle de *Paris*, mesurés en différens temps & par différens Observateurs, 239. Comparaison de l'Arc céleste mesuré par M. *Picard*, avec celui qui a été mesuré nouvellement en 1740, 242.

ASTRONOMIE fournit seule les moyens de connoître l'amplitude de l'arc du Méridien terrestre, 106.

AXES. Différens rapports des axes de la Terre, tirés de la comparaison des divers degrés mesurés, 258.

B

BASE d'*Yarouqui*, sa mesure, 4. Son profil, *Pl. I, fig. 1.* La même mesurée à différens niveaux, & réduite à celui de *Carabourou*, 5. Ses deux différentes mesures ne diffèrent pas de trois pouces, *ibid.* Réduite à la ligne droite inclinée, tirée d'un terme à l'autre, 9. Base de *Tarqui*, sa mesure, 71. Son profil, *Planche I, fig. 2.* Ses deux différentes mesures, prises sur le terrein, s'accordent à moins de trois pouces près, 71. Son nivellement & sa réduction au niveau de *Carabourou*, 73 & suiv. Comparaison de la mesure de cette Base à sa longueur calculée par la Suite des Triangles, 85. Base de M. *Picard*, erreur dans sa mesure : Preuves, 247. Conjectures sur la cause de cette erreur, 248.

BERNOULLI (M. *Daniel*) : ses expériences sur le rapport des flexions des barres de métal, 147.

BOUGUER (M.) Ses observations dans l'Isle de l'*Inca*, 52. Dirige la construction de l'ancien Secteur, 108. Son procès verbal des Observations faites à *Tarqui*, 128. Celui des Observations faites à *Cotchesqui*, 159. Table des Observations qu'il a faites seul à *Tarqui*, 178. Table de celles qu'il a faites seul à *Cotchesqui*, 183. Fait construire un nouveau Secteur pour ses dernières Observations, 185. Son départ pour l'Europe, 219. Sa valeur du degré, 230. *Voyez* Base, Observations, Table, &c.

BRADLEY, (M.) découvre l'aberration de la lumière, & sa Théorie, 127. Autre théorie d'un nouveau mouvement apparent dans les étoiles, *ibid.*

C

CAILLE (M. l'Abbé de la) publie en françois la nouvelle Théorie de M. *Bradley* sur le mouvement apparent des Étoiles, causé par la nutation de l'Axe terrestre, 127. Mesure avec M. *Cassini de Thury* la distance de *Paris* à *Amiens*, 240, 241, 256 & suiv. Détermine la valeur du degré du Méridien en France, *ibid.* & 241. Mesure la Base de M. *Picard* avec M. *Cassini*, 246, 252. Vérifie la Méridienne de *Paris* à *Bourges*, 252. Mesure une nouvelle Base trois fois, *ibid.*

CAMUS (M.) l'un des Académiciens qui ont mesuré le degré en Laponie & en France, 239, 241, 244 & 260.

CANONNIÈRES & Tentes employées pour Signaux, 41.

CARABOUROU, terme boréal de la Base d'*Yarouqui*, 6. Est le plus bas de tous les Signaux, & tous les Triangles ont été réduits à ce niveau, 7, 59 & 228. Sa hauteur au dessus du niveau de la Mer, 52. Température de l'air à *Carabourou*, 81 & 82.

CASSINI *de Thury* (M.) propose de graduer un instrument par les parties

aliquotes du rayon, 121. Mesure la longueur de l'arc du Méridien entre *Paris* & *Amiens*, 241. Vérifie la Méridienne de *Paris*, 240. Détermine la longueur du degré du Méridien de *Paris* à *Amiens*, 240, 241, 256 & suiv. Vérifie la Méridienne de *Paris* à *Bourges*, &c. 252.

CHALEUR (expériences nouvelles sur la dilatation d'une Toise de fer par la), 5. En quelle raison elle augmente ou diminue dans la Province de *Quito*, 80. Son effet & celui du froid sur le Secteur, 141.

CLAIRAUT (M.) a étendu la théorie de l'aberration de la lumière, 127. Est l'un des Académiciens qui ont mesuré l'arc céleste entre *Paris* & *Amiens*, 239, 241, 244. Et l'un de ceux qui ont fixé la mesure du degré du Méridien en Laponie, 260.

COLONNE première de la Table des Triangles : ce qu'elle contient, 40. Explication de la 2.e *ibid.* & 41. De la 3.e 43. De la 4.e 44. De la 5.e 45. De la 6.e 46. De la 7.e 49. De la 8.e 57. De la 9.e 59. De la 10.e 62. De la 11.e & 12.e 65.

COMPARAISON des diverses mesures du degré près de l'Equateur, par les trois Académiciens, avec divers instrumens, 230 & suiv. Les diverses mesures du degré en France, 239 & suiv.

CONVERGENCE des Méridiens exige une réduction dans la direction conclue des côtés du Triangle à la Méridienne, 64, 69.

CORDE. On suppose que les cordes des arcs qui forment les côtés des Triangles de la Méridienne, sont égales aux arcs qu'elles soûtendent, & pourquoi on le peut supposer, 61. Corde égale à une partie aliquote du rayon a tenu lieu de graduation dans le Secteur, 117 & suiv.

CORRECTIONS diverses qu'il a fallu faire aux Angles observés dans la mesure des Triangles, p. 16 & suiv. Corrections extraordinaires, 20.

COTCHESQUI. *Voy. Observatoire & Obs.*

Cotes (M.) Sa théorie de *æstimatione errorum*, employée par l'auteur, 91.

Coupe du terrein de la Méridienne, *Planche II, fig. 2*, 54.

Courbure (effet de la) du rayon du Secteur, p. 147. *Voy.* Erreur. *Voy.* Expériences.

Cuenca. Les Académiciens & toute la Compagnie françoise y courent risque de la vie dans une émeute populaire, 109.

D

Degré (mesure du). Sa détermination est d'autant plus exacte qu'on mesure une plus grande étendue de terrein, 1. La mesure géodésique du degré du Méridien établie dans ce Livre est tirée des observations propres à l'auteur, 13 & 233. Précautions qu'il a prises pour l'exécuter seul, 14. Détermination de la longueur du degré du Méridien aux environs de l'Équateur, 227 & 228. Valeur du degré du Méridien, tirée de quelques observations particulières de l'auteur, 233. Valeur tirée de celles des deux Officiers espagnols, 234. Inégalité des degrés du Méridien, 235. Sont plus petits près de l'Équateur que vers le Pole, pourquoi il suit de là que la Terre est aplatie vers les Poles? 236. Les différentes mesures du degré du Méridien en France, 239. Longueur du degré du Méridien entre *Paris* & *Amiens*, déterminée selon M. *Picard*, *ibidem*. Différence qu'y ont trouvé d'autres Astronomes, *ibid.* & 240. Longueur du degré du Méridien sous le Cercle polaire, 260.

Direction des côtés des Triangles. *Voy.* Méridienne. La direction de la Base étant connue par rapport à la Méridienne, connoître la direction des autres côtés des Triangles, 63.

Distance de deux lieux qui sont séparés par un terrein incliné, mesurée horizontalement : par quelle voie se peut réduire à la ligne droite, 5. Distance entre les Parallèles des Signaux, 23. 25 & suiv. Distance entre leurs Méridiens, *ibid.* & 65. De la cause qui a pû augmenter la distance apparente de l'étoile au zénith à *Tarqui* en 1739, 152 & suiv.

Division de l'Ouvrage, 1. Division des degrés du Quart-de-cercle. Importance & difficulté de sa vérification. Comment elle a été faite, p. 17.

E

Ellipse. Si l'on peut conclurre que la Terre ait cette figure, par les seules observations faites jusqu'à présent, 237 & 238.

Equation pour la Somme des trois Angles observés, 44. Est quelquefois nulle, *ibid.* Équation à la longueur de la Méridienne pour une toise de différence sur la longueur de la Base, 95 & suiv. Équations employées pour réduire les différentes observations au temps des observations simultanées, 127. Équation pour l'aberration de la lumière. *Voyez* Aberration. Équation pour la nutation de l'axe terrestre, 127. *Voy.* aussi la sixième Col. des Tables d'Observations astronomiques, citées au mot *Table* & à celui d'*Aberration*. Équation pour la précession des Equinoxes, *ibid.* 4.ᵉ Col. des mêmes Tables.

Erreurs (deux sortes d') auxquelles est sujéte la mesure des degrés, 1 & 2. Erreurs de chiffres. Moyen pratiqué pour les reconnoître & les vérifier, 15. Si toute erreur d'observation qui fera trouver trop long le dernier côté conclu des Triangles de la Méridienne, doit aussi nécessairement faire trouver trop longue la Méridienne calculée, 87 & suiv. Si l'alongement qu'une erreur dans l'observation d'un angle produit dans un côté de Triangle conclu par le calcul, emporte nécessairement l'alongement de la portion correspondante de la Mérid. 91. Erreur d'une toise sur la longueur de la Base de *Tarqui*, conclue par le calcul des Triangl. quelle différence elle produit sur la longueur de la Méridienne de *Quito*, 93 & suiv. Examen des différentes caufes d'erreur dans les obfervations, 141 & fuiv. Çaufes d'erreur dans les obfervations faites à *Tarqui* en 1739, 142 & fuiv. Erreur caufée par la flexion du rayon du Secteur, en quel cas elle ne peut être d'une dangereufe conféquence, 143 & fuiv. En quel cas elle peut devenir très-confidérable, 155. De l'erreur poffible dans la détermination de la valeur du degré du Méridien, 229. Quelle erreur peut comporter la mefure aftronomique de M.rs *Bouguer* & de la *Condamine*, *ibid.* Quelle erreur peut comporter la mefure géodéfique de l'auteur, 230. Erreur dans la mefure aftronomique de M. *Picard*, 239. Erreur dans la Bafe de M. *Picard* & preuves, 246 & fuiv. Erreur dans la mefure géodéfique de M. *Picard*, indépendamment de celle de fa Bafe, 255. Par quelle compenfation les erreurs commifes par M. *Picard* l'éloignent fi peu des nouvelles obfervations, 257. Erreur caufée par l'aberration de la lumière. *Voy.* Aberration.

ESPAGNOLE (langue & orthographe), ne peut rendre certains noms péruviens, 42.

ESPAGNOLS (noms), écrits fuivant l'orthographe efpagnole, & pourquoi, *ibid.*

ESPAGNOLS (Officiers). *Voyez* Don *George Juan* & Don *Antoine de Ulloa.* Leur valeur du degré, 234.

ETOILE ε d'*Orion*, a principalement fervi à déterminer l'amplitude de l'Arc célefte, d'où eft tirée la mefure des degrés du Méridien, 116 & 121.

ETOILES d'*Antinoüs* & du *Verfeau*, auffi obfervées pour la même fin, 122 & fuiv.

EULER (M.) trouve un moyen pour perfectionner les Lunettes, 203. Détermine la longueur de l'efpace occupé par le foyer d'un verre de lunette, 205.

EXAMEN des caufes, &c. *Voy.* Erreurs.

EXPÉRIENCES fur la dilatation des métaux, 76 & fuiv. Expériences nouvelles fur une Toife de fer, 77. Sur la courbure que prennent des barres de fer par leur propre poids, 147.

F

FIGURE de la Terre. *Voy.* Terre.

FIL-à-plomb. Le fil-à-plomb du Secteur étoit un fil de pite chargé d'un poids 192. Le poids n'a pas été plongé dans l'eau dans les dernières obfervation faites à *Tarqui*, & pourquoi, 194. Accident fingulier arrivé au fil-à-plomb, *ibid.*

FLEXION de l'Inftrument. *Voy.* Erreur.

G

GEORGE *Juan* (Don) Lieutenant de Vaiffeau en Efpagne, envoyé par Sa Majefté Catholique, 5. A mefuré la Bafe d'*Yarouqui* avec M. *Godin*, *ibid.* A mefuré les angles des Triangles de la Méridienne avec le même Académicien, 12. A publié un Recueil d'obfervations, 79. Ses expériences avec M. *Godin* fur la dilatation des métaux, *ibid.* Son calcul de la diftance des Parallèles des Signaux, 231. A toûjours opéré fur le terrein conjointement avec M. *Godin*, *ibid.* Sa détermination de la longueur du degré du Méridien, 234 & 259.

GODIN (M.) déclare qu'il eft réfolu de faire à part l'obfervation aftronomique, 106. Sa mefure géodéfique, 12 & 231. Propofe de graduer un Inftrument par des parties aliquotes du rayon, 120. *Voy.* Tentes.

H

HAUTEURS & abaiffemens refpectifs des Sign. *Col. VII.* 22 & fuiv. Comment ils font défignés dans la Table des Tr. 49. Hauteur abfolue des Signaux de la Mérid. 51 & fuiv. Hauteur de *Carabourou*, le plus bas des Signaux, au deffus du niveau de la Mer, 53. Hauteur du Sol de quelques lieux de la Province de *Quito*, & des montagnes les plus remarquables, 56.

I

IMAGES différentes d'un objet au foyer de l'objectif d'une Lunette. Divers Observateurs voyent une image différente, & le même Observateur ne voit pas toûjours la même, 196, 197 & suiv.

J

JUAN (Don *George*). Vòy. *George*.

K

KERMADEC (M. de) observe avec les Académiciens qui mesurent l'amplitude de l'arc du Méridien entre *Paris* & *Amiens*, 241.

L

LETTRES qui distinguent les différens Quarts-de-cercle dont on s'est servi pour les mesures, 16 & 43.

LIMBE. Flexion de l'Instrument dans le plan du limbe, 43. Limbe applani, 191.

LIMITES de l'erreur à laquelle est sujet le calcul pour la réduction de la Base à la ligne droite, 9. Limites des erreurs possibles dans la détermination de l'amplitude de l'arc, 239. Dans la détermination de la longueur de l'arc, 232. Dans la détermination de la valeur du degré, *ibid*.

LONGUEUR des côtés opposés aux Angles observés, sujet de la cinquième Colonne, 22, 24 & suivantes, & 45. Longueur des Bases mesurées sur le terrein. *Voy*. Base. Longueur des côtés horizontaux réduits au niveau de *Carabourou*, 23, 25 & suiv. D'où se peut conclurre la longueur de la Méridienne, 62. Longueur totale de la Méridienne, 104.

LUNETTE fixe du Quart-de-cercle: vérification de sa position, 16. Lunette : son parallélisme au plan du Secteur, 148 & suiv. Le foyer de la Lunette varie suivant les différentes vûes, 199. Et pour la même vûe suivant les différens états de l'atmosphère, 201.

M

MAIRAN (M. de). Sa mesure du Pendule à *Paris*, 257.

MAUPERTUIS (M. de). Ses remarques sur la flexion du rayon du Secteur, 146 & 157. A rendu sensibles les conséquences de la décroissance des degrés du Méridien quant à l'aplatissement de la terre vers les Poles, 236. Sa mesure de l'amplitude de l'arc entre *Paris* & *Amiens*, & du degré du Méridien en Lapponie. Voy*ez* Mesure. Ses formules appliquées aux diverses mesures des degrés du Méridien, 238, 258 & suiv. Démontre le premier un Théorème de M. *Newton*, 262.

MÉRIDIEN. Inégalité de ses degrés. *Voy*. Degré.

MÉRIDIENNE. Table du calcul des Triangles de la Méridienne de *Quito*, 21 & suiv. Direction des côtés des Triangles par rapport à la Méridienne, Colonne X de la Table des Triangles, 23 & suiv. & 62. Longueur totale de la Méridienne, réduite au niveau, élevé de 1226 toises, au dessus de la mer, 104.

MESURE géométrique de la Méridienne, particulière à l'auteur, 13. Moyenne entre celles de M.rs *Godin* & *Bouguer*, 232. Mesure de l'amplitude de l'arc du Méridien, compris entre les Parallèles de *Paris* & d'*Amiens*, par M.rs de *Maupertuis, Clairaut, Camus* & le *Monnier*, comparée à celle de M. *Picard*, 242 & suiv. Mesure de la longueur du même arc, par M.rs de *Thury* & de la *Caille*, 256. Examen de la mesure de la Base de M. *Picard*, 246 & suiv. Nouvelle mesure de cette Base, par M. *Caffini*, répétée cinq fois, 242, 252 & suiv. Mesure du degré du Méridien en Lapponie, 260.

MICROMÈTRE : l'auteur s'en est toûjours servi dans la mesure de ses Angles, & de deux manières différentes, 14. Détermination de la valeur des parties du Micromètre du Secteur de 12 pieds de rayon, 113. Remarque nouvelle fur l'ufage du *Micromètre*, 209.

MONNIER (M. le) confirme par fes obfervations celles de M. *Bradley* fur l'aberration de la lumière, 127. Mefure l'arc célefte entre *Paris* & *Amiens*, 239, 241, 244. Prouve par plufieurs inverfions du Secteur qui avoit fervi aux obfervations en Lapponie, qu'il ne varioit pas par le tranfport comme les inftrumens ordinaires, 245. Mefure le degré du Méridien en Lapponie & en France, 239, 241, 244, 260.

MORAINVILLE (M. de) feconde M. de la *Condamine* dans fes dernières obfervations à *Tarqui* en 1742, 189.

N

NEWTON (M.) démontre la diverfe réfrangibilité des rayons de lumière, 202. Détermine la longueur de l'efpace occupé par le foyer des verres de lunettes, 205. Déduit l'aplatiffement de la Terre vers les Poles, de fa théorie de la gravitation jointe à celle des forces centrifuges, 263.

NIVEAU de *Carabourou.* Sa hauteur au deffus de la mer, 52. Terme auftral de la première Bafe près de *Quito*, inférieur au niveau du terme feptentrional de la feconde Bafe, & de combien, 80. Réductions au *niveau.* Voyez *Réduction.*

NOMS des lieux où étoient pofés les Signaux, 22, 24 & fuiv. Explication de la Colonne où font contenus ces noms, 40 & fuiv. Pourquoi ces noms font écrits felon l'orthographe françoife, quoiqu'ils foient Indiens pour la plufpart, 41 & fuiv. Noms efpagnols confervés dans leur orthographe, 40. Noms différens donnés au même lieu par les Indiens, d'où viennent ces différences, *ibid.*

NUTATION de l'axe terreftre (Equation pour la), 127. Voyez Aberration & Colonne 6.e des Tables aftronomiques, citées *ibid.*

O

OBJETS propres à tenir lieu de Signaux: communs en France, & manquoient dans le pays où les trois Académiciens ont opéré, 49.

OBSERVATEURS (noms des) & de leurs affiftans, 5, 12 & 14.

OBSERVATIONS (lifte des diverfes) faites pour déterminer l'amplitude de l'arc célefte, 121 & fuiv. Premières Obfervations à *Quito* en 1737, 121. Premières à *Tarqui*, au Sud de la Méridienne, en 1739, 122. Premières à *Cotchefqui*, au Nord de la Méridienne, en 1740, 123. Secondes à *Quito* en 1740 & 41, *ibid.* Secondes à *Tarqui*, au Sud de la Méridienne, en 1741, 124. Troifièmes & dernières obfervations à *Quito* en 1742, 125. Troifièmes & dernières à *Tarqui*, au Sud de la Méridienne, en 1742 & 1743, correfpondantes à celles de *Cotchefqui*, & fimultanées, *ibid.* Secondes & dernières à *Cotchefqui*, au Nord de la Méridienne, en 1742 & 1743, correfpondantes à celles de *Tarqui*, & fimultanées, *ibid.* De quelles obfervations on a tiré la valeur du degré du Méridien, 126. Détail des premières obfervations faites à *Tarqui* en 1739, dans le procès verbal qui en fut fait fur les lieux, 128. Table des obfervations de ε d'*Orion*, faites à *Tarqui* en 1739, & réduites au premier Janvier 1743, 138. Des caufes qui peuvent nuire à la juftelle des obfervations, 141. Détail des premières obfervations faites à *Cotchefqui* en 1740, contenues dans un procès verbal fait à *Quito*, 159. Table des obfervations de ε d'*Orion*, faites en commun à *Cotchefqui* en 1740, 168. Détail des obfervations de la même étoile à *Quito*, 171. Remarques fur ces obfervations, *ibid.* Table des obfervations de l'étoile ε d'*Orion*, faites à *Tarqui* en 1741 par M. *Bouguer*, 178. Remarques fur les obfervations de la Table précédente, 180. Détail des dernières obfervations faites à

Cotchefqui

Cotchefqui, 183. Remarques fur ces obfervations, 184. Détail des dernières obfervations faites à *Tarqui* par l'auteur, 215. Remarques fur ces obfervations, 217. Obfervations fimultanées, faites aux deux extrémités de la Méridienne, 225. Préférables aux autres & pourquoi, 226.

OBSERVATOIRE de *Tarqui*, en quel endroit placé, 113. Obfervatoire de *Cotchefqui*, 159. Leur fituation par rapport aux Signaux de *Chinan* & de *Cotchefqui*, 103.

ORDRE & plan des Triangles de la Méridienne de *Quito*, 22, 24 & fuiv. Explication de la Colonne qui les renferme, 40.

ORION (étoile ε d') fert aux Obfervateurs à mefurer l'amplitude de l'arc du Méridien, 116. Pourquoi la diftance de cette étoile au zénith, a paru plus petite que la vraie en 1739, 154. Obfervations de l'étoile ε d'Orion. *Voy.* Obfervations.

OYAMBARO, terme auftral de la Bafe, 6. Sa hauteur au deffus de *Carabourou*, terme boréal de la même Bafe, 82. La température de l'air d'*Oyambaro*, *ibid.*

P

PARALLAXE des fils au foyer de la Lunette, 195. Variable pour les différentes vûes, & pour la même vûe en différens temps, 196. Quand aperçue, 198. Sa théorie, 200 & fuiv. Manière de l'éviter, 207.

PARALLÉLISME : on a eu égard au défaut de parallélifme de la lunette au rayon du Quart-de-cercle dans les obfervations des Angles, 16. Examen du parallélifme de la lunette au plan du Secteur de 12 pieds, 149 & fuiv. & 191. Ce parallélifme fe peut vérifier par l'inverfion de l'Inftrument, ainfi que la pofition de la lunette, 149 & fuiv.

PENDULE. *Voy. Picard, Mairan.*

PERCHES qui ont fervi à mefurer les Bafes fous l'Equateur, comparées cha-

que jour à la Toife de fer, 82. Quelles & comment employées ! Conjectures fur celles de M. *Picard.* Remarques fur celles de M. *Caffini*, 248—251.

PICARD (M.) Erreur dans fa mefure aftronomique, 239 & fuiv. Examen de fa Bafe & de fa mefure géodéfique, 246 & fuiv. Sa mefure du Pendule à *Paris*, 247.

POUCES (quelques) de plus ou de moins fur la longueur de la Bafe ne font d'aucune importance pour la mefure du degré, 9. Les deux différentes mefures des Bafes d'*Yarouqui* & de *Tarqui* ne différent que de deux ou trois pouces, 5 & 72.

PRÉCAUTIONS particulières prifes dans les dernières obfervations faites à *Tarqui* en 1742 & 1743, 187.

PRÉCESSION des Equinoxes (équation pour la), 127. *Voy. auffi* Equation.

PROCÈS verbal des obfervations faites à *Tarqui* en 1739, 128. Des obfervations faites à *Cotchefqui* en 1740, 159 & fuiv.

Q

QUART-de-cercle : avec quels Quarts-de-cercle ont été mefurés les Angles, 13, 15 & 16. Erreurs de leur divifion. *Voy.* Divifion & Vérifications. Comment ont été diftingués dans la Table des Triangles les angles obfervés avec les différens Quarts-de-cercle, 15, 16, 43, 44 & 48. Quel eft le Quart-de-cercle défigné *d*, & celui défigné *e*, 43 & 44.

QUITO (Province de), pays de montagnes, 5. Hauteur du fol de *Quito*, 56. Détermination des points des Triangles de la Méridienne à l'égard de *Quito*, 66. Tour de l'églife de la *Merci* à *Quito*, point de fection de la Méridienne & de la Perpendiculaire de *Quito*, & pourquoi choifi, 67. Température de l'air à *Quito*, 80.

R

RÉDUCTION au centre, correction néceffaire aux Obfervations des angles des Triangles, 19. Réduction des angles à un plan horizontal, & de quelle conséquence elle étoit, 46. Ce qu'elle suppose, *ibid.* Réduction des angles observés en différens plans à l'horizon, sujet de la huitième Colonne, 23, 25 & suiv. & 57. Comment se fait cette réduction, 57 & suiv. Procédé que l'auteur a suivi dans la réduction de tous les côtés des Triangles horizontaux au même niveau, 59. Réduire un angle à l'horizon, ce que c'est, 60. La Réduction a été faite par la Trigonométrie sphérique, & pourquoi? 61. Réduction de la distance des Parallèles des deux Signaux extrêmes à celle des deux Observatoires de *Cotchesqui* & de *Tarqui*, 103. Réductions des observations des étoiles à une même époque, 126. Méthode pour conclurre l'amplitude de l'arc mesuré du Méridien sans aucune réduction, 223. Réduction du degré au niveau de la Mer, 228.

RÉFRACTION des objets terrestres, quelle est la quantité de la réfraction qui altère les deux angles de hauteur & de dépression de deux objets vûs réciproquement, 50. Réfraction astronomique, de combien elle change les distances observées de l'étoile au zénith, 222 & 225.

RÉFRANGIBILITÉ diverse des rayons de lumière, comment elle peut occasionner de la diversité dans les observations, 202 & suiv.

RÉSULTAT des nouvelles expériences faites sur l'alongement d'une Toile de fer par la chaleur, 78. Résultat des suppositions faites sur les erreurs qui peuvent faire juger la Mérid. trop longue, 94. Résultat des différentes suites d'observations, *voy.* les Tables d'observations, 138, 168, 171, 178, 183, 215, 225, & 219 & suiv. Résultat des observations correspondantes aux deux extrémités de l'arc, 222. Résultat des observations simultanées, faites pour déterminer l'amplitude de l'arc du Méridien, 222, 225 & suiv. Résultat des suppositions faites sur les erreurs qui

ont pû se glisser dans la détermination de l'amplitude & de la longueur de l'arc, 232.

S

SABLE noir métallique que l'aiman attire, 189.

SECTEUR. Changemens faits au Secteur de douze pieds, apporté de France, 106. Description de ce Secteur dans sa nouvelle construction, 109 & 110. Arc tracé sur ce Secteur, 116. Moyens qu'on employe pour tracer l'arc du Secteur, 118. Effets du froid & du chaud sur ce Secteur, 141. Effet de la flexion de ce Secteur dans le plan du limbe, 143. Dans un plan perpendiculaire à celui du limbe, 147 & suiv. Pourquoi le Secteur, tel qu'il a été transporté de France à *Quito*, n'étoit pas propre pour les observations qui devoient déterminer l'amplitude de l'arc du Méridien, 172. Changemens faits au Secteur par M. *Bouguer*, 160, 169, 182. Autre Secteur construit à *Quito* pour les dernières observations de M. *Bouguer* à *Cotchesqui* en 1742, 185 & suiv. Secteur de M. *Graham*, 127, 144, 155, 244. Secteur démonté & raffermi par M. de la *Condamine*, 187 & suiv. Suspension du Secteur perfectionnée, 188 & suiv.

SIGNAUX. Attention des Observateurs dans l'ordonnance & la disposition des Signaux qui devoient terminer leurs Triangles, 10. Noms des lieux où ils étoient posés, Tab. Col. II, 22, 24 & suiv. Leurs hauteurs & leurs dépressions respectives, même Tab. Col. VII, 23, 25 & suiv. Distance entre leurs Parallèles, *ibid.* Col. XI. Distance entre leurs Méridiens, *ibid.* Col. XII. Désignés par lettre initiale dans le calcul de chaque Tr. de la Tab. 40. Signaux artificiels, pourquoi les Observateurs ont été obligés d'y avoir recours. De quoi construits. Les tentes & canonnières employées à cet usage, 41. Signaux: la plûpart de ceux employés par les trois Observateurs ont des noms indiens, *ibid.* Pourquoi le nombre qui exprime leur diftance fe trouve répété dans la Table, 45. Deux Signaux peuvent paroître réciproquement abaiffés fous l'horizon, 50. Table de la hauteur abfolue des Signaux, 55. Quel a été le plus bas de tous, 228.

SPHÉROÏDE. La terre eft un Sphéroïde aplati vers les Poles, 62, 236 & fuiv. Divers rapports des axes du Sphéroïde terreftre, tirés de la comparaifon des divers degrés mefurés, 258.

SUITE (de Triangles): on en a formé deux pour mefurer la Méridienne, 12. De combien de Triangles chacune, & en quoi elles différent, *ibid.* & fuiv. Autre Suite non employée, 86. Suite d'obfervations, ce qu'on a appelé différentes Suites d'obfervations, 122.

SUPPOSITIONS (fauffes), employées à propos facilitent les calculs fans induire en erreur, 62. Ce qui réfulte des fuppofitions forcées d'erreurs poffibles dans la détermination du degré, 232.

T

TABLE des Triangles, à quel deffein l'auteur l'a dreffée, 3. Table des erreurs du Quart de-cercle, 18. Table du calcul des Tr. de la Mérid. de *Quito*, 22 & fuiv. Table de la hauteur des Signaux de la Mérid. de *Quito* au deffus du niveau de la Mer, 55. Explic. des col. de la Table des Triangles, 40 & fuiv. Table de la hauteur des Signaux de la Méridienne de *Quito*. Table des diftances des Signaux à la Méridienne & à la Perpendiculaire fur la Méridienne de la Tour de la *Merci* de *Quito*, réduites au niveau de *Carabourou*, le plus bas de tous les Signaux, 68 & 69. Table d'obfervations de l'étoile ε d'*Orion* à *Tarqui* en 1739, 138. Remarques fur les obfervations de cette Table, 139. Table d'obfervations de l'étoile ε d'*Orion*, faites en commun à *Cotchefqui* en 1740, 168. Remarques fur les obfervations de cette Table, 169. Table des obfervations de la même étoile à

Quito en deux différens endroits, &c. 171. Remarques fur la Table de ces obfervations, *ibid.* Table des obfervations de la même étoile, faites à *Tarqui* en 1741 par M. *Bouguer*, 178 & 179. Remarques fur ces obfervations, 180 & fuiv. Table des diftances de la même étoile au zénith de *Cotchefqui*, obfervées par M. *Bouguer* à la fin de 1742, 183 & 184. Remarques fur les obfervations de cette Table, 184. Table des diftances de l'étoile ε d'*Orion* au zénith de *Tarqui*, obfervées par l'auteur en 1742 & 1743, réduites au premier Janvier 1743, 215 & 216. Remarques fur les obfervations de cette Table, 217 & fuiv.

TARQUI (plaine de), terrein uni propre aux obfervations, 17. *Tarqui* (Bafe de). *Voy.* Bafe. Température de l'air dans fa prairie, 83. Diftance de fon Obfervatoire au Sign. 104. *Tarqui* (obfervations faites à). *Voy.* Obfervations. Obfervatoire de *Tarqui*, 113.

TEMPÉRATURE. *Voy.* Chaleur. *Quito. Tarqui. Yarouqui.*

TENTES & Canonnières employées pour Signaux, 41.

TERRE. Queftion de fa non-fphéricité décidée, 234 & fuiv. Sa figure eft celle d'un Sphéroïde aplati, 62, 237. Preuve, 236. La quantité de fon aplatiffement ne peut fe déterminer que par des hyphothéfes, 262.

THERMOMÈTRE de M. de *Reaumur*, 79, 142 & *paffim.*

THURY (M. de). *Voy. Caffini.*

TOISE. Defcription de la Toife de fer qui a fervi à régler les mefures, 75. Modèle dépofé à l'Académie, 76. Expériences pour conftater fon alongement par le chaud, & fa contraction par le froid, 76 & 77. Réfultat des expériences faites fur l'alongement d'une Toife de fer par la chaleur, 78. Pourquoi le réfultat des expériences faites à *Quito* par M. *Godin* & Don *George Juan* ne s'accordent pas à celles de M. de la *Condamine* fur la dilatation d'une Toife de fer, 79, note *(b)*. Comparaison de la longueur de la Toise lors de la mesure des deux Bases, 80. Quel degré marquoit le Thermomètre à *Paris* lorsque la Toise de fer qui a servi aux mesures, a été étalonée, 85.

TRANSVERSALES : l'auteur ne les a jamais employées dans la mesure de ses Angles, 14.

TRIANGLES. Exposition du système de Triangles formés pour mesurer la Méridienne de *Quito*, 10. Attention que l'on a eue dans leur disposition, 11. Triangles, on en a formé deux Suites qui donnent trois Mesures trigonométriques complétes, & indépendantes les unes des autres, 12 & suiv. outre une autre Suite non employée, 86. Table des Triangles de la Méridienne de *Quito*, 21 & suiv. Les Triangles auxiliaires insérés dans la Suite des Triangles de la Méridienne, rapprochent la longueur de la Base de *Tarqui* calculée, de sa longueur mesurée, 86.

TRIGONOMÉTRIE sphérique : moyen le plus commode pour réduire les Angles à l'horizon, 57, 60, 61.

U

ULLOA (Don Antoine de). *Voyez* Antoine.

VERGUIN (M.) mesure la première Base avec Mrs *Bouguer* & de la *Condamine*. Mesure la seconde Base avec M. de la *Condamine*. Fait la Carte du terrein de la Méridienne. Observe avec les mêmes Académiciens à *Tarqui* en 1739, & à *Couchesqui* en 1740, 137. Ses certificats, 167.

VÉRIFICATIONS des erreurs des divisions du Quart-de-cercle employé aux observations géodésiques de l'auteur, 17. Vérification double du Secteur. *Voy*. Parallélisme.

VOYAGES entrepris pour déterminer la figure de la Terre. Quel en a été le motif, 237.

Y

YAROUQUI (Base d'). *Voy*. Base. Température de l'air dans la plaine d'*Yarouqui*, 81 & 82.

Z

ZÉNITH. Manière d'observer la distance d'une étoile au zénith sans le secours des divisions ordinaires, 116. Comment se conclud la distance apparente de l'étoile au zénith par cette méthode, 128. Vérification de la Lunette au zénith, 149 & suiv.

Fin de la Table des Matières.

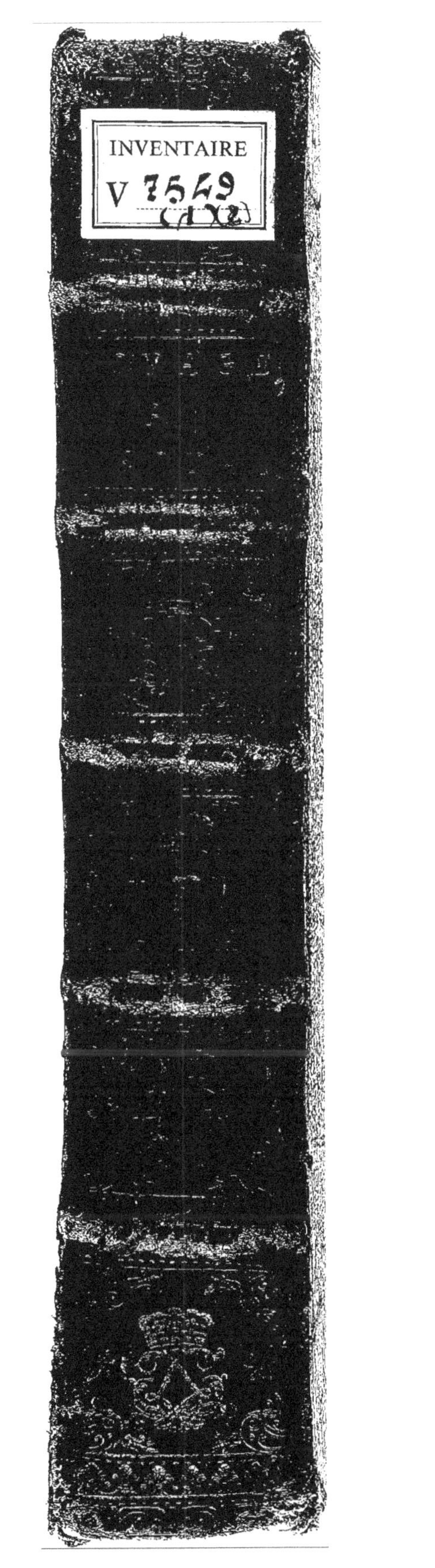
INVENTAIRE
V 7549
(XI)